5G 时代的无线电

张　宸　编著

北京航空航天大学出版社

内 容 简 介

本书从无线电管理专业技术视角，向读者介绍了国际通用的无线电基础知识，在基础知识的铺垫下，重点阐述了无线电技术专业的两大分支活动——无线电波监测与无线电设备检测，辅以生动鲜活的电波监测和无线电设备检测的技术热点与案例。

本书的读者对象为新入职无线电监管行业从业者、行业部门无线电频率及台站管理工作者、业余无线电爱好者、无线电监管行业系统研发单位技术人员。

图书在版编目(CIP)数据

5G 时代的无线电 / 张宸编著. -- 北京 : 北京航空航天大学出版社，2022.8

ISBN 978-7-5124-3874-3

Ⅰ. ①5… Ⅱ. ①张… Ⅲ. ①无线电技术 Ⅳ. ①TN014

中国版本图书馆 CIP 数据核字(2022)第 158719 号

5G 时代的无线电

张 宸 编著

责任编辑 胡晓柏

*

北京航空航天大学出版社出版发行

北京市海淀区学院路 37 号(邮编 100191) http://www.buaapress.com.cn

发行部电话:(010)82317024 传真:(010)82328026

读者信箱:emsbook@buaacm.com.cn 邮购电话:(010)82316936

三河市华骏印务包装有限公司印装 各地书店经销

*

开本:710×1 000 1/16 印张:14.75 字数:314 千字

2022 年 8 月第 1 版 2022 年 8 月第 1 次印刷

ISBN 978-7-5124-3874-3 定价:59.00 元

若本书有倒页、脱页、缺页等印装质量问题，请与本社发行部联系调换。联系电话:(010)82317024

前　言

经过近一个多世纪的发展，无线电技术已被广泛应用于各行各业，发挥着极其重要的作用，深刻影响着我们每个人的工作、生活。随着5G时代的到来，5G高速率、大容量、低延时的技术特性成就了如物联网、车联网、智慧城市、自动驾驶、智能穿戴等更广泛、更新形式的无线电技术应用。新型无线电技术应用要求无线电管理工作适应新时代发展，顺应新时代要求，探索采用更为先进的管理手段和管理思路服务和保障于这一应用。

本书以省级地方无线电管理专业技术人员的视角，总结提炼了5G时代背景下的无线电管理工作。全书共分5章。第1章为无线电基础部分，主要论述了国际通用的无线电术语和定义、无线电准则和无线电基础课题研究的主要方向。第2章为无线电监测与检测部分，阐述了无线电频谱监测规则、监测设施、无线电检测业务以及无线电监测和检测方法与案例。第3章重点介绍了无线电信号分析与识别的主要内容与方法。第4章主要讨论了5G技术与无线电监测技术工作的关系，论述了5G技术在无线电监测领域的应用。第5章介绍了在5G技术蓬勃发展的大背景下无线电管理工作的指导思想、基本原则以及任务目标方向，就省级地方无线电管理的历史沿革、发展历程和体制变革进行了回顾，对当下开展的组织建设工作和技术能力建设工作进行了介绍。全书各章节内容均为作者作为一名省级无线电管理专业技术人员从业15年来在行业内理论知识与实践应用的提炼与结晶。

希望本书能够让读者了解5G时代背景下无线电基本知识和无线电管理技术工作的内容和要求，帮助和促进社会大众能够更加自觉合理地使用无线电频率资源和无线电设备，积极遵守无线电使用规则。

限于编者水平，加之时间仓促，本书难免有不当和错误之处，敬请读者批评指正。

编　者

2022年5月

目　　录

第1章　无线电基础

1.1　无线电术语、定义

1.1.1　无线电术语

1. 一般术语

◆ 主管部门：负责履行《国际电信联盟组织法》、《国际电信联盟公约》和行政规则内所规定的义务的任何政府部门或机关(《组织法》第1002款)。

◆ 电信：利用导线、无线电、光学或其他电磁系统进行的对符号、信号、文字、图像、声音或任何性质信息的传输、发射或接收(《组织法》)。

◆ 无线电：对无线电波的使用的通称。

◆ 无线电波或赫兹波：不用人工波导而在空间传播的、频率规定在3 000 GHz以下的电磁波。

◆ 无线电通信：利用无线电波的电信(《组织法》)(《公约》)。

◆ 地面无线电通信：除空间无线电通信或射电天文以外的任何无线电通信。

◆ 空间无线电通信：涉及利用一个或多个空间电台或者利用一个或多个反射卫星或空间其他物体所进行的任何无线电通信。

◆ 无线电测定：利用无线电波的传播特性测定目标的位置、速度和/或其他特性，或获得有关这些参数的资料。

◆ 无线电导航：用于导航(包括障碍物告警)的无线电测定。

◆ 无线电定位：用于除无线电导航以外的无线电测定。

◆ 无线电测向：利用接收无线电波来测定一个电台或目标的方向的无线电测定。

◆ 射电天文：以接收宇宙无线电波为基础的天文。

◆ 协调世界时(UTC)：由ITU-R TF.460-6建议书规定的以秒(SI)为单位的时间标度。(WRC-03)对于《无线电规则》中的大部分实际应用而言，协调世界时(UTC)相当于本初子午线(经度0°)上的平均太阳时(过去用格林尼治平时(GMT)表示)。

- (射频能量的)工业、科学和医疗(ISM)应用:能在局部范围内产生射频能量并利用这种能量供工业、科学、医疗、家庭或类似领域用的设备或器械运用,但在电信领域内的运用除外。

2. 有关频率管理的专用名词

- (频段的)划分:频率划分表中关于某一具体频段可供一种或多种地面或空间无线电通信业务或射电天文业务在规定条件下使用的记载。该名词亦适用于所涉及的频段。
- (射频或无线电频道的)分配:经有权的大会批准,在一份议定的频率分配规划中,关于一个指定的频道可供一个或数个主管部门在规定条件下,在一个或数个经指明的国家或地理地区内用于地面或空间无线电通信业务的记载。
- (射频或无线电频道的)指配:由某一主管部门对给某一无线电台在规定条件下使用某一射频或无线电频道的许可。

3. 无线电业务

- 无线电通信业务:本节中所定义的一种业务,涉及供各种特定电信用途的无线电波的传输、发射和/或接收。
- 在本文中除非另有说明,无线电通信业务均指地面无线电通信。
- 固定业务:指定的固定地点之间的无线电通信业务。
- 卫星固定业务:利用一个或多个卫星在处于给定位置的地球站之间的无线电通信业务;该给定位置可以是一个指定的固定地点或指定地区内的任何一个固定地点;在某些情况下,这种业务包括亦可运用于卫星间业务的卫星至卫星链路;卫星固定业务亦可包括其他空间无线电通信业务的馈线链路。
- 卫星间业务:在人造地球卫星间提供链路的无线电通信业务。
- 空间操作业务:仅与空间飞行器的操作、特别是空间跟踪、空间遥测和空间遥令有关的无线电通信业务。

  上述空间跟踪、空间遥测和空间遥令功能通常是空间电台运营业务范围内的功能。
- 移动业务:在移动电台与陆地电台之间或在移动电台之间的无线电通信业务(《公约》)。
- 卫星移动业务:包括:

  — 在移动地球站与一个或多个空间电台之间的一种无线电通信业务,或在这种业务所利用的各空间电台之间的无线电通信业务;或

  — 利用一个或多个空间电台在移动地球站之间的无线电通信业务。

这种业务亦可以包括其运营所必需的馈线链路。

◆ 陆地移动业务：在基地电台与陆地移动电台之间或在陆地移动电台之间的移动业务。

◆ 卫星陆地移动业务：其移动地球站位于陆地上的一种卫星移动业务。

◆ 水上移动业务：在海岸电台与船舶电台之间，或在船舶电台之间或在相关的船上通信电台之间的一种移动业务；救生艇电台和应急示位无线电信标电台亦可参与这种业务。

◆ 卫星水上移动业务：其移动地球站位于船舶上的一种卫星移动业务；救生艇电台和应急示位无线电信标电台亦可参与这种业务。

◆ 港口操作业务：在海岸电台与船舶电台之间，或在船舶电台之间在港口内或港口附近的一种水上移动业务。其所通信息只限于有关业务处理、船舶的行动和安全以及在紧急情况下的人身安全等事项。

这种业务应排除属于公众通信性质的信息。

◆ 船舶运转业务：在海岸电台与船舶电台之间，或在船舶电台之间除港口操作业务以外的水上移动业务中的安全业务。其所通信息只限于有关船舶行动的事宜。

◆ 这种业务应排除属于公众通信性质的信息。

◆ 卫星广播业务：利用空间电台发送或转发信号，以供一般公众直接接收的无线电通信业务。

在卫星广播业务中，“直接接收”一词应包括个体接收和集体接收两种。

◆ 无线电测定业务：用于无线电测定的无线电通信业务。

◆ 卫星无线电测定业务：涉及利用一个或多个空间电台进行无线电测定的无线电通信业务。

这种业务亦可以包括其作业所需的馈线链路。

◆ 无线电导航业务：用于无线电导航的无线电测定业务。

◆ 卫星无线电导航业务：用于无线电导航的卫星无线电测定业务。

这种业务亦可以包括其作业所必需的馈线链路。

◆ 水上无线电导航业务：有利于船舶和船舶的安全航行的无线电导航业务。

◆ 卫星水上无线电导航业务：其地球站设在船舶上的卫星无线电导航业务。

◆ 航空无线电导航业务：有利于航空器和航空器的安全飞行的无线电导航业务。

◆ 卫星航空无线电导航业务：其地球站设在航空器上的卫星无线电导航业务。

◆ 无线电定位业务：用于无线电定位的无线电测定业务。

◆ 卫星无线电定位业务：用于无线电定位的卫星无线电测定业务。

这种业务亦可以包括其作业所必需的馈线链路。

◆ 气象辅助业务：用于气象包括水文的观察与探测的无线电通信业务。

◆ 卫星地球探测业务:地球站与一个或多个空间电台之间的无线电通信业务，并可包括空间电台之间的链路。在这种业务中:
— 由地球卫星上的有源遥感器或无源遥感器获得有关地球特性及其自然现象的资料,包括有关环境状况的数据;
— 从航空器或地球基地平台收集同类资料;
— 此种资料可分发给有关系统的地球站;
— 可包括平台询问。

这种业务亦可以包括其作业所需的馈线链路。

◆ 卫星气象业务:用于气象的卫星地球探测业务。

◆ 标准频率和时间信号业务:为满足科学、技术和其他方面的需要而播发规定的高精度频率、时间信号(或二者同时播发)以供普遍接收的无线电通信业务。

◆ 卫星标准频率和时间信号业务:利用地球卫星上的空间电台开展的与标准频率和时间信号业务相同目的的无线电通信业务。

这种业务亦可以包括其作业所需的馈线链路。

◆ 空间研究业务:利用空间飞行器或空间其他物体进行科学或技术研究的无线电通信业务。

◆ 业余业务:供业余无线电爱好者进行自我训练、相互通信和技术研究的无线电通信业务。业余无线电爱好者系指经正式批准的、对无线电技术有兴趣的人,其兴趣纯系个人爱好而不涉及谋取利润。

◆ 卫星业余业务:利用地球卫星上的空间电台开展的与业余业务相同目的的无线电通信业务。

◆ 射电天文业务:涉及射电天文使用的一种业务。

◆ 安全业务:为保障人类生命和财产安全而常设或临时使用的任何无线电通信业务。

◆ 特别业务:在本节内未另做规定、专门为一般公用事业的特殊需要而设立,且不对公众通信开放的无线电通信业务。

4. 各种无线电台与系统

◆ 电台(站):为在某地开展无线电通信业务或射电天文业务所必需的一台或多台发信机或收信机,或发信机与收信机的组合(包括附属设备)。

每个电台应按其业务是常设或临时地运营分类。

◆ 地面电台:进行地面无线电通信的电台。

在《无线电规则》中,除非另有说明,任何电台均指地面电台。

◆ 地球站:设于地球表面或地球大气层主要部分以内的电台,拟用于:
— 与一个或多个空间电台通信;

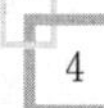

— 通过一个或多个反射卫星或空间其他物体与一个或多个同类电台进行通信。

◆ 空间电台：位于地球大气层主要部分以外的物体上或者设在准备超越或已经超越地球大气层主要部分的物体上的电台。

◆ 救生艇电台：用于水上移动业务或航空移动业务，专以营救为目的而设置在任何救生艇、救生筏或其他救生艇上的移动电台。

◆ 固定电台：用于固定业务的电台。

◆ 高空平流层电台：位于距地球 20 至 50 km 高度，并且相对于地球一个特定的标称固定点的某个物体上的一个电台。

◆ 移动电台：用于移动业务在移动中或在非指定地点停留时使用的电台。

◆ 移动地球站：用于卫星移动业务在移动中或在非指定地点停留时使用的地球站。

◆ 陆地电台：用于移动业务不是供移动中使用的电台。

◆ 陆地地球站：用于卫星固定业务或有时用于卫星移动业务，位于陆地上某一指定的固定地点或指定的地区内，为卫星移动业务提供馈线链路的地球站。

◆ 基地电台（基站）：用于陆地移动业务的陆地电台。

◆ 基地地球站：用于卫星固定业务或有时用于卫星陆地移动业务，位于陆地上某一指定的固定地点或指定的地区内，为卫星陆地移动业务提供馈线链路的地球站。

◆ 陆地移动电台：用于陆地移动业务，能在一国或一个洲的地理范围内进行地面移动的移动电台。

◆ 陆地移动地球站：用于卫星陆地移动业务，能在一个国家或一个洲的地理范围内进行地面移动的移动地球站。

◆ 海岸电台：用于水上移动业务的陆地电台。

◆ 海岸地球站：用于卫星固定业务或有时用于卫星水上移动业务，位于陆地上某一指定的固定地点为卫星水上移动业务提供馈线链路的地球站。

◆ 船舶电台：用于水上移动业务，设在非长久停泊的船舶上的移动电台，救生艇电台除外。

◆ 船舶地球站：用于卫星水上移动业务，设在船舶上的移动地球站。

◆ 船上通信电台：水上移动业务的一种小功率移动电台，用于船舶内部通信，或在救生艇演习或工作时用于船舶及其救生艇和救生筏之间的通信，或用于一组顶推、拖带船舶之间的通信，亦可用于列队和停泊的指挥。

◆ 港口电台：用于港口操作业务的海岸电台。

◆ 航空电台：用于航空移动业务的陆地电台。

◆ 在某些情况下，航空电台亦可设在舰船或海面工作平台上。

◆ 航空地球站：用于卫星固定业务或有时用于卫星航空移动业务，设在陆地上指定的固定地点为卫星航空移动业务提供馈线链路的地球站。

- ◆ 航空器电台:用于航空移动业务,设在航空器上的移动电台,救生艇电台除外。
- ◆ 航空器地球站:用于卫星航空移动业务,设在航空器上的移动地球站。
- ◆ 广播电台:用于广播业务的电台。
- ◆ 无线电测定电台:用于无线电测定业务的电台。
- ◆ 无线电导航移动电台:用于无线电导航业务,供在移动中或在非指定地点停留时使用的电台。
- ◆ 无线电导航陆地电台:用于无线电导航业务,不是供移动中使用的电台。
- ◆ 无线电定位移动电台:用于无线电定位业务,供在移动中或在非指定的地点停留时使用的电台。
- ◆ 无线电定位陆地电台:用于无线电定位业务,不是供移动中使用的电台。
- ◆ 无线电测向电台:利用无线电测向技术的无线电测定电台。
- ◆ 无线电信标电台:用于无线电导航业务的一种电台,其发射系用来使某个移动电台能测定自己与信标电台的相对方位或方向。
- ◆ 应急示位无线电信标电台:用于移动业务的一种电台,其发射用来给搜索和救助工作提供方便。
- ◆ 卫星应急示位无线电信标:用于卫星移动业务的一种地球站,其发射用来给搜索和救助工作提供方便。
- ◆ 标准频率和时间信号电台:用于标准频率和时间信号业务的电台。
- ◆ 业余电台:用于业余业务的电台。
- ◆ 射电天文电台:用于射电天文业务的电台。
- ◆ 实验电台:以发展科学或技术为目的而利用无线电波进行实验的电台。
- ◆ 本定义不包括各种业余电台。
- ◆ 船舶应急发信机:为遇险、紧急或安全目的而专门在一个遇险频率上使用的船舶发信机。
- ◆ 雷达:以基准信号与来自被测位置的无线电反射信号或重发信号的比较为基础的无线电测定系统。
- ◆ 一次雷达:以基准信号与来自被测位置的无线电反射信号的比较为基础的无线电测定系统。
- ◆ 二次雷达:以基准信号与来自被测位置的无线电重发信号的比较为基础的无线电测定系统。
- ◆ 雷达信标(racon):同固定导航标志设在一起的收发信机,当其被某个雷达触发时,会自动送回一个特殊信号,该信号能在触发雷达的显示器上提供距离、方位和识别等信息。
- ◆ 仪表着陆系统(ILS):供航空器在即将着陆及着陆过程中给予水平与垂直向

的引导,并在某些固定地点上,指示与着陆基准点的距离的无线电导航系统。

◆ 仪表着陆系统航向信标:仪表着陆系统中的水平引导系统,用以指示航空器与沿跑道轴线的最佳下降路线的水平偏差。

◆ 仪表着陆系统下滑信标:仪表着陆系统中的垂直引导系统,用以指示航空器与最佳下降路线的垂直偏差。

◆ 指点信标:用于航空无线电导航业务的一种发信机,它垂直辐射一种特殊的方向性图,以此向航空器提供位置信息。

◆ 无线电高度表:航空器或空间飞行器上的无线电导航设备,用以测定航空器或空间飞行器离地球表面或其他物体表面的高度。

◆ 无线电高空测候器:用于气象辅助业务的一种自动无线电发信机,它通常装在航空器、自由气球、风筝或降落伞上,用以发送气象数据。

◆ 自适应系统:根据频道质量改变其无线电特性的一种无线电通信系统。

◆ 空间系统:任何一组为达到特定目的而相互配合进行空间无线电通信的地球站和/或空间电台。

◆ 卫星系统:使用一个或多个人造地球卫星的空间系统。

◆ 卫星网络:仅由一个卫星及与其配合的多个地球站组成的卫星系统或卫星系统的一部分。

◆ 卫星链路:一个发射地球站与一个接收地球站间通过一个卫星所建立的无线电链路。

一条卫星链路由一条上行线路和一条下行线路组成。

◆ 多卫星链路:一个发射地球站和一个接收地球站间通过两个或多个卫星,不经过任何其他中间地球站所建立的无线电链路。

◆ 卫星链路由一条上行线路、一条和多条卫星至卫星间线路及一条下行线路组成。

◆ 馈线链路:从一个设在给定位置上的地球站到一个空间电台,或反之,用于除卫星固定业务以外的空间无线电通信业务的信息传递的无线电链路。给定位置可以是一个指定的固定地点,或指定地区内的任何一个固定地点。

5. 操作术语

◆ 公众通信:各电信局和电台由于其为公众服务的性质而必须受理并传递的任何电信(《组织法》)。

◆ 电报:用电报技术传输并向收报人投递的书面材料。除非另有规定,这一术语亦包括无线电报在内(《组织法》)。

◆ 无线电报:发自或发往移动电台或移动地球站的电报,其全部或部分传输路由为移动业务或卫星移动业务的无线电通信通路。

◆ 无线电用户电报呼叫:发自或发往移动电台或移动地球站的用户电报呼叫,

其全部或部分传输路由为移动业务或卫星移动业务的无线电通信通路。

◆ 移频电报技术：电报信号控制载波频率在预定的范围之内变化的调频电报技术。

◆ 传真：传输带有或不带有中间色调固定图像，使其以一种可以长久保存方式重现的一种电报技术方式。

◆ 电话技术：一种主要目的在于交换话音信息的电信方式(《组织法》第1017款)。

◆ 无线电话呼叫：发自或发往移动电台或移动地球站的电话呼叫，其全部或部分传输路由为移动业务或卫星移动业务的无线电通信通路。

◆ 双工操作：可在一条电信通路的两个方向上同时进行传输的一种操作方法。

◆ 半双工操作：电路的一端用单工操作，另一端用双工操作的一种方法。

◆ 电视：传输静止或活动景物的瞬间图像的一种电信方式。

◆ 个体接收(用于卫星广播业务)：利用简单家庭用设备，特别是配有小型天线的家庭用设备来接收卫星广播业务中的空间电台的发射。

◆ 集体接收(用于卫星广播业务)：利用有时可能是复杂的且其天线大于个体接收天线的接收设备来接收卫星广播业务中的空间电台的发射，以供：

— 同一地点内的一般公众群体利用；

— 通过分配系统覆盖一个有限地区。

◆ 遥测技术：利用电信在离测量仪器有一定距离的地方，自动地显示或登记测量结果的技术。

◆ 无线电遥测技术：使用无线电波的遥测技术。

◆ 空间遥测技术：空间电台利用遥测技术发送空间飞行器上所测得的结果，包括与空间飞行器本身运行有关的测量结果。

◆ 遥令：为启动、更改或终止远距离设备的运行而利用电信传送信号。

◆ 空间遥令：为启动、更改或终止相关空间物体上，包括空间电台上设备的运行而利用无线电通信向空间电台传送信号。

◆ 空间跟踪：利用除一次雷达以外的无线电测定方法，测定空间物体的轨道、速度或瞬间位置以跟踪该物体的运动。

6. 发射与无线电设备的特性

◆ 辐射：任何来源的能量流以无线电波的形式向外发出。

◆ 发射：由无线电发射电台产生的辐射或辐射产物。

例如，一个无线电接收机本机振荡器辐射的能量不是发射而是辐射。

◆ 发射类别：用标准符号标示的某发射的一组特性，例如主载波调制方式、调制信号、被发送信息的类型以及其他适用的信号特性。

◆ 单边带发射：只有一个边带的调幅发射。

◆ 全载波单边带发射：载波不受到抑制的单边带发射。

- ◆ 减载波单边带发射：载波受到一定程度抑制但仍可得到恢复并用于解调的单边带发射。
- ◆ 抑制载波单边带发射：载波全部被抑制并不拟用于解调的单边带发射。
- ◆ 带外发射：由调制过程产生、刚超出必要带宽的一个或多个频率上的发射，但杂散发射除外。
- ◆ 杂散发射：在必要带宽之外的一个或多个频率上的发射，其发射电平可以降低而不致影响相应信息的传输。杂散发射包括谐波发射、寄生发射、互调产物及变频产物，但带外发射除外。
- ◆ 无用发射：包括杂散发射和带外发射。
- ◆（发射的）带外域：通常以带外发射为主的紧邻必要带宽的频率范围，但不包括杂散域。以其来源为基础定义的带外发射在带外域发生，在杂散域亦有轻微程度的发生。同样，杂散发射可能在带外域发生，亦可能在杂散域发生。（WRC-03）
- ◆（发射的）杂散域：通常以杂散发射为主的带外域以外的频率范围。（WRC-03）
- ◆ 指配频段：批准给一个电台进行发射的频段；其带宽等于必要带宽加上频率容限绝对值的两倍。如果涉及空间电台，则指配频段包括对于地球表面任何一点上可能发生的最大多普勒频移的两倍。
- ◆ 指配频率：指配给一个电台的频段的中心频率。
- ◆ 特征频率：在给定的发射中易于识别和测量的频率。例如，载波频率可被指定为特征频率。
- ◆ 基准频率：相对于指配频率来说具有固定和指定不变位置的频率。此频率对指配频率的偏移与特征频率对发射所占频段中心频率的偏移具有相同的绝对值和符号。
- ◆ 频率容限：发射所占频段中心频率偏离指配频率，或发射的特征频率偏离基准频率的最大容许偏差。
- ◆ 频率容限以百万分之几或以赫兹表示。
- ◆ 必要带宽：对给定的发射类别而言，恰好足以保证在规定条件下以所要求的速率和质量传输信息的频段宽度。
- ◆ 占用带宽：指这样一种带宽，在它的频率下限之下或频率上限之上所发射的平均功率各等于某一给定发射的总平均功率的规定百分数 $\beta/2$。
- ◆ 除非 ITU-R 建议书对相应的发射类别另有规定，$\beta/2$ 值应取 0.5%。
- ◆ 右旋（顺时针）极化波：在任何一个垂直于传播方向的固定平面上，顺着传播方向看去，其电场向量随时间向右或顺时针方向旋转的椭圆极化波或圆极化波。
- ◆ 左旋（逆时针）极化波：在任何一个垂直于传播方向的固定平面上，顺着传播方向看去，其电场向量随时间向左或逆时针方向旋转的椭圆极化波或圆极化波。

- 功率：凡提及无线电发信机等的功率，根据发射类别，均采用以下的三种形式之一，并以设定的两种符号之一表示：
  - — 峰包功率（PX 或 pX）；
  - — 平均功率（PY 或 pY）；
  - — 载波功率（PZ 或 pZ）。
- 对于不同发射类别，在正常工作和没有调制的情况下，峰包功率、平均功率与载波功率之间的关系载明在可用做指导的 ITU-R 建议书中。
- 在应用于公式中时，符号 p 表示以瓦计的功率，而符号 P 表示相对于一基准电平以分贝计的功率。
- （无线电发信机的）峰包功率：在正常工作情况下，发信机在调制包络最高峰的一个射频周期内，供给天线馈线的平均功率。
- （无线电发信机的）平均功率：在正常工作情况下，发信机在调制过程中以与所遇到的最低频率周期相比的足够长的时间内，供给天线馈线的平均功率。
- （无线电发信机的）载波功率：在无调制的情况下，发信机在一个射频周期内供给天线馈线的平均功率。
- 天线增益：在给定方向上并在相同距离上产生相同场强或相同功率通量密度的条件下，无损耗基准天线输入端所需功率与供给某给定天线输入端功率的比值。通常用分贝表示。如无其他说明，则指最大辐射方向的增益。增益亦可按规定的极化来考虑。

  根据对基准天线的选择，增益分为：

  a) 绝对或全向增益（G_i），这时基准天线是一个在空间处于隔离状态的全向天线；

  b) 相对于半波振子的增益（G_d），这时基准天线是一个在空间处于隔离状态的半波振子，其大圆面包含给定的方向；

  c) 相对于短垂直天线的增益（G_v），这时基准天线是一个比四分之一波长短得多的直线状导体，垂直于包含给定方向并完全导电的平面。
- 等效全向辐射功率（e. i. r. p.）：供给天线的功率与给定方向上相对于全向天线的增益（绝对或全向增益）的乘积。
- （给定方向上的）有效辐射功率（e. r. p.）：供给天线的功率与给定方向上相对于半波振子的增益的乘积。
- （给定方向上的）有效单极辐射功率（e. m. r. p.）：供给天线的功率与给定方向上相对于短垂直天线的增益的乘积。
- 对流层散射：由于对流层物理特性的不规则性或不连续性而引起散射的无线电波传播。
- 电离层散射：由于电离层电离度的不规则性或不连续性而引起散射的无线电

波传播。

7. 频率共用

- ◆ 干扰:由于某种发射、辐射、感应或其组合所产生的无用能量对无线电通信系统的接收产生的影响,这种影响的后果表现为性能下降、误解或信息遗漏,如不存在这种无用能量,则此后果可以避免。
- ◆ 可允许干扰:观测到的或预测的干扰,该干扰符合《无线电规则》或 ITU-R 建议书或《无线电规则》规定的特别协议载明的干扰允许值和共用的定量标准。
- ◆ 可接受干扰:其电平高于规定的可允许干扰电平,但经两个或两个以上主管部门协商同意,并且不损害其他主管部门的利益的干扰。
- ◆ 有害干扰:危及无线电导航或其他安全业务的运行,或严重损害、阻碍或一再阻断按照《无线电规则》开展的无线电通信业务的干扰(《组织法》)。
- ◆ 保护率(R. F.):为让接收机输出端的有用信号达到规定的接收质量,在规定条件下确定的接收机输入端有用信号与无用信号的最小比值,通常以分贝表示。
- ◆ 协调区:与地面电台共用同一频段的地球站周围的地区,或与接收地球站共用相同双向划分频段的发射地球站周围的地区,用于确定是否需要协调,在该地区以外不会超过可允许干扰电平,因此不需要进行协调。(WRC-2000)
- ◆ 协调等值线:环绕协调区的线。
- ◆ 协调距离:在给定方位上从与地面电台共用相同频段的地球站起算的距离,或从与接收地球站共用双向划分频段的发射地球站起算的距离,用于确定是否需要协调,在该距离以外不会超过可允许干扰电平,因此不需要进行协调。(WRC-2000)
- ◆ 等效卫星链路噪声温度:折算到地球站接收天线输出端的噪声温度,它对应于在卫星链路输出端产生全部所测噪声的射频噪声功率,但来自使用其他卫星的卫星链路的干扰和来自地面系统的干扰所造成的噪声除外。
- ◆ (可调卫星波束的)有效瞄准区:用一个可调卫星波束瞄准线瞄准到的地球表面的一个地区。
- ◆ 单个可调卫星波束可能会瞄准到一个以上互不相连的有效瞄准区。
- ◆ (可调卫星波束的)有效天线增益等值线:可调卫星波束瞄准线沿着有效瞄准区边缘移动所产生的天线增益等值线的包络线。

8. 空间技术术语

- ◆ 深空:离地球的距离等于或大于 2×10^6 km 的空间。
- ◆ 空间飞行器:拟飞往地球大气层主要部分以外的人造飞行器。
- ◆ 卫星:围绕着一个质量远大于己的物体旋转的物体,其运行主要并恒久地由前者的引力决定。

- 有源卫星:载有用于发射或转发无线电通信信号的电台的卫星。
- 反射卫星:用于反射无线电通信信号的卫星。
- 有源遥感器:用于卫星地球探测业务或空间研究业务的一种测量仪器,通过它发射和接收无线电波以获得信息。
- 无源遥感器:用于卫星地球探测业务或空间研究业务的一种测量仪器,通过它接收自然界发出的无线电波以获得信息。
- 轨道:在自然力(主要是重力)的作用下,卫星或其他空间物体的质量中心所描绘的相对于某指定参照系的轨迹。
- (地球卫星的)轨道的倾角:以轨道的升交点为顶点,沿地球赤道平面按逆时针方向算起的轨道所在平面与地球赤道平面的夹角,以度为单位,范围 0°~180°。(WRC-2000)
- (卫星的)周期:一个卫星连续两次经过其轨道上的某一特征点的间隔时间。
- 远地点的高度或近地点的高度:远地点或近地点相对于一个用以代表地球表面的规定基准面上方的高度。
- 地球同步卫星:运转周期等于地球自转周期的地球卫星。
- 对地静止卫星:其圆形且顺行轨道位于地球赤道平面上,并对地球保持相对静止的地球同步卫星;广义而言,指对地球保持大致相对静止的地球同步卫星。(WRC-03)
- 对地静止卫星轨道:其圆形且顺行轨道位于地球赤道平面上的地球同步卫星的轨道。
- 可调卫星波束:能重新进行瞄准的卫星天线波束。

1.1.2 无线电定义

1. 频段与波段

无线电频谱细分为 9 个频段,以递增的整数列示。因频率单位为赫兹(Hz),所以频率的表达方式应为:

— 3 000 kHz 以下(包括 3 000 kHz),以千赫(kHz)表示;

— 3 MHz 以上至 3 000 MHz(包括 3 000 MHz),以兆赫(MHz)表示;

— 3 GHz 以上至 3 000 GHz(包括 3 000 GHz),以吉赫(GHz)表示。

但是,如果遵守这些规定会导致严重困难,例如在进行频率通知及登记、频率表或有关事项时,则可做适当变通。(WRC-07)

2. 日期和时间

◆ 有关无线电通信所使用的任何日期均应按公历(格里历)计算。

◆ 如某一日期中的月份不用全称或缩写形式表示,则该日期应按数目字的固定顺序,完全用数字形式表示,日、月、年各以两位数字表示。

◆ 凡在某个日期中使用了协调世界时(UTC),该日期均应为与 UTC 时间相应的本初子午线上的日期,本初子午线相当于地理经度 0 度。

◆ 凡在国际无线电通信活动中使用某个指定时间,除非另有说明,均应使用协调世界时(UTC),并应以 4 位数字组(0000～2359)表示。在所有语文中均应使用缩写 UTC。

3. 电台的技术特性

◆ 电台所用设备的选择与性能以及电台的任何发射,应符合《无线电规则》的各项规定。

◆ 而且,为了尽量适合实际情况,应根据最近的,尤其是 ITU-R 建议书中所载明的技术进展,选择发射、接收和测量设备。

◆ 发射和接收设备拟用于频谱某一指定部分时,其设计应考虑频谱邻近部分或其他部分可能使用的发射和接收信设备的技术特性,条件是已采取技术上和经济上的一切合理措施,以减小后者发射设备的无用发射电平,以及降低后者接收设备对干扰的敏感性。

◆ 电台所用设备应按照相关 ITU-R 建议书,尽最大可能使用能够最有效地利用频谱的信号处理方法。这些方法包括某些带宽扩展技术,尤其是在调幅系统内使用单边带技术。

◆ 发射电台应符合《无线电规则》附录 2 中规定的频率容限。

◆ 发射电台应符合《无线电规则》附录 3 中规定的杂散发射或杂散域中无用发射的最大允许功率电平。(WRC-03)

◆ 发射电台应符合《无线电规则》中关于某些业务和某些发射类别的带外发射或带外域无用发射的最大允许功率电平的规定。如果没有这种最大允许功率电平,则发射电台应尽最大可能满足最新的 ITU-R 建议书(见第 27 号决议,WRC-03,修订版)中规定的带外发射或带外域无用发射限制。(WRC-03)

◆ 应尽一切努力把频率容限和无用发射电平保持在技术状态和该项业务的性质所允许的最低值上。

◆ 发射带宽还应保证最有效地利用频谱;这通常要求把带宽保持在技术状态和该项业务的性质所允许的最低值上。《无线电规则》附录 1 是确定必要带宽的导则。

◆ 采用带宽扩展技术时,应使用符合有效利用频谱的最小功率谱密度。

- 凡必须有效利用频谱时，任何业务所用接收机的频率容限应尽可能与该业务所用的发射机的频率容限一致，适当情况下尚应注意多普勒效应的影响。
- 接收电台应使用与相关的发射类别相适应的技术特性的设备，尤其是选择性应适当地顾及《无线电规则》关于发射带宽的第3.9款。
- 接收机的性能特征应能充分保证该机不致受到由位于合理距离，且按《无线电规则》规定工作的发射机所产生的干扰的影响。
- 为了保证符合《无线电规则》的规定，各主管部门应对自己管辖范围内的电台的各种发射进行经常性校验。为此，必要时可以采用《无线电规则》第16条指明的方法。所有测量技术与测量时间应尽实际可能遵照最新的ITU-R建议书。
- 一切电台都不得使用阻尼波发射。

1.2 无线电准则

1.2.1 频率的指配及使用

- 各成员国应尽力将所用的频率数目和频谱限制到以令人满意的方式提供必要的业务所必需的最低值上。为此，各成员国应力求尽快采用最新技术(《组织法》第195款)。
- 各成员国承诺，在给电台指配频率时，如果这些频率有可能对其他国家的电台所经营业务造成有害干扰，则必须按照频率划分表及《无线电规则》的其他规定进行指配。
- 任何新的频率指配，或者对现有频率指配或其他基本特性做任何变更(见《无线电规则》附录4)，应设法避免对按照频率划分表和《无线电规则》其他条款指配而使用频率的各电台提供的业务产生有害干扰，这些频率指配的特性已登记在国际频率登记总表内。
- 各成员国的主管部门不应给电台指配任何违背频率划分表或《无线电规则》中其他规定的频率，除非明确条件是这种电台在使用这种频率指配时不对按照《组织法》、《公约》和《无线电规则》规定工作的电台造成有害干扰并不得对该电台的干扰提出保护要求。
- 指配给某种业务的电台的频率应与划分给这项业务的频段的上下限保持间隔。通过考虑到指配给电台的必要带宽后，不致对划分给近邻频段的那些业务造成有害干扰。
- 就解决有害干扰而言，应将射电天文业务作为无线电通信业务处理。但是，其他频段内的各种业务给予射电天文业务的保护只能达到这些业务相互间保护的程度。

- 就解决有害干扰而言，空间研究（无源）业务和卫星地球探测（无源）业务受其他频段内各种业务的保护只能达到这些业务相互间保护的程度。
- 在邻近区域或子区域内，把一个频段内的频率划分给同一类别的不同业务（见《无线电规则》第 5 条第 I 和第 II 节），其基本原则是享有同等的运营权。据此，在一个区域或子区域内，每种业务的电台的工作必须不致对其他区域或子区域内同一类别或更高类别的业务造成有害干扰。（WRC-03）
- 《无线电规则》没有任何条款阻止遇险中的某个电台或对其提供援助的某个电台使用由其处置的任何无线电通信手段，用于引起注意、告知该遇险电台所处的境况和地点，以便获得或提供援助。
- 各成员国认识到，无线电导航及其他安全业务的安全特点要求特别措施，以保证其免受有害的干扰。因此，在频率指配及使用中必须考虑这一因素。
- 各成员国认识到，具有远距离传播特性的频率中，5～30 MHz 间各频段对远距离通信特别适用；它们同意尽一切可能努力，以保留这些频段做此类通信之用。每当使用这些频段内的各频率做短距离或中距离通信时，应采用必要的最小功率。
- 为减少对 5～30 MHz 间各频段内频率的需求，从而防止对远距离通信的有害干扰，鼓励各主管部门在可行时，使用任何其他可能的通信手段。
- 当特殊环境使其必须这样做时，作为《无线电规则》所允许的正常工作方法的例外，主管部门可以采取下列特别的工作方法，唯一的条件是电台的特性仍需与国际频率登记总表中所登载的一致；
  a) 固定业务的电台或卫星固定业务的地球站，可在《无线电规则》第 5.28 至 5.31 款规定的条件下，在其正常频率上向移动电台发射；
  b) 陆地电台可在《无线电规则》第 5.28 至 5.31 款规定的条件下，与固定业务的固定电台或卫星固定业务的地球站或其他同类陆地电台进行通信。
- 向或来自高空平流层电台的发射应限于《无线电规则》第 5 条中特定的频段。
- 但在涉及生命安全，或者船舶或航空器安全的情况下，陆地电台可以与固定电台或另一类陆地电台进行通信。
- 任何主管部门可以在划分给固定业务或卫星固定业务的一个频段内，指配某个频率给某一电台，准许其自指定的固定地点对一个或多个指定的固定地点单向发射，只要这种发送不拟为一般公众直接接收。
- 任何移动电台使用的发射如能满足与其通信的海岸电台所适用的频率容限，在海岸电台要求这种发射而不对其他电台产生有害干扰的条件下，可以用与海岸电台相同的频率发送。
- 在《无线电规则》第 31 和 51 条规定的某些情况下，准许航空器电台使用划分

给水上移动业务各频段的频率，以便与该业务的电台进行通信（见《无线电规则》第51.73款）。（WRC-07）

◆ 准许各航空器地球站使用划分给卫星水上移动业务的各频段内的频率，经由该业务的电台与公众电报和电话网进行通信。

◆ 在特殊情况下，卫星陆地移动业务的陆地移动地球站可以与卫星水上移动业务和卫星航空移动业务的电台通信。这种运行应遵守《无线电规则》中关于这些业务的有关规定，并须遵守相关主管部门之间的协议，同时适当考虑第4.10款。

◆ 对《无线电规则》为遇险、警报、紧急或安全通信所确定的国际遇险和应急频率上的上述通信可能引起有害干扰的任何发射，均予禁止。对不在世界范围使用的补充遇险频率应给以充分的保护。

1.2.2 关于干扰

1. 干　扰

(1) 来自无线电台的干扰

◆ 所有电台禁止进行非必要的传输，或多余信号的传输，或虚假或引起误解的信号的传输，或无标识的信号的传输（《无线电规则》第19条的规定除外）。

◆ 发射电台只应辐射为保证满意服务所必要的功率。

◆ 为了避免干扰（亦见《无线电规则》第3条和第22.1款）：

a) 发信电台的位置以及如业务性质许可时收信电台的位置，应该特别仔细选择；

b) 只要业务性质许可，应尽实际可能利用定向天线特性，把对不必要方向的辐射和来自不必要方向的接收减至最低限度；

c) 发射机和接收机的选择及使用，应该按照《无线电规则》第3条的各项规定；

d) 应该满足《无线电规则》第22.1款中规定的条件。

◆ 须特别考虑避免对《无线电规则》第31条中规定的与遇险和安全有关的遇险和安全频率以及附录27中规定的与飞行安全和管制有关的那些频率的干扰。（WRC-07）

◆ 电台所须采用的发射类别，应该是达到干扰最小并保证频谱的有效利用。一般地说，为达到这些目的，这要求在选择发射类别时，应尽一切努力减少所占频段的宽度，同时要考虑到执行业务时操作上和技术上的要求。

◆ 发射电台的带外发射，对按《无线电规则》在相邻频段内工作并且其接收机的使用符合《无线电规则》第3.3、3.11、3.12、3.13款和ITU-R有关建议的那些业务不应该造成有害干扰。

◆ 如果某电台虽然符合《无线电规则》第 3 条的规定，但因其杂散发射而产生有害干扰时，应该采取特别措施以消除这种干扰。

(2) 除工业、科学和医疗所用设备之外的其他任何种类的电气设备和装置产生的干扰

◆ 各主管部门应采取一切切实可行与必要的步骤，以保证除工业、科学和医疗所用设备外的各种电气器械和装置，包括电力及电信分配网络，不对按照《无线电规则》规定运用的无线电通信业务，特别是无线电导航或任何其他安全业务产生有害干扰。

(3) 工业、科学和医疗所用设备产生的干扰

◆ 各主管部门应该采取一切切实可行和必要的步骤，以保证使工业、科学和医疗所用设备的辐射最小，并保证在指定由这些设备使用的频段之外，这些设备的辐射电平不会对按照《无线电规则》条款运用的无线电通信业务，特别是无线电导航或任何其他安全业务造成有害干扰。

(4) 测　试

◆ 为避免有害干扰，每一主管部门在批准任何电台的测试和实验前，应该规定采取一切可能的预防方法，如选择频率及时间以及降低辐射以至在一切可能的情况下抑制辐射。由于测试和实验而发生的任何有害干扰，应该尽速消除。

◆ 关于测试、调整或实验期间产生的发送的识别，见《无线电规则》第 19 条。

◆ 在航空无线电导航业务中，为了安全起见，在对已投入使用的设备进行检查或调整而进行的发射期间，不应发送正常的识别信号。但是不加识别的发射应限制在最低限度。

◆ 凡用于测试及调整的信号，应选择其不致与《无线电规则》或国际信号电码所规定的具有特定意义的信号、简语等相混淆。

◆ 关于移动业务的测试电台见《无线电规则》第 57.9 条。

(5) 违章报告

◆ 违反《组织法》和《公约》或《无线电规则》的事件，应该由进行检测的机构、电台或监测者报告各自的主管部门。为此，应该使用类似于《无线电规则》附录 9 所提出的样本格式。

◆ 关于一个电台犯了任何严重违章事件的正式抗议，应该由检测出此事件的主管部门向管辖该电台的国家主管部门提出。

◆ 如果一个主管部门接到它管辖的电台违反《公约》或《无线电规则》的通知，就应该查明事实，确定责任并采取必要的行动。

(6) 有害干扰事件情况的处理程序

- ◆ 在应用组织法第 45 条和《无线电规则》的各项规定解决有害干扰问题时，各成员国必须以最大的善意相互帮助。
- ◆ 在解决这些问题时，必须适当考虑一切有关因素，包括有关的技术的及操作上的因素在内，例如：频率的调整、发射及接收天线的特性，分时共用、在多路传输中变换信道等。
- ◆ 就本文而言，“主管部门”一词可以包括由主管部门按《无线电规则》第 16.3 款指定的中心办事处。
- ◆ 各主管部门应该合作检测和消除有害干扰，需要时采用《无线电规则》第 16 条所述的设施及《无线电规则》中所详述的程序。
- ◆ 如实际可行，并经有关主管部门同意，有害干扰事件可以直接由特别指定的监测电台处理，或由它们的运营组织之间直接协助处理。
- ◆ 关于有害干扰的全部细节，只要可能，就应该以《无线电规则》附录 10 所标明的格式提出。
- ◆ 认识到遇险和安全频率以及飞行安全和管制使用的频率（见《无线电规则》第 31 条以及附录 27）上的发射需要绝对的国际保护，且必须消除对这类发射的有害干扰，因此当各主管部门被提请注意此类有害干扰时，承诺立即采取行动。（WRC-07）
- ◆ 在发生需要迅速采取行动的有害干扰事件时，主管部门之间的通信应该以可供利用的最快手段传送，而且经与这些事件有关的主管部门事先批准的条件下，可以在国际监测系统中的特别指定的电台之间直接交换资料。
- ◆ 当一个收信台报告有这种有害干扰时，它应该将一切可以帮助确定干扰的来源和特性的资料告知其业务受到干扰的发信台。
- ◆ 有害干扰事件判明以后，管辖经受干扰的收信台的主管部门，应该通知管辖其业务受到干扰的发信台的主管部门，并供给一切可能有的资料。
- ◆ 如果需要进一步的观测与测量以确定有害干扰的来源与特性并追究责任，管辖其业务受到干扰的发信台的主管部门，可以寻求其他主管部门，尤其是管辖经受干扰的收信台的主管部门，或其他组织进行合作。
- ◆ 当有害干扰事件系由空间电台的发射所造成，并且用其他方法无法获知空间电台的位置时，管辖产生干扰的电台的主管部门，应该根据管辖经受此项干扰的电台的主管部门的请求，提供有利于确定空间电台位置所必要的即时星历数据。
- ◆ 当干扰的来源与特性确定后，管辖其业务受到干扰的发信台的主管部门应将一切有用资料通知管辖产生干扰的电台的主管部门，以便该主管部门采取必要步骤消除干扰。
- ◆ 某一主管部门在获悉其管辖的某一电台被认为是有害干扰的来源时，应该尽

可能用最快方式确认收到此通知。这种确认不应构成对干扰事件承担责任。(WRC-2000)

- ◆ 当安全业务遭受有害干扰时，管辖经受干扰的收信台的主管部门亦可以直接向管辖产生干扰的电台的上级主管部门交涉。其他干扰事件亦可以遵循同样的程序，但要事先取得管辖其业务受到干扰的发信台的主管部门的赞同。
- ◆ 某一主管部门获悉它的某一电台正在对安全业务造成有害干扰时，应该立即对此进行研究并采取必要的补救行动和及时进行响应。(WRC-2000)
- ◆ 当某一地球站所营业务遭受有害干扰时，管辖经受此项干扰的收信台的主管部门亦可以直接与管辖产生干扰的电台的主管部门交涉。
- ◆ 虽然按照《无线电规则》程序采取了行动，如果有害干扰仍然存在，则管辖其业务受到干扰的发射电台的主管部门可以按照《无线电规则》
- ◆ 第Ⅴ节规定，向管辖产生干扰的发射电台的主管部门送给一份不遵守或违反规定的报告。
- ◆ 如果为某一特定业务设有专门国际组织时，有关该项业务的各电台产生或蒙受有害干扰后提出的不遵守或违反规定的报告，在送交有关主管部门的同时，可以送交该组织。
- ◆ 如果认为有必要，特别是按照上述程序采取步骤后未能产生满意的结果时，有关的主管部门应该将该事件的详细情况寄送无线电通信局。
- ◆ 在这种情况下，有关主管部门亦可要求无线电通信局按照《无线电规则》第 13 条第 1 节的规定行动；但应该将该事件的全部事实，包括技术的和操作的详细情况及通信的副本提供给无线电通信局。
- ◆ 如果某一主管部门难于确定 HF 频段内的有害干扰来源并迫切希望寻求无线电通信局帮助时，该主管部门应该迅速通知无线电通信局。
- ◆ 在收到这一通知时，无线电通信局应该立即要求可能帮助查到有害干扰来源的合适的主管部门，或国际监测系统中指定的电台给予合作。
- ◆ 无线电通信局应该综合收到的响应按照《无线电规则》第 15.44 款提出的要求的所有报告，并利用可得到的任何其他资料，立即鉴别出有害干扰的来源。
- ◆ 在鉴别出之后，无线电通信局应该将其结论和建议以电报通知提出有害干扰报告的主管部门。这些报告和建议还应该用电报通知被认为须对有害干扰来源负责的主管部门，同时要求其迅速采取行动。

2. 国际监测

- ◆ 为有助于尽实际可能实施《无线电规则》，特别是帮助保证经济有效地使用无线电频谱并帮助迅速消除有害干扰，各主管部门同意继续发展监测设施，并考虑 ITU-R 的有关建议书尽实际可能在继续发展国际监测系统方面进行合作。

◆ 国际监测系统仅包括那些已经由各主管部门根据 ITU-R 第 23-1 号决议和 ITU-R SM. 1139 建议书向秘书长提交的资料中指定的那些监测电台。这些电台可由一主管部门运营，或根据相应主管部门授权由一个公共的或私营的企业，由两个或多个国家建立的公共监测部门来运营，或由一国际组织运营。（WRC-07）

◆ 参与国际监测系统的每一主管部门，或者由两个或多个国家建立的共同监测部门，以及参加国际监测系统的国际组织应该指定一个中心办事处。对监测资料的所有要求应该向该办事处提出，并通过它将监测资料寄送给无线电通信局或其他主管部门的中心办事处。

◆ 但是，这些规定不应该影响各主管部门、国际组织或公、私营企业为了特殊用途所做的专项监测安排。

◆ 各主管部门应在他们认为实际可行时，按照其他主管部门或无线电通信局可能提出的要求，进行这种监测。

◆ 关于国际监测系统使用和操作的行政管理和程序方面的要求应按照 ITU-R SM. 1139 建议书的规定进行。

◆ 无线电通信局应将参与国际监测系统的各监测电台所提供的结果予以登记，并定期编制所收到的有用的监测数据的概要以及提供这些数据的电台的名称表，供秘书长公布。

◆ 如果某一主管部门在提供其参与国际监测系统的监测电台中的一个台所测得的结果时，向无线电通信局指出已清楚地识别出不符合《无线电规则》的某个发射，无线电通信局应使有关主管部门注意上述监测结果。

1.2.3 行政管理规定

1. 执 照

◆ 私人或任何企业，如果没有电台所属国政府或代表该政府按照《无线电规则》条款以某种适当的形式颁发的执照，不得设立或操作发射电台（但要参阅《无线电规则》第 18.2、18.8 和 18.11 款）。

◆ 但是一国政府可以与一个或多个邻国政府订立特别协议，将其广播业务或陆地移动业务中在 41 MHz 以上频率工作的一个或多个电台设置在其邻国领土内，用以扩大其国内的覆盖范围。该协议应该符合《无线电规则》的条款和有关国家签署的区域性协定，但对于《无线电规则》第 18.1 款的规定可以允许有例外。应该将该协议寄送给秘书长，以便转告各主管部门供参考。

◆ 在对于自己的国际关系不能完全负责的领土或领土群内登记的移动电台，就核发执照而言，可以被认为是属于该领土或领土群的管辖之下。

- ◆ 执照持有者必须如组织法和公约的有关条款的规定保守电信秘密。而且，执照内必须特别规定或注明，如果电台设有接收机，除核准该电台接收的无线电通信外，禁止截收其他无线电通信。若无意中接收了这类无线电通信，则不准复制或转告第三者，或用于任何目的，甚至不准透露其存在。
- ◆ 为便于核查发放给移动电台和移动地球站的执照，其执照正文除使用本国文字外，必要时，应该附加国际电联工作语文之一的译文。
- ◆ 向移动电台或移动地球站核发执照的政府应该在执照内清楚地标明该电台的特征，包括电台的名称、呼号，若适当，应该包括公众通信的类别以及设备的一般特性。
- ◆ 对于陆地移动电台，包括只由一个或多个收信机构成的电台，在执照内应该特加或附注一条款，即除了有关各国的政府间订立的特别协定另有规定外，在核发执照国家以外的其他国家内禁止这些电台工作。
- ◆ 若遇船舶或航空器进行新的登记而所需向其登记的那个国家可能延误核发执照时，移动电台或移动地球站所希望起航或起飞的国家的主管部门应运营公司的请求可以发给证书，证明该电台是符合《无线电规则》的。该证书应载明《无线电规则》第18.6款提及的各种细节，证书形式可由颁发的主管部门自行确定。其有效期应该只限于船舶或航空器驶往或飞往将实施登记程序的那个国家的航程期间，或只限于三个月，在这两者中选择较短的那个期限。
- ◆ 颁发证书的主管部门应该将所采取的行动通知负责核发执照的主管部门。
- ◆ 证书持有者应该遵守《无线电规则》中适用于执照持有者的各项规定。
- ◆ 对于雇用、租用或互换航空器的情况，按照这种安排接收航空器的航空驾驶员所属的主管部门可以根据与该航空器登记国的主管部门达成的协议，颁发按《无线电规则》第18.6款的规定的临时执照，用以代替原执照。

2. 电台识别

(1) 一般规定

- ◆ 一切发送应能通过识别信号或其他方式加以识别。
- ◆ 禁止一切使用假识别信号或易引起误解的识别信号的发送。
- ◆ 如实际可行并涉及适当的业务，应当按照ITU-R相关建议书自动发送识别信号。
- ◆ 除《无线电规则》第19.13B至第19.15款规定者外，下述业务的各种发送均应带有识别信号：

  a) 业余业务；

  b) 广播业务；

  c) 28 000 kHz以下频段内的固定业务；

  d) 移动业务；

e）标准频率与时间信号业务。

- ◆ 所有的无线电信标运用的发送均应带有识别信号。但是，人们已承认，对于正常带有识别信号的无线电信标和其他某些无线电导航业务，在发生故障或其他非操作业务期间有意取消识别信号，是一种警告用户该发送不能安全地用于导航的商定的方法。
- ◆ 在 406～406.1 MHz 或 1 645.5～1 646.5 MHz 频段内运用的卫星应急示位无线电信标（EPIRB）或使用数字选择性呼叫技术的 EPIRB 的所有发送均应该带有识别信号。
- ◆ 传送识别信号时，应该遵守《无线电规则》规定。
- ◆ 但是，对某些发送带有识别信号的要求不适合于：

  a）自动发送遇险信号的救生艇电台；

  b）应急示位无线电信标（《无线电规则》第 19.11 款中的那些除外）。
- ◆ 在带有识别信号的传输中识别一个电台，应该根据其呼号或水上移动业务标识或者其他经认可的下列一项或多项的识别方法：电台名称、电台位置、经营机构、正式登记的标志、飞行识别号码、选择性呼叫号码或信号、选择性呼叫识别号码或信号、特征信号、发射特性或其他易为国际上承认的可明显区别的特征。
- ◆ 对于带有识别信号的发送而言，为使电台易于识别，各电台在发送包括为测试，调整或试验而进行的发送在内的过程中应尽实际可能频繁地发送其识别信号。在这类发送中应至少每小时发送一次识别信号，最好是在每个钟点（UTC）之前五分钟至之后五分钟这段时间内发送，除非这样做会引起通信不合理的中断。在这种情况下，识别信号应该放在发送的开始和末尾。
- ◆ 凡属实际可行，识别信号应该是以下诸方式中的一种：

  a）采用简单的调频或调幅的话音；

  b）以人工操作速度发送的国际莫尔斯电码；

  c）适合普通打印机打印的电报码；

  d）无线电通信部门建议的任何其他方式。
- ◆ 在可能的范围内，识别信号应该按照 ITU-R 相关建议书发送。
- ◆ 各主管部门应保证在实际可行时，应按照 ITU-R 建议书采用重叠识别方法。
- ◆ 若当干电台同时在一条共用电路上工作，或是作为接力站，或是同时在不同频率上工作时，每个电台应尽实际可能发送自己的识别信号，或所有有关电台的识别信号。
- ◆ 除《无线电规则》第 19.13 至 19.15 款提及的情况外，各主管部门应该保证，当不带有识别信号的一切发送对另一个主管部门按照《无线电规则》运营的业务可能产生有害干扰时，可以采用其他方式加以识别。
- ◆ 考虑到《无线电规则》中有关通知频率指配以在登记总表中登记的规定，各主管部门应各自采取措施以保证符合《无线电规则》第 19.26 款的规定。

◆ 各成员国保留为识别其国防电台而确定自己的方法的权利，但是，应该尽可能使用可辨别的并有其国籍特征的各种呼号。

(2) 国际序列的划分和呼号的指配

◆ 就提供识别信号而言，领土或地理地区应理解为意指电台所位于的限定范围内的领土。对于移动电台，应理解为意指负责的主管部门所位于的限定范围内的领土。对于自己的国际关系不能完全负责的领土，在这里亦应该看作为一个地理地区。

◆ 所有对国际公众通信业务开放的电台、所有业余无线电台和能在他们所位于的领土或地理地区边界范围以外引起有害干扰的其他电台，应具有《无线电规则》附录 42 中的国际呼号序列划分表内划分给其国家的国际序列的呼号。

◆ 当需要时，须按照《无线电规则》将水上移动业务标识指配给《无线电规则》第九章规定适用的各船舶电台和船舶地球站，以及能与此类船舶电台通信的各海岸电台和海岸地球站或其他非船载电台。(WRC-07)

◆ 对于能根据水上移动业务标识或用其他方法容易识别(见《无线电规则》第 19.16 款)而且其识别信号或发射特性公布于国际文件内的电台，并不强制从国际序列内指配呼号。

◆ 应当为唯一确定在自动化地面或卫星通信系统中运行的移动电台提供方法，以便回复遇险呼叫、避免干扰和计费。如果系统可以将移动电台呼叫号码与特定移动电台用户联系起来，通过访问登记数据库确认该移动电台是令人满意的方法。(WRC-03)

◆ 如果《无线电规则》附录 42 中可用的呼号序列已用完，可以根据第 13 号决议(WRC-97，修订版)关于呼号组成与新的国际序列划分所规定的原则，划分新的呼号序列。

◆ 在两次无线电行政大会之间，授权秘书长临时处理有关呼号序列划分的变更问题，并须经下一次大会的认可(亦见《无线电规则》第 19.32 款)。

◆ 秘书长应负责给各个国家划分水上识别数字并定期公布关于划分的水上识别数字(MID)的资料。

◆ 秘书长应负责在规定的限额内，给各个主管部门划分附加的水上识别数字(MID)，如果确信虽然是按第 VI 节所述合理地指配了船舶电台标识，但划分给某一主管部门的可用 MID 仍将很快用完的话。

◆ 给每个主管部门划分一个或多个水上识别数字(MID)供其使用。除非先前划分的 MID 以三个零结尾的基本类别已经用完 80％以上，并且按照指配速率已能预见到 90％会用光，否则不能要求第二个或接续的 MID。(WRC-03)

◆ 秘书长应该根据有关主管部门的要求负责提供选择性呼叫号码或信号的序列(见《无线电规则》第 19.92 至 19.95 款)。

◆ 各国须从划分或提供给它的国际序列中选用其电台的呼号，并须将此信息以及将出现在《无线电规则》第Ⅰ、Ⅳ和Ⅴ列表内的信息一并通知秘书长。这些通知不包括指配给业余无线电台和实验电台的呼号。(WRC-07)

◆ 各国应该从划分给其的水上识别数字中选择其电台的水上移动业务标志，并按《无线电规则》第20条规定，将这一资料通知秘书长，以便登记在有关表格内。

◆ 秘书长应该保证同一呼号，同一水上移动业务标志，同一选择性呼叫号码或同一识别号码不致被指配一次以上，而且不指配那些可能与遇险信号或同样性质的其他信号混淆的呼号。

◆ 当一个固定电台在国际业务中使用一个以上频率时，每个频率可以由该频率专用的单独呼号识别。

◆ 当一个广播电台在国际业务中使用一个以上频率时，每个频率可以由该频率专用的单独呼号，或者用其他适当的方法，例如宣布地名和所用频率来识别。

◆ 当一个陆地电台使用一个以上频率时，如果愿意，每个频率可以由一个单独呼号加以识别。

◆ 如属实际可行，海岸电台对各个一频率序列应该用一个共同呼号。

(3) 呼号的组成

◆ 可以用字母表内的二十六个字母以及在下面规定情况下的数字组成呼号。重音字母排除在外。

◆ 但是，下列组合不得用做呼号：

a) 可能与遇险信号或类似性质的其他信号相混淆的组合；

b) ITU-R M.1172 建议书中留供无线电通信业务用做缩略语的组合。(WRC-03)

◆ 国际序列的呼号是按照《无线电规则》第19.51至19.71款所标明的那样组成的。头两个字符应该是两个字母，或是一个字母后跟一位数字，或是一位数字后跟一个字母。呼号的头两个字符，或在某些情况下头一个字符，组成国籍识别标识。

◆ 陆地电台和固定电台：

— 两个字符和一个字母；

— 两个字符和一个字母，后跟不超过三位数字(紧接在字母之后的数字0或1除外)。

建议固定电台的呼号的组成，尽可能如下：两个字符和一个字母，后跟两位数字(紧跟在字母之后的数字0或1除外)。

◆ 船舶电台：

— 两个字符和两个字母；

— 两个字符、两个字母和一位数字(数字0或1除外)；

— 两个字符(第二个应为字母)后跟四位数字(紧跟在字母之后的数字0或1除外)；

— 两个字符和一个字母，后跟四位数字（紧跟在字母之后的数字 0 或 1 除外）。（WRC-07）

◆ 航空器电台：

— 两个字符和三个字母。

◆ 船舶的救生艇电台：

— 母船的呼号后面跟两位数字（紧跟在字母之后的数字 0 或 1 除外）。

◆ 应急示位无线电信标电台：

— 莫尔斯字母 B 和/或无线电信标所属母船的呼号。

◆ 航空器的救生艇电台：

— 母机的完整呼号（见《无线电规则》第 19.58 款）后跟除 0 或 1 以外的单个数字。

◆ 陆地移动电台：

— 两个字符（只要第二个是字母）后跟四位数字（紧跟在字母之后的数字 0 或 1 除外）；

— 两个字符和一个或两个字母，后跟四位数字（紧跟在字母之后的数字 0 或 1 除外）。

◆ 业余电台和实验电台：

— 一个字符（假定为字母 B、F、G、I、K、M、N、R 或 W）和一位数字（0 或 1 除外），后跟一组不超过四个的字符，最后一位应为一个字母；

— 两个字符和一位数字（0 或 1 除外），后跟一组不超过四个的字符，最后一位应为一个字母。（WRC-03）

在临时使用的特殊情况下，主管部门可以核准使用第 19.68 款提及的超过四个字符的呼号。（WRC-03）

但是，数字 0 或 1 的禁止使用，不适用于业余电台。

◆ 空间业务电台：

当空间业务的电台使用呼号时，建议其组成为：两个字符后跟两位或三位数字（紧跟在字母之后的数字 0 和 1 除外）。

(4) 使用无线电话的电台的识别

◆ 使用无线电话的电台应按照《无线电规则》第 19.73 至 19.82A 款指出的方法识别。（WRC-03）

◆ 海岸电台：

— 呼号（见《无线电规则》第 19.52 款），或

—《海岸电台和特别业务电台列表》内所列的该电台所在地的地理名称，后面最好加上 RADIO 一词或其他任何适当的标志。（WRC-07）

◆ 船舶电台：

— 呼号（见《无线电规则》第 19.55 和 19.56 款）；

— 船舶电台的正式名称，必要时，前面加上船主的姓名，但必须不至于与遇险信号、紧急信号和安全信号相混淆；
— 船舶的选择性呼叫号码或信号。

◆ 船舶救生艇电台：
— 呼号（见《无线电规则》第 19.60 款）；
— 由母船名称后跟两位数字组成的识别信号。

◆ 应急示位无线电信标电台：
在使用话音传输时：无线电信标所属母船的名称和/或呼号。（WRC-07）

◆ 航空电台：
— 航空港的名称或所在地的地理名称，必要时，后跟一个标明电台功能的适当的词。

◆ 航空器电台：
— 呼号（见《无线电规则》第 19.58 款），其前面可以加上一个表明航空器所有者或航空器型号的词，或
— 对应于指配给航空器的正式注册标记的字符组合，或
— 标明航线的词，后面加上班机识别号码。

在各专用航空移动业务的频段内，使用无线电话的航空器电台经政府间缔结特别协定以后，并在国际熟知的条件下，可以采用其他识别方法。

◆ 航空器救生艇电台：
— 呼号（见《无线电规则》第 19.64 款）。

◆ 基站电台：
— 呼号（见《无线电规则》第 19.52 款）；
— 所在地的地理名称，必要时后跟其他任何适当的标志。

◆ 陆地移动电台：
— 呼号（见《无线电规则》第 19.66 款）；
— 车辆的标识或其他任何适当的标志。

◆ 业余电台和实验电台：
— 一个呼号（见《无线电规则》第 19.68 款）。（WRC-03）

（5）水上移动业务的选择性呼叫号码

◆ 当水上移动业务电台按照 ITU-R M.476-5 和 ITU-R M.625-3 建议书使用选择性呼叫设备时，其呼叫号码须由负责主管部门根据下列规定予以指配。（WRC-07）

◆ 船舶电台选择性呼叫号码和海岸电台识别号码的组成：
应该用从 0 至 9，10 个数字来组成选择性呼叫号码。
但是，在组成海岸电台的识别号码时，不应该使用以数字 00（零、零）起首的号码组合。

序列内的船舶电台选择性呼叫号码和海岸电台识别号码应该按照《无线电规则》第19.88、19.89和19.90款所标明的那样组成。

◆ 海岸电台识别号码：

— 4位数字(见《无线电规则》第19.86款)。

◆ 船舶电台选择性呼叫号码：

— 5位数字。

◆ 预定的船舶电台群：

— 5位数字，包括：同一数字重复5次，或两个不同数字轮流重复。

◆ 船舶电台选择性呼叫号码和海岸电台识别码的指配：

若要求将船舶电台的选择性呼叫号码和海岸电台的识别号码用于水上移动业务，秘书长须根据其要求提供选择性呼叫号码和识别号码。当主管部门发出在水上移动业务中引用选择性呼叫系统的通知后：(WRC-07)

a) 按照要求，将在100(一百)组内提供船舶用的选择性呼叫号码；

b) 为满足实际要求，将在10(十)组内提供海岸电台的识别号码；

c) 根据《无线电规则》第19.90款，按照单数要求提供预定的船舶电台群的选择性呼叫系统的选择性呼叫号码。

每个主管部门应从提供给其的序列组内选择拟指配给它的船舶电台的选择性呼叫号码。当指配选择性呼叫号码给船舶电台时，主管部门应立即按照《无线电规则》第20.16款通知无线电通信局。

5位数字的船舶电台选择性呼号须指配给窄带直接印字电报(NBDP)设备(如ITU-R M.476-5建议书中所述)。(WRC-07)

每一主管部门应当把从提供给它的系列组内挑选所须指配给它的海岸电台的海岸电台识别号码。

(6) 水上移动业务标识

◆ 当水上移动业务或卫星水上移动业务的电台被要求使用水上移动业务标识时，负责主管部门须按照ITU-R M.585-4建议书的附件1至5中所述的规定将标识指配给该电台。按照《无线电规则》第20.16款，在进行水上移动业务标识的指配时，各主管部门须立即通知无线电通信局。(WRC-07)

◆ 水上移动业务标识由无线电通路上发送的一列9位数字组成，以便能独特地识别各船舶电台、船舶地球站、海岸电台、海岸地球站以及水上移动业务或卫星水上移动业务的其他非船载电台和群呼。(WRC-07)

◆ 这些标识的组成应能让连接到公众通信网络的电话订户和用户电报订户利用这些标识或该标识的一部分主要在海岸至船舶方向自动地呼叫各船舶。公众网络接入亦可通过自由格式的编号计划的方式实现，只要能使用系统登记数据库(见《无线电规则》第19.31A款)获得船舶电台标识、呼号或船舶名称和国籍对船舶加以唯一识别。(WRC-03)

◆ 水上移动业务标识的类型须与ITU-R M.585-4建议书附件1至5中所描述

的一致。(WRC-07)

◆ 水上识别数字M1I2D3是水上移动业务标识的组成部分,并表明如此标识的电台所属的主管部门所处的地理地区。(WRC-07)

◆ 各主管部门须遵守有关水上移动业务标识的指配和使用的ITU-R M.585-4建议书附件1至5的规定。(WRC-07)

◆ 各主管部门应:(WRC-07)

a) 尽可能使用由划分给它们的单个MID组成的标识;(WRC-07)

b) 在指配有6位有效数字的船舶电台标识(如3个0结尾的标识)时需格外谨慎,这些标识仅应指配给那些为了自动接入全世界公众交换网络而预期需要一个这种标识的船舶电台,特别是对在2002年2月1日当日及之前被接受用于全球海上遇险和安全系统(GMDSS)的卫星移动系统而言,如果这些系统将MMSI作为其编号方案的一部分的话。(WRC-07)

(7) 特别规定

◆ 在航空移动业务中,在利用完整呼号建立通信以后,如果不至于引起混淆,航空器电台可以使用缩写呼号或识别号,其组成如下:

a) 在无线电报中,完整呼号中的第一字符和最后两个字母(见《无线电规则》第19.58款);

b) 在无线电话中:

— 完整呼号中的第一个字符;

— 航空器所有者(公司或个人)的名称的缩写;

— 航空器型号。

◆ 其后跟完整呼号的最后两个字母(见《无线电规则》第19.58款)或注册标记的最后两个字符。

◆ 经有关主管部门之间达成协议,《无线电规则》第19.127、19.128和19.129款的各项规定可以扩展或修改。

◆ 分配给船舶视觉和听觉信号用的辨别信号,一般情况下,应该与船舶电台的呼号一致。

1.2.4 关于业务和电台的规定

1. 共用1 GHz以上频段的地面业务和空间业务

(1) 地面电台的功率限值

◆ 在地面无线电通信业务和空间无线电通信业务以同等权利共用的频段内为工作的地面电台和地球站选择台址和频率时,应当考虑ITU-R关于地球站和地面电台各自在地理上分开的建议书。

◆ 在固定或移动业务中,为所述频段内的等效全向辐射功率(e.i.r.p.)超过

表 1.1 中给定值的发射电台选择台址时，考虑到大气层的折射效应，应尽实际可能使任何天线的最大辐射方向与对地静止卫星轨道至少偏离表内所示的角度：

表 1.1　等效全向辐射功率(《无线电规则》)

频段/GHz	等效全向辐射功率值/dBW (亦见《无线电规则》第 21.2 和 21.4 款)	对于对地静止卫星轨道的 最小偏离角度/(°)
1～10	+35	2
10～15	+45	1.5
25.25～27.5	+24(任一 1 MHz 频段)	1.5
15 以上其他频段	+55	无限制

(2) 地面电台的功率限值

- 固定或移动业务电台的最大等效全向辐射功率(e. i. r. p.)不应超过+55 dBW。
- 对于 1 GHz 与 10 GHz 之间的频段如按照《无线电规则》第 21.2 款行不通时，固定业务电台的最大等效全向辐射功率(e. i. r. p.)不应超过：
  +47 dBW 在对地静止卫星轨道 0.5°范围内的任何方向；
  +47 dBW 至+55 dBW，在对地静止卫星轨道 0.5°和 1.5°之间的任何方向上按线性分贝换算(每度 8 dB)并考虑大气折射效应。
- 在 1 GHz 和 10 GHz 之间的频段内，由发射机发送到固定或移动业务电台天线的功率，不得超过+13 dBW，在高于 10 GHz 的频段内不得超过+10 dBW，《无线电规则》第 21.5A 款所述的除外。(WRC-2000)
- 作为《无线电规则》第 21.5 款规定的功率电平的一个例外，卫星地球探测(无源)和空间研究(无源)业务在 18.6～18.8 GHz 频段内操作的共用条件由固定业务操作的下述限制确定：发送到 18.6～18.8 GHz 频段上固定业务电台的每幅天线的输出功率的每个 RF 载波频率不应超过－3 dBW。(WRC-2000)
- 必要时，《无线电规则》第 21.2、21.3、21.4、21.5 和 21.5A 款规定的限值适用于《无线电规则》表 21－2 中所述的业务和频段，以便固定或移动业务以同等权利共用频段时空间电台的接收。(WRC-2000)
- 1 700～1 710 MHz、1 980～2 010 MHz、2 025～2 110 MHz 和 2 200～2 290 MHz 频段内的超视距系统可以超过《无线电规则》第 21.3 和 21.5 款中规定的限值，但应遵守《无线电规则》第 21.2 和 21.4 款的规定。考虑到与其他业务共用的条件较困难，敦促各主管部门将这些频段内的超视距系统的

数量保持在最低数。(WRC-2000)

(3) 地球站的功率限值

◆ 某一地球站在水平任一方向发送的等效全向辐射功率(e. i. r. p.),除《无线电规则》第 21.10 或 21.11 款规定的以外,不应超过下列限值:

a) 在 1 GHz 和 15 GHz 之间的频段内:

当 $\theta \leqslant 0°$时,在任一 4 kHz 频段内为+40 dBW;

当 $0° < \theta \leqslant 5°$时,在任一 4 kHz 频段内为$+40+3\theta$ dBW。

b) 在 15 GHz 以上频段内:

当 $\theta \leqslant 0°$时,在任一 1 MHz 频段内为+64 dBW;

当 $0° < \theta \leqslant 5°$时,在任一 1 MHz 频段内为$+64+3\theta$ dBW。

这里 θ 是从地球站天线的辐射中心看去的水平仰角,以度为量度单位,在水平面以上的为正,以下的为负。

◆ 由于水平面仰角大于 5°,由地球站朝水平方向发送的等效全向辐射功率(e. i. r. p.)应该不受限制。

◆ 作为对《无线电规则》第 21.8 款规定的限值的一个例外,空间研究(深空)业务的地球站向水平方向发送的等效全向辐射功率(e. i. r. p.),在 1 GHz 和 15 GHz 频段内的任一 4 kHz 频段内不得超过+55 dBW,或在 15 GHz 以上频段内的任一 1 MHz 频段内不得超过+79 dBW。

◆ 如适用,《无线电规则》第 21.8 和 21.10 款规定的限值可以被超过 10dB 以内。但是,当由此引起的协调区扩大到其他国家的领土内时,这种增加须经该国主管部门的同意。

◆ 合适时对于《无线电规则》表 21－3 中所示的业务和频段,《无线电规则》第 21.8 款规定的限值适用于与固定或移动业务以同等权利共用频段的地球站的发射。

◆ 1 610～1 626.5 MHz 频段的卫星无线电测定业务的地球站在任何方向发射的等效全向辐射功率(e. i. r. p.)在任一 4 kHz 频段内不得超过－3 dBW。

◆ 在 13.75～14 GHz 频段内,天线直径小于 4.5 m 的卫星对地静止固定业务地球站发射的离轴等效全向辐射功率(e. i. r. p.)电平不应超过以下限值:

表 1.2 离轴等效全向辐射功率(e. i. r. p.)电平限值(《无线电规则》)

离轴角度/(°)	任何 1 MHz 频段内的最大 e. i. r. p. /dBW
$2 \leqslant \varphi \leqslant 7$	43～25 log φ
$7 < \varphi \leqslant 9.2$	22
$9.2 < \varphi \leqslant 48$	46～25 log φ
$\varphi > 48$	4 (WRC-03)

(4) 地球站的最小仰角

◆ 除非经有关主管部门和业务可能受到影响的那些主管部门商定，不应该使用根据水平面到最大辐射方向测定的仰角小于 3°的地球站天线用于发送，在地球站接收的情况下，如果工作仰角小于那个数值，则应该用上述数值去协调。

◆ 作为对《无线电规则》第 21.14 款的一个例外，空间研究业务（近地）的地球站，不应该使用仰角小于 5°的天线进行发射，而空间研究业务（深空）的地球站，不应该使用仰角小于 10°地球站天线进行发射。这两个角是自水平面起到最大辐射方向测定的。在地球站接收的情况下，如果工作仰角小于那些数值，则应该使用上述数值去协调。

(5) 空间电台的功率通量密度的限值

◆ 某一空间电台的发射在地球表面所产生的功率通量密度，包括从某一反射卫星的发射，在所有条件和各种调制方法下均不得超过《无线电规则》表 21 - 4 中所规定的限值。这个限值与在假设的自由空间传播条件下可取得的功率通量密度有关，并且如果没有另行规定，应适用于与固定或移动业务以同等权利共用频段的该业务空间电台的发射。

◆ 经该国的主管部门的同意，在其领土上可以超过《无线电规则》表 21 - 4 中规定的限值。

(6) 保护航空无线电导航业务系统免受 1 164～1 215 MHz 频段内的卫星无线电导航业务系统空间电台集总发射的干扰（WRC-03）

◆ 对于在 1 164～1 215 MHz 频段上运行或规划运行卫星无线电导航业务系统或网络的主管部门，如果无线电通信局在 2000 年 6 月 2 日之后收到其完整的协调或通知资料，应根据第 609 号决议（WRC-03）的做出决议 2，采取一切必要措施，保证在这些频段内同频运行的 RNSS 系统或网络对航空无线电导航业务的集总干扰不超过第 609 号决议（WRC-03）做出决议 1 中的等效功率通量密度的值。（WRC-03）

2. 空间业务

(1) 停止发射

◆ 空间电台应当装有保证随时按照本规则的规定要求停止发射时，通过遥控指令立即停止某无线电发射的装置。

(2) 对对地静止卫星系统的干扰控制

◆ 非对地静止卫星系统不得对按照上述规则的规定工作的卫星固定业务和卫星广播业务的对地静止卫星网络造成不可接受的干扰，亦不得寻求得到这些网络的保护，除非上述规则另有规定。《无线电规则》第 5.43A 款不适用于此

情况。(WRC-07)

◆ 每当自卫星间业务的对地静止卫星在距地球距离远于距对地静止卫星轨道的距离上向空间电台发射时,对地静止卫星的天线主束的瞄准线不应定位在对地静止卫星轨道上任何点的 15°内。

◆ 对地静止卫星上的卫星地球探测业务的空间电台和非对地静止卫星上同一业务的空间电台同时运用 29.95～30 GHz 频段时应该有以下限制:

◆ 每当自对地静止卫星向对地静止卫星轨道发射,总要对卫星固定业务中的任何对地静止卫星空间系统造成不可接受的干扰时,应该将这些发射降低到处于或低于可接受的干扰程度。

◆ 在利用非对地静止卫星的卫星地球探测业务与卫星固定(地对空)业务或卫星气象(地对空)业务共用的 8 025 MHz～8 400 MHz 频段内,由任何卫星地球探测业务的空间电台产生,到达对地静止卫星轨道的最大功率通量密度,在任一 4 kHz 频段内应不超过－174 dB(W/m^2)。

◆ 在 6 700～7 075 MHz 频段内,卫星固定业务的一个非对地静止卫星系统在对地静止卫星轨道及对地静止卫星轨道周围±5 度倾角范围内产生的最大集总功率通量密度每 4 kHz 频段不得超过－168 dB(W/m^2)。最大集总功率通量密度应按照 ITU-R S.1256 建议书计算。(WRC-97)

◆《无线电规则》表 22－1A 至 22－1E 中所列频段内卫星固定业务的非对地静止卫星系统的所有空间电台的发射,在对地静止卫星轨道可视的地球表面任何点上产生的等效功率通量密度,epfd,包括反射卫星的发射,对于所有条件和所有的调制方法,在给定的百分比时间内均不得超过表 22－1A 至 22－1E 中给定的限值。这些限值涉及在自由空间传播条件下获得的,对于面向对地静止卫星轨道所有指向,在《无线电规则》表 22－1A 至 22－1E 中规定的基准天线和基准带宽的等效功率通量密度。(WRC-03)

◆《无线电规则》表 22－1A 至 22－1E 中所给出的限值在相关国家主管部门已经同意的任何国家的领土上可以被超过(亦见第 140 号决议(WRC-03))。(WRC-03)

◆《无线电规则》表 22－2 中卫星固定业务的一个非对地静止卫星系统的所有地球站的发射,在对地静止卫星轨道的任何点产生的等效功率通量密度,epfd,对于所有条件和所有调制方法,在给定的百分比时间内不得超过《无线电规则》表 22－2 中给定的限值。这些限值相对于在自由空间传播条件下《无线电规则》表 22－2 中规定的进入基准天线和在基准带宽内所得到的等效功率通量密度,对于所有指向对地静止卫星轨道任何给定位置的可视地球表面。(WRC-2000)

◆ 对于所有条件和所有调制方法,《无线电规则》表 22－3 中所列频段卫星固定业务中非对地静止卫星系统的所有空间电台的发射,在对地静止卫星轨道的任何产生的等效功率通量密度，epfdis，包括反射卫星的发射，在给定的百分比时间内均不得超过《无线电规则》表22－3中规定的限值。这些限值相对于在自由空间传播条件下《无线电规则》表22－3中的规定进入基准天线和在基准带宽内，对于从对地静止卫星轨道上的任何给定的位置的所有指向可视地球表面的方向所得到的等效功率通量密度。（WRC-2000）

◆ 自《无线电规则》第22.5C款（表22－1E除外）到第22.5D款（有关5 925～6 725 MHz频段的表22－2除外）和第22.5F款中所列限值适用于无线电通信局于1997年11月22日之后收到视情形的完全协调或通知情报的卫星固定业务中非对地静止卫星系统。《无线电规则》表22－4A、22－4A1、22－4B和22－4C中所列限值。《无线电规则》表22－1E所列限值以及表22－2所列关于5 925～6 725 MHz频段的限值适用于无线电通信局于2003年7月5日之后收到完全通知情报的卫星固定业务中非对地静止系统。表中所列限值不适用于无线电通信局于1997年11月22日之前收到适当的完全协调或通知情报的卫星固定业务的非对地静止卫星系统。（WRC-03）

◆ 如果卫星固定业务中非对地静止卫星发射至任何操作中的对地静止卫星固定业务地球站的epfd没有超过《无线电规则》表22－4A、22－4A1、22－4B和22－4C中给出的操作或附加操作限值，地球站天线直径等于《无线电规则》表22－4A、22－4A1或22－4C中给出的值，或者地球站增益等于或大于《无线电规则》表22－4B给出的对地静止卫星固定业务卫星相应的轨道倾角的值，对地静止卫星系统一个主管部门根据《无线电规则》第22.5C、22.5D和22.5F款的限值操作卫星固定业务中非对地静止卫星系统应当视为在对地静止卫星网络方面已经履行了《无线电规则》第22.2款规定的义务，无论无线电通信局收到有关非对地静止卫星和对地静止卫星网络的适当完全协调或通知情报如何。除非相关主管部门另外达成一致，一个主管部门操作按照《无线电规则》第22.5C、22.5D和22.5F款的限值、其发射到任何操作中的对地静止卫星固定业务地球站的epfd超过了《无线电规则》表22－4A、22－4A1、22－4B和22－4C给出的操作或附加操作限值的卫星固定业务中的非对地静止卫星系统，如果地球站天线直径等于《无线电规则》表22－4A、22－4A1或22－4C，或者地球站增益等于或大于《无线电规则》表22－4B给出的相应对地静止卫星固定业务卫星轨道倾角的值，则视为违反了《无线电规则》第22.2款规定的主管部门的义务，并适用《无线电规则》第15条（第V节）的规定。除外，鼓励主管部门使用相关的ITU-R建议书来确定是否构成了这种违规。（WRC-03）

◆ 在不可抗力的情况下，发射到卫星固定业务中的非对地静止卫星的指令和范围载波不遵守《无线电规则》表22－2中给出的限值。（WRC-2000）

◆ 操作或计划在《无线电规则》第22－5C款表22－1A至22－1D所列频段的卫

星固定业务中操作非对地静止卫星系统的主管部门应采用第 76 号决议(WRC-2000)的规定，以保证那些工作在这些频段内的同频道系统对对地静止卫星固定业务和对地静止卫星广播业务网络产生的集总干扰不超过第 76 号决议(WRC-2000)表 1A 至 1D 中所给的集总功率电平。如果按照《无线电规则》操作对地静止卫星网络的主管部门确定，来自卫星固定业务的非对地静止卫星系统的等效功率通量密度电平可能超过第 76 号决议(WRC-2000)表 1A 至 1D 所载的集总限值，负责卫星固定业务非对地静止卫星系统的主管部门应采用第 76 号决议(WRC-2000)做出决定 2 所载的规定。(WRC-2000)

(3) 空间电台的位置保持

◆ 使用划分给卫星固定业务或卫星广播业务的任何频段的对地静止卫星上的空间电台：

a) 应该具有将其位置保持在其标称位置的经度 0.1 以内的能力；

b) 其位置应该保持在标称位置的经度 0.1 以内；

c) 对地静止卫星上的实验电台不需要遵守第 22.7 或 22.8 款的规定，但其位置应该保持在标称位置的经度 0.5°以内；

d) 然而，只要卫星网络所属的空间电台对遵守第 22.8 和 22.9 款规定限值的空间电台的任何其他卫星网络不产生不可接受的干扰，则不需要遵守《无线电规则》第 22.8 或 22.9 款的规定。

◆ 不使用划分给卫星固定业务或卫星广播业务的任何频段的对地静止卫星上的空间电台：

a) 应该具有将其位置保持在其标称位置的经度 0.5°以内的能力；

b) 其位置应该保持在标称位置的经度 0.5°以内；

c) 只要空间电台所属的卫星网络对符合《无线电规则》第 22.13 款规定限值的空间电台的任何其他卫星网络不产生不可接受的干扰，则不需要遵守《无线电规则》第 22.13 款的规定。

◆ 对地静止卫星上的空间电台，在 1987 年 1 月 1 日以前开通业务，并在 1982 年 1 月 1 日以前已经公布了网络的提前公布资料的情况下，不受包括《无线电规则》第 26.6 至 26.14 款在内的规定的限制，但是，它们：

a) 应该具有将其位置保持在标称位置的经度 0.1°以内的能力，但是应该做出努力以实现将其位置保持在标称位置的经度至少 0.5°以内的能力；

b) 其位置应该保持在标称位置的经度 0.5°以内；

c) 只要卫星网络所属的空间电台对符合《无线电规则》第 22.17 款规定限值的空间电台的任何其他卫星网络不产生不可接受的干扰，则不需要遵守《无线电规则》第 22.17 款的规定。

(4) 对地静止卫星上的天线的指向精度

◆ 对地静止卫星上的任何向着地球的天线波束的最大辐射指向应能保持在下

列数值之内：

a）相对于标称指向的半功率波束宽度的 10%；

b）相对于标称指向 0.3°，取其中较大者，只有当这种波束用于小于全球覆盖时，这种方位才适用。

◆ 如果发生波束围绕最大辐射轴不是轴对称的，则包含该轴的任何平面的偏差应该与那个平面上的半功率波束宽度有关。

◆ 仅在需要避免对其他系统不可接受的干扰时才应该保持这种精度。

(5) 月球屏蔽区内的射电天文

◆ 在月球屏蔽区域内，对射电天文观测和其他无源业务用户造成有害干扰的发射，应在除下列频段外的整个频谱内予以禁止：

a）划分给采用有源遥感器的空间研究业务的频段；

b）为了支援空间研究，以及在月球屏蔽区内的无线电通信和空间研究传输所需要的、划分给空间操作业务、采用有源遥感器的卫星地球探测业务以及利用空间飞行器平台上的电台的无线电定位业务的频段。

◆ 在《无线电规则》第 22.22 至 22.24 款未予禁止发射的频段内，根据有关主管部门之间的协议，可以保护月球屏蔽区内的射电天文观测和无源空间研究不受有害干扰。

(6) 卫星固定业务中对地静止卫星网络地球站的离轴功率限制(WRC-2000)

◆ 对地静止卫星网络一个地球站所发射的等效全向辐射功率电平对于地球站天线的主瓣轴为 3°或大于 3°的任何离轴角 φ(不得超过下列数值：

离轴角	最大等效全向辐射功率	
$3° \leqslant \varphi \leqslant 7°$	42～25 log φ dB(W/40 kHz)	
$7° < \varphi \leqslant 9.2°$	21 dB(W/40 kHz)	
$9.2° < \varphi \leqslant 48°$	45～25 log φ dB(W/40 kHz)	
$48° < \varphi \leqslant 180°$	3 dB(W/40 kHz)	(WRC-2000)

◆ 对于具有能量扩散的调频电视发射，《无线电规则》第 22.26 款中的限值可以被超过但最大为 3 dB，但发射的调频电视载波的总离轴等效全向辐射功率不得超过下列数值：

离轴角	最大等效全向辐射功率
$3° \leqslant \varphi \leqslant 7°$	56～25 log φ dBW
$7° < \varphi \leqslant 9.2°$	35 dBW

9.2°<φ≤48°	59～25 log φ dBW	
48°<φ≤180°	17 dBW	（WRC-2000）

◆ 操作时无能量扩散的调频电视载波每次都需用与节目材料或合适的测试模式进行调制。在此情况下，发射的调频电视载波的总离轴等效全向辐射功率不得超过下列数值：

离轴角	最大等效全向辐射功率	
3°≤φ≤7°	56～25 log φ dBW	
7°<φ≤9.2°	35 dBW	
9.2°<φ≤48°	59～25 log φ dBW	
48°<φ≤180°	17 dBW	（WRC-2000）

◆《无线电规则》第22.26、22.27和22.28款中的等效全向辐射功率限值适用于划分给卫星固定业务（地对空）的下列频段：
12.75～13.25 GHz；
13.75～14 GHz；
14～14.5 GHz。（WRC-97）

◆《无线电规则》第22.26，22.27，22.28和22.32款中给出的等效全向辐射功率限值既不适用于2000年6月2日之前在运营或准备运营的地球站天线，亦不适用于2000年6月2日之前收到要求完全协调或通知信息的与卫星固定业务中卫星网络相关的地球站。（WRC-2000）

◆ 以正常运营方式（即向空间电台上定向接收天线发射指令和测距载波的地球站）卫星固定业务中对地静止卫星发射的指令和测距载波在12.75～13.25 GHz和13.75～14.5 GHz频段内可以超过第22.26款给出的16 dB以的电平。在其他运营方式中和在不可抗拒的情况下，向卫星固定业务中对地静止卫星发射的指令和测距载波不受第22.26款给出的电平的限制。（WRC-2000）

◆ 29.5～30GHz频段上对地静止卫星网络地球站发射的等效全向辐射功率密度的电平对于离地球站天线主瓣轴3°或大于3°的任何离轴角不超过以下数值：

离轴角	最大等效全向功率通量密度
3°≤φ≤7°	28～25 log φ dB(W/40 kHz)
7°<φ≤9.2°	7 dB(W/40 kHz)

$9.2° < \varphi \leqslant 48°$	$31 - 25 \log \varphi$ dB(W/40 kHz)	
$48° < \varphi \leqslant 180°$	-1 dB(W/40 kHz)	(WRC-2000)

◆ 以正常运营方式(即向空间电台上定向接收天线发射指令和测距载波的地球站)向卫星固定业务中对地静止卫星发射指令和测距载波在 29.5～30 GHz 频段内可以超过《无线电规则》第 22.32 款给出的 10 dB 以上的电平。在其他所有操作方式中和在不可抗拒的情况下,向卫星固定业务中对地静止卫星发射的指令和测距载波不受第 22.32 款给出的电平的限制。(WRC-2000)

◆ 对于可能同时在 40 kHz 同一频段内发射的 GSO 系统的地球站,即对于使用 CDMA 的 GSO 系统,《无线电规则》第 22.32 款给出的最大等效全向辐射功率限值不得降低 10log(N)dB,其中 N 是这样一些地球站的数量,这些地球站在正与其通信的接收卫星波束中,并这些地球站有望在同一频率上同时发射。(WRC-2000)

◆ 进行在 29.5～30 GHz 频段上操作的地球站的设计时,其 90%的离轴等效全向辐射功率密度峰值不得超过第 22.32 款所给出的数值。考虑到对邻近卫星的干扰电平,需要开展进一步研究,以确定允许超过的离轴仰角范围。离轴等效全向辐射功率密度峰值的统计应按 ITU-R S.732 建议书最新版本给出的方法进行。(WRC-07)

◆《无线电规则》第 22.26 至 22.28 和 22.32 款给出的数值适用于晴朗的天气条件。在雨衰条件下,地球站使用上行功率控制时可以超过限值。(WRC-2000)

◆ 操作在 29.5～30 GHz 频段的对对地静止卫星轨道有较低仰角的卫星固定业务的地球站,在较高仰角上相对相同的终端要求较高的等效全向辐射功率电平,以便在 GSO 上获得相同的功率通量密度,这是由于增加的距离和大气吸收的综合效用。具有低仰角的地球站可以超过第 22.32 款所给出的下述电平:

对 GSO(ε)的仰角	增加等效全向辐射功率密度/dB	
$\varepsilon \leqslant 5°$	2.5	
$5° < \varepsilon \leqslant 30°$	$0.1(25-\varepsilon)+0.5$	(WRC-2000)

◆ 适用于 48°～180°之间离轴角的数值是为了考虑信息漏失影响。(WRC-2000)

3. 广播业务

(1) 广播业务

● **总则**

◆ 禁止在国境以外的船舶、航空器或者任何其他漂浮的或在空中飞行的物体上设立和使用广播电台(声音广播或电视广播电台)。

◆ 原则上,除 3 900～4 000 kHz 的频段外,用 5 060 kHz 以下或 41 MHz 以上频率的广播电台不应该使用超过为在有关国家国境以内维持经济有效,质量良好的国内业务的必要的功率。

● **热带区内的广播**

◆ “热带区内的广播”措词是指《无线电规则》第 5.16 至 5.21 款所规定的地带内,各国国内使用的一种广播。在这个地带内由于较高的大气噪声电平和传播困难,不可能用低频、中频和甚高频经济地提供更满意的业务。

◆ 列频段限于热带区的广播业务使用:

2 300～2 498 kHz(1 区);

2 300～2 495 kHz(2 区、3 区);

3 200～3 400 kHz(所有各区);

4 750～4 995 kHz(所有各区);

5 005～5 060 kHz(所有各区)。

◆ 工作于《无线电规则》第 23.6 款所列频段内的发射机的载频功率不得超过 50 kW。

◆ 在热带区内,广播业务比与其共用《无线电规则》第 23.6 款所列频段的其他业务有优先权。

◆ 但是,利比亚在北纬 30°纬线以北的那部分中,《无线电规则》第 23.6 款所列频段内的广播业务与在热带区内和其他共用这些频段的其他业务有同等使用权。

◆ 在热带区内工作的广播业务和在热带区外工作的其他业务,均须遵守《无线电规则》第 4.8 款的规定。

● **划分给广播业务的 HF 频段(WRC-03)**

◆ 在除《无线电规则》第 23.6 款提及的频段之外划分给广播业务的 HF 频段上操作的广播业务发射电台,应当满足附录 11 中的系统规范。(WRC-03)

(2) 卫星广播业务

◆ 在设计卫星广播业务空间电台的各项特性时,应当利用可得到的一切技术手段,在最大限度内切实可行地减少对其他国家领土的辐射,除非与这些国家事先达成协议。

◆ 如果无线电通信局收到一份根据《无线电规则》第 23.13 款规定的书面协议,无线电通信局应将按照《无线电规则》第 23.13 款规定将该系统指配时在总登记表中的备注栏或 1 区和 3 区频率表中包括的协议参考包括在内。(WRC-2000)

◆ 如果在按照《无线电规则》第 9 条或附录 30 为协调提出的卫星广播业务(声音广播除外)网络出版的特辑公布后 4 个月内,主管部门通知无线电通信局未采用所有技术措施来降低在其领土上的辐射,无线电通信局应提醒负责的主管部门注意已收到的意见。无线电通信局应要求两个主管部门尽可能解决问题。两个主管部门都可以要求无线电通信局研究该问题和向相关主管部门提出其报告。如果未达成协议,无线电通信局应将反对的主管部门的领土从服务区中删除,但不得影响其他服务区,并通知负责的主管部门。(WRC-2000)

◆ 在上述 4 个月期限之后,如果一个主管部门反对保留在服务区中,无线电通信局应将反对的主管部门的领土从相关的卫星广播业务(声音广播除外)网络的服务区中删除,但不得影响其他服务区,并通知负责的主管部门。(WRC-2000)

4. 固定业务

◆ 敦促各主管部门在固定业务中不要继续使用双边带无线电话(A3E 类)传输。

◆ 在 30 MHz 以下频段的固定业务中,禁止 F3E 或 G3E 类发射。

5. 业余业务

(1) 业余业务

◆ 应允许各个国家业务电台之间的无线电通信,除非一个有关国家主管部门已经通知反对这种无线电通信。(WRC-03)

◆ 不同国家业余电台之间传输应限于《无线电规则》第 1.56 款规定的伴随业余业务目的的通信以及个人特点备注。(WRC-03)

◆ 不同国家业余电台之间的传输不应为模糊电文的意思的目的而编码,卫星业余业务中地面控制电台和空间电台之间交换的控制信号除外。(WRC-03)

◆ 只有在紧急或救灾的情况下,业余电台才可以代表第三方传输国际通信。一个主管部门可以决定该条款是否适用于受其管辖的业余电台。(WRC-03)

◆ 主管部门应决定请求领取操作业余电台执照的人是否应该演示其有能力发送和接收莫尔斯电码信号组成的电文。(WRC-03)

◆ 主管部门应当验证希望操作业余电台的任何人员的操作和技术资格。能力标准指南可以参见 ITU-R M.1544 建议书的最新版本。(WRC-03)

◆ 业余电台的最大功率应由相关主管部门确定。(WRC-03)

◆《组织法》、《公约》和《无线电规则》所有相关条款均适用于业余电台。(WRC-03)

◆ 各业余电台在传输过程中,应该每隔一短时间发送它们的呼号。

◆ 鼓励主管部门采取必要措施,允许业余电台为通信需求做准备并满足通信需求以支持救灾。(WRC-03)

◆ 一个主管部门应决定是否允许已从其他主管部门获得操作业余电台执照的

个人，遵守该主管部门规定的条件或限制，在暂时逗留其领土期间操作业余电台。(WRC-03)

(2) 卫星业余业务

◆ 上述规定，如适当，应同样适用于卫星业余业务。

◆ 授权卫星业余业务空间电台的主管部门应当确保在发射前建立足够的地面控制电台，以便保证由卫星业余业务中某电台的发射造成的有害干扰能够得以立即终止。(参见《无线电规则》第 22.1 款)。(WRC-03)

6. 标准频率和时间信号业务

◆ 为了便于更有效地使用无线电频谱，以及协助其他技术和科学活动，提供或准备提供标准频率和时间信号业务的主管部门应该根据本条中的规定在世界范围内协调，建立并运营这种业务，把这项业务扩展到世界上使用不足的那些地区应该给予关注。

◆ 为达此目的，每个主管部门应在无线电通信局的协助下，采取步骤协调任何新的标准频率或时间信号的传输，或者在标准频段内的现有传输的任何变更。为此，各主管部门应在它们之间相互交换所有有关资料并提交给无线电通信局。无线电通信局应就此事宜与对这问题有直接和实质关系的其他国际组织进行商议。

◆ 在实际可行的范围内，在完成适当的协调之前，各标准频段内不应做出新的频率分配或者通知无线电通信局。

◆ 各主管部门应合作以减少划分给标准频率和时间信号业务的频段内的干扰。

◆ 提供这项业务的主管部门应通过无线电通信局，在核对和分发标准频率和时间信号的测试结果以及在涉及校准频率和时间信号的细节方面相互合作。

◆ 在选择标准频率和时间信号的技术特性时，各主管部门应以 ITU-R 相关建议书为指南。

7. 实验电台

◆ 一座实验电台只有在经其主管部门核准以后才可与另一国家的实验电台通信。每个主管部门在颁发上述核准书时应该通知其他有关主管部门。

◆ 建立通信的条件由各有关主管部门通过特别协议决定。

◆ 各主管部门应该采取必要的鉴定措施，以核实任何一个希望运用实验电台设备的人员的操作和技术的资格。

◆ 各有关主管部门应该顾及核准其设立的目的和运用条件来确定实验电台的最大功率。

◆ 组织法、公约和《无线电规则》的所有一般规则都适用于各实验电台。尤其是各实验电台应该遵守施加给工作在同一频段内的发射机的技术条件，除非实验的技术原理不允许这样做。在这种情况下，核准这些电台工作的主管部门可允许以适当的形式予以豁免。

◆ 各实验电台在发射过程中，应该每隔一短时间发送它们的呼号或其他任何可识别形式的标识（见《无线电规则》第 19 条）。

◆ 若实验电台对另一国的业务没有引起有害干扰的危险，有关主管部门在认为合乎需要时，可以采用与本条不同的规定。

8. 无线电测定业务

(1) 一般规定

◆ 已建立无线电测定业务的各主管部门应采取必要步骤以保证该业务的有效性和正规化；然而他们对接收由于使用提供的不精确的资料、工作缺陷或它们的电台故障所产生的后果不负责任。

◆ 在有疑问或不可靠的观测时，进行测向或定位的电台，只要可能应随时将任何这类疑问或不可靠性通知提供该资料的电台。

◆ 各主管部门须将提供水上移动业务国际服务的每个无线电测定业务电台的特性通知无线电通信局，而且在必要的情况下，需通知每个电台或各组电台可提供可靠信息的区域。此资料公布于《海岸电台和特别业务电台表》（《无线电规则》列表 IV）内，而且任何永久性变更须通知无线电通信局。（WRC-07）

◆ 选择无线电测定电台的识别方法应该避免在识别上的任何疑问。

◆ 无线电测定电台所发送的信号应该能进行准确而精密的测量。

◆ 任何涉及无线电测定电台工作的变更或不正规的资料应立即按下述方式通知：

a）运用无线电测定业务的国家的陆地电台，如必要，应该每天发送工作变更或不正规的通知，直至恢复正常工作为止，如属长久性变更，直至所有有关领航员均已获得此项预报时为止；

b）应尽快地将长久性变更或长期不正规的情况公布于有关的航行通告内。

(2) 对卫星无线电测定业务的规定

◆《无线电规则》第 28.1 至 28.8 款的规定除第 28.2 款外，都应该适用于卫星水上无线电导航业务。

◆《无线电规则》第 28.1 至 28.8 款的规定除第 28.2 和 28.3 款外，都应该适用于卫星航空无线电导航业务。

◆《无线电规则》第 28.1 至 28.8 款的规定除第 28.2 和 28.3 款外，都应该适用于卫星无线电测定业务。

(3) 无线电测向电台

◆ 在水上无线电导航业务中，供无线电测向通常使用的无线电报频率为 410 kHz。

使用无线电报的所有水上无线电导航业务测向电台都应该能够使用此频率。此外,它们应该能够用 500 kHz 测向,尤其是对发送遇险、告警和紧急信号的测定方位的电台。

◆ 如果在已授权的 1 606.5 kHz 和 2 850 kHz 之间的频段提供无线电定向业务,无线电定向电台应当能够根据无线电电话遇险和呼叫频率 2 182 kHz 判断位置。(WRC-03)

◆ 在《无线电规则》第 1.12 款中规定的无线电测向电台在 156 MHz 和 174 MHz 之间的各频段内工作时,应该能够用 VHF 遇险和呼叫频率 156.8 MHz 和 VHF 数字选择性呼叫频率 156.525 MHz 测向。

◆ 若无事先约定,航空器电台呼叫无线电测向电台要求定位时,应该使用被呼叫电台上正常保持的值守频率。

◆ 在航空无线电导航业务中,除了有关主管部门之间订有协议而实施特别程序者外,本节为无线电测向所规定的程序是适用的。

(4) 无线电信标电台

◆ 当某主管部门为有利于航行而欲筹建无线电信标电台业务时,为达此目的可以利用:

a) 在陆地上或者永久停泊的船舶上,或例外地在其范围是众所周知并已公布的限定区域内航行的船舶上,建立名副其实的无线电信标。这类无线电信标的发射方向图可以是定向的或非定向的。

b) 在移动电台要求下,指定固定电台、海岸电台或航空电台起无线电信标的作用。

◆ 名副其实的无线电信标应当使用《无线电规则》第二章中属于它们可以使用的那些频段。

◆ 已通告作为无线电信标的其他电台,为达此目的应该使用它们的正常工作频率和正常发射类别。

◆ 名副其实的无线电信标的辐射功率应该调整到必要的数值,以在所需要的有限范围内产生固定的场强(见《无线电规则》附录 12)。

◆ 适用于在 160 kHz 和 535 kHz 之间频段内工作的航空无线电信标和在 283.5 kHz 和 335 kHz 之间频段内工作的水上无线电信标的特别规则见《无线电规则》附录 12。

9. 射电天文业务

(1) 一般规定

◆ 各主管部门应该合作以保护射电天文业务不受干扰,考虑到:

a) 射电天文电台的灵敏度特别高;

b）需要经常地在没有有害干扰情况下长期观测；

c）各个国家的射电天文电台不多，而它们的位置都是有名的，往往使其有实际可能给予特别的考虑以避免干扰。

◆ 所须保护的射电天文电台的位置及其观测频率应按《无线电规则》第11.12款通知无线电通信局并按第20.16款印发给各成员国。

(2) 射电天文业务中所须采取的措施

◆ 挑选射电天文电台的位置应该就对这些电台有害干扰的可能性给予适当的考虑。

◆ 射电天文电台应采取一切切实可行的技术手段以降低它们对干扰的敏感性。应推行改进了的减少干扰敏感性的技术开发，包括通过无线电通信部门参加合作研究。

(3) 射电天文业务的保护

◆ 在《无线电规则》第5条频率划分表中规定了不同频段内的射电天文业务的地位。各主管部门应该根据在那些频段内该业务的地位对射电天文业务电台提供不受干扰的保护(亦见《无线电规则》第4.6、22.22至22.24和22.25款)。

◆ 在根据是永久的或临时的为射电天文业务提供不受干扰的保护时，各主管部门应该使用适当的、像地理上分开、场所屏蔽，天线的定向性以及使用分时和最小实际可行的发射机功率这样一类的方法。

◆ 敦促各主管部门在按本规则工作的射电天文业务实行观测的频段附近给其他业务的电台指配频率时，按照《无线电规则》第4.5款采取一切切实可行的措施保护射电天文业务不受有害干扰。除《无线电规则》第29.9款提及的措施外，对将用在射电天文频段内各频率的辐射功率减少至最小的技术手段应给予特别考虑(亦见《无线电规则》第4.6款)。

◆ 敦促各主管部门在其他频段内给电台指配频率时，应尽实际可能考虑需要避免对按照本规则工作的射电天文业务可能引起有害干扰的杂散发射(亦见《无线电规则》第4.6款)。

◆ 适用本节概括的措施时，主管部门应铭记射电天文业务极易受到空间和机载发射机干扰的影响(更多信息请参见ITU-R RA.769建议书的最新版本)。(WRC-03)

◆ 各主管部门应该注意旨在限制其他业务对射电天文业务进行干扰的ITU-R相关建议书。

1.2.5 遇险和安全通信

1. 一般规定

- 本章载有全球海上遇险和安全系统(GMDSS)操作使用的各项规定。1974 年的《国际海上人命安全公约》(SOLAS)(包括其修订版)规定了 GMDSS 的功能要求、系统组成和设备承载要求。本章还载有通过在 156.8 MHz 频率(VHF16 频道)上工作的无线电话发出遇险、紧急和安全通信的各项规定。(WRC-07)
- 《无线电规则》没有任何规定限制一个移动电台或移动地球站在遇险时使用其所能使用的任何通信手段,以便引起注意、告知其所处境况及出事地点并获得援助(亦见《无线电规则》第 4.9 款)。
- 《无线电规则》没有任何规定限制从事搜寻和救援工作的航空器电台、航舶电台及特殊情况下的陆地电台或海岸地球站使用其所能使用的任何手段以援助遇险中的移动电台或移动地球站(亦见《无线电规则》第 4.9 和 4.16 款)。

(1) 水上规定

- 为实现本章所述的功能(亦见《无线电规则》第 30.5 款)而使用频率和技术的所有水上移动业务和卫星水上移动业务电台须遵守本章中规定的条款。(WRC-07)
- 1974 年修订的国际海上人命安全公约(SOLAS)规定哪类船舶和哪类救生艇应该装备无线电设备以及哪类船舶应携带供救生艇使用的轻便无线电设备。它还规定了这类装备应符合的要求。
- 如果在特殊情况下使其成为主要方面的时候,尽管本规则中规定了工作方法,但主管部门可以核准设在救援协调中心的船舶地球站与使用划分给卫星水上移动业务频段的其他电台进行遇险和安全目的的通信。
- 水上移动业务的移动电台可以与航空移动业务电台进行安全通信。这种通信通常应该在准许的频率上并按照《无线电规则》第 31 条第 I 节中规定的条件进行(亦见《无线电规则》第 4.9 款)。

(2) 航空规定

- 对于航空器电台与卫星水上移动业务电台之间的通信,不论在哪里只要明确提到这种业务或这种业务电台,就必须遵守本章中规定的程序。
- 本章的某些规定适用于航空移动业务,但相关政府之间有特别安排的情况除外。
- 为遇险和安全目的,航空移动业务的电台可以与符合本章规定的水上移动业务的电台通信。

◆ 根据国内或国际规则的要求，为遇险、紧急或安全目的与符合本章规定的水上移动业务电台通信的任何航空器应该能在 2 182 kHz 载波频率上发送和接收 J3E 发射，或在 4 125 kHz 载波频率上发送和接收 J3E，或在 156.8 kHz（任选）载波频率上发送和接收 G3E 发射。

◆ 进行搜救工作的航空器亦可以得到允许在 VHF DSC 频率 156.525 MHz 上使用数字选择性呼叫(DSC)设备，以及在自动识别系统(AIS)频率 161.975 MHz 和 162.025 MHz 上使用 AIS 设备。(WRC-07)

(3) 陆地移动的规定

◆ 在无人居住、人烟稀少或边远地区的陆地移动业务电台，为了遇险和安全用途的通信可以使用本章中规定的频率。

◆ 陆地移动业务电台，若使用《无线电规则》中为遇险和安全通信所规定的频率，就必须遵守本章中规定的程序。

2. 全球水上遇险和安全系统(GMDSS)的频率

(1) 总则

◆ 全球水上遇险和安全系统传送遇险和安全信息所使用的频率载于《无线电规则》附录 15 内。除附录 15 中所列的频率外，船舶电台和海岸电台应使用其他适当频率传送安全消息并与海岸无线电系统或网络进行一般无线电通信。(WRC-07)

◆ 禁止对《无线电规则》附录 15 中确定的任何离散频率上的遇险和安全通信造成有害干扰的任何发射。(WRC-07)

◆ 在《无线电规则》附录 15 中确定的频率上，进行的测试发射的次数及持续时间，应控制在最低限度；必要时应与主管当局协调，只要实际可能，应在仿真天线上或降低功率的情况下进行。但是应该避免在遇险和安全呼叫频率上进行测试，而当不能避免时，应该说明这些是测试发射。

◆ 在《无线电规则》附录 15 中用于遇险和安全的任一频率上，在进行遇险用途以外的发射之前，若实际可行，电台应该在有关的频率上收听以确信没有正在发送遇险信息。

(2) 救生艇电台

◆ 救生艇电台所用的无线电话设备，如果能在 156 MHz 至 174 MHz 频段内工作，它应能在 156.8 MHz 及该频段内至少另一频率上发送和接收。

◆ 从救生艇电台发送定位信号的设备应能工作在 9 200～9 500 MHz 频段内。

◆ 救生艇电台所用带有数字选择呼叫装置的性能，如果能够：

a) 在 1 606.5 kHz～2 850 kHz 频段之间，能够在 2 187.5 kHz 频段上传输；

（WRC-03）

b）在 4 000 kHz～27 500 kHz 频段内工作，它能在 8 414.5 kHz 频率上发送；

c）在 156 MHz～174 MHz 频段内工作，它能在 156.525 MHz 频率上发送。

（3）值　守

● **海岸电台**

◆ 承担 GMDSS 守听责任的那些海岸电台须按照在《海岸电台和特别业务电台列表》(《无线电规则》列表 IV)中公布的资料所标明的频率上和时间内保持自动数字选择性呼叫值守。（WRC-07）

● **海岸地球站**

◆ 承担 GMDSS 守听责任的那些海岸地球站对由空间电台转发的合适的遇险告警信号应该保持连续的自动守听。

● **船舶电台**

◆ 有这样装备的船舶电台，在海上时须在其工作频段内的适当遇险和安全呼叫频率上保持自动数字选择性呼叫的守听。有这样装备的船舶电台亦须在自动接收向船舶传送气象和航行警报及其他紧急信息的适当频率上保持守听。（WRC-07）

◆ 符合本章规定的船舶电台(在可行情况下)应保持对 156.800 MHz 频率(VHF 频道 16)的值守。（WRC-07）

● **船舶地球站**

◆ 符合本章规定的船舶电台(在水上时)应保持值守，当正在一个工作频道上通信的情况除外。

3. 全球水上遇险和安全系统(GMDSS)的遇险通信的操作程序

（1）总则

◆ 遇险通信依赖地面 MF、HF 和 VHF 无线电通信的使用以及采用卫星技术的通信。遇险通信须享有先于其他各类传输的绝对优先权。适用下列术语、定义：

a）遇险告警是使用地面无线电通信频段、采用遇险呼叫格式的数字选择性呼叫(DSC)，通过空间电台转发。

b）遇险呼叫是以语音或文字起始的程序。

c）遇险电文是以语音或文字随后的程序。

d）遇险告警转发是代表另一个电台进行的 DSC 发射。

e）遇险呼叫转发是本身未遇险的电台以语音或文字起始的程序。（WRC-07）

◆ 遇险告警须通过卫星，或利用普通通信频道上享有绝对的优先权的方式、在预留给地对空方向卫星应急示位无线电信标（EPIRB）的遇险和安全专用频率上或者在 MF、HF 和 VHF 频段指定用于数字选择性呼叫遇险和安全频率（见《无线电规则》附录 15）上发送。（WRC-07）

◆ 遇险呼叫须在 MF、HF 和 VHF 无线电话频段的指定遇险和安全频率上发出。（WRC-07）

◆ 遇险告警或呼叫及随后的电文只有在携带移动电台或移动地球站的船舶、航空器或其他运输工具的主管负责人批准后才能发出。（WRC-07）

◆ 接收到经 MF、HF 和 VHF 频段遇险和安全频率发送的遇险告警信号或呼叫的所有电台，须立即停止可能干扰遇险通信的任何发射，并为随后的遇险通信做好准备。（WRC-07）

◆ 使用数字选择性呼叫进行的遇险告警或遇险告警转发应使用 ITU-R M.493 和 ITU-R M.541 建议书最新版本规定的技术结构和内容。（WRC-07）

◆ 每个主管部门均须确保为参加全球水上遇险和安全系统的船舶所使用的指配和登记标识码做出合适的安排，并须将登记的资料每天 24 小时、每周 7 天供救援协调中心使用。适当时，各主管部门须将这些指配中的增加、删除及其他变更情况立即通知负责机构（见《无线电规则》第 19.39、19.96 和 19.99 款）。提交的登记资料须符合第 340 号决议（WRC-97）。（WRC-07）

◆ 可传送作为遇险告警一部分的位置坐标、但没有整体的电子定位系统接收机的全球水上遇险和安全系统的船上设备须与单独的导航接收机互连（如果安装的话），以便自动提供该信息。（WRC-07）

◆ 无线电话应该缓慢地清楚地发送，对每个字都应清楚地发音以便于抄录。

◆ 只要可能，应使用《无线电规则》附录 14 中的语音字母表和数字电码以及按照 ITU-R M.1172 建议书最新版的缩略语和信号。（WRC-03）

(2) 遇险告警和遇险呼叫（WRC-07）

● **总则**

◆ 遇险告警或遇险呼叫的发射表明一个移动单元或人员遇到严重、紧迫的危险，并且需要立即援助。（WRC-07）

◆ 遇险告警信号应该提供遇险电台的标识及其位置。

◆ 如果传送时没有表明一个移动单元或人员遇险和需要立即援助，则遇险告警为虚假告警（见《无线电规则》第 32.9 款）。收到虚假遇险告警的主管部门须按照《无线电规则》第 15 条第 V 节报告这种违规情况，如果该告警是：

a) 故意传送的；

b) 没有按照第 32.53A 款和第 349 号决议（WRC-97）注销；

c) 由于船舶电台未能按照第 31.16 至 31.20 款在适当频率上保持守听或未

能应答得到授权的救援机构的呼叫而不能核实的；

d）重复进行的；

e）使用假识别码传送的。

◆ 收到这种报告的主管部门须采取适当措施，确保这种违规情况不再发生。对报告和注销虚假遇险告警的任何船舶或水手通常不应采取行动。（WRC-07）

◆ 各主管部门须采取可行且必要的措施，以确保虚假遇险告警得到避免，其中包括因疏忽大意而误发的遇险告警。（WRC-07）

● **遇险告警或遇险呼叫的发送（WRC-07）**

B1—由船舶电台或船舶地球站发送的遇险告警或遇险呼叫（WRC-07）

◆ 船对岸遇险告警或呼叫被用以通过海岸电台或海岸地球站向救援协调中心发出某船遇险的警报。这些告警是以卫星传送（从船舶地球站或卫星EPIRB）和地面业务（从船舶电台和EPIRB）的使用为基础的。（WRC-07）

◆ 船对船遇险告警被用于向遇险船只附近的其他船只发出警报，这些告警以使用VHF和MF频段的数字选择性呼叫为基础。此外，亦可使用HF频段。（WRC-07）

◆ 为吸引尽可能多的船舶电台的注意，装备了采用数字选择性呼叫程序的设备的船舶电台可在遇险告警发出之后，立即发送遇险呼叫和遇险信息。（WRC-07）

◆ 未装备使用数字选择性呼叫程序的设备的船舶电台，须在可行的情况下，通过在156.8 MHz频率（VHF频道16）上发送无线电话遇险呼叫和电文启动遇险通信。（WRC-07）

◆ 无线电话遇险信号包括以法文“m'aider”发音的MAYDAY一词。（WRC-07）

◆ 在156.8 MHz频率（VHF频道16）上发送的遇险呼叫应当采用以下格式：

— 遇险信号MAYDAY，报读3次；

— 用语THIS IS；

— 遇险船只的名称，报读3次；

— 呼号或其他标识；

— MMSI（如最初警报由DSC发送的话）。（WRC-07）

◆ 紧跟遇险呼叫的遇险电文应采用以下格式：

— 遇险信号MAYDAY；

— 遇险船只的名称；

— 呼号或其他标识；

— MMSI（如最初警报由DSC发送的话）；

— 以纬度和经度表示的方位，或在未知纬度或经度或时间不充分的情况下，参照已知地理位置给出的位置；

— 险情的性质；

— 请求何种援助；

— 其他有用信息。（WRC-07）

◆ 数字选择性呼叫程序结合使用自动功能和人工操作，按照 ITU-R M. 541 建议书最新版本的规定生成适当的遇险呼叫格式。数字选择性呼叫程序发送的遇险告警包含一次或多次试发的遇险告警，其中包括以电文格式发送的报知遇险电台标识、其最后一次记录的方位以及（如输入的话）险情的性质。在 MF 和 HF 频段，试发的遇险告警可在一分钟内，在至多 6 个频率上进行单频或多频试发。在 VHF 频段，只使用单频试发。遇险告警每隔几分钟便自动重复发送，直至收到数字选择性呼叫程序发送的收妥确认为止。（WRC-07）

B2—岸对船遇险告警转发或遇险呼叫转发的发送（WRC-07）

◆ 收到遇险告警或呼叫及遇险电文的电台或救援协调中心须视情况通过卫星和/或地面装置主动将岸对船遇险告警转发发送给所有船舶或选择的船队或者某一特定船舶。（WRC-07）

◆ 遇险告警转发或遇险呼叫转发须包括遇险的移动单元的标识、位置和所有便于救援的其他信息。（WRC-07）

B3—非本身遇险的电台对遇险告警转发或遇险呼叫转发的发送（WRC-07）

◆ 移动业务或卫星移动业务的电台在获悉某一移动单元遇险后（例如通过无线电呼叫或观察），应该在其确知发生下列任一情况时，代替遇险移动单元发起并传送遇险告警转发或遇险呼叫转发：（WRC-07）

a）在收到遇险告警或呼叫，且在五分钟之内没有得到一海岸电台或另一船舶对该告警或呼叫的收妥确认时（亦见第 32. 29A 和 32. 31 款）；（WRC-07）

b）当获悉遇险的移动单元不能或无法进行遇险通信，而非遇险的移动单元的主管人或其他负责人认为有必要给予进一步帮助时。（WRC-07）

◆ 代替遇险移动单元转发的遇险转发须根据实际情况（见《无线电规则》第 32. 19A 至 32. 19D 款）采用适当格式，或使用无线电话进行遇险呼叫转发（见《无线电规则》第 32. 19D 和 32. 19E 款）或采用数字选择性呼叫程序进行个别遇险呼叫转发（见《无线电规则》第 32. 19B 款），或经由船舶地球站发送优先遇险电文。（WRC-07）

◆ 按照《无线电规则》第 32. 16 至 32. 18 款发送遇险告警转发或遇险呼叫转发的电台须说明其本身并未遇险。（WRC-07）

◆ 数字选择性呼叫程序发出的遇险告警转发应当使用 ITU-R M. 493 和 ITU-R M. 541 号建议书最新版本规定的呼叫格式，并应最好发至某一海岸电台或救援协调中心。（WRC-07）

◆ 但是，一船舶在收到遇险船只通过数字选择性呼叫发送的遇险告警后，不得在 VHF 或 MF 遇险频率上使用数字选择性呼叫程序将遇险告警转发至所有

船只。(WRC-07)

◆ 在海岸保持守听和通过无线电话可建立稳定的船舶至海岸通信时，无线电话可在适当频率上将遇险呼叫转发给有关的海岸电台或救援协调中心。(WRC-07)

◆ 通过无线电话转发的遇险呼叫应采用以下格式：

— 遇险信号 MAYDAY RELAY，报读 3 次；

— "ALL STATIONS"或海岸电台名称，报读 3 次；

— 用语 THIS IS；

— 转发电台的名称，报读 3 次；

— 转发电台的呼号或其他标识；

—（未遇险的船只）转发电台的 MMSI（如最初的告警由 DSC 发送的话）。(WRC-07)

◆ 在发出该呼叫之后须发送一条遇险电文，该电文须尽量重复最初遇险告警中包含的信息。(WRC-07)

◆ 当海岸没有保持守听，或者当通过无线电话建立可靠的船至岸的通信有困难时，可使用数字选择性呼叫程序仅向一个适当的海岸电台或救援协调中心以适当的呼叫格式转发一次遇险呼叫。(WRC-07)

◆ 如果与一个海岸电台或救援协调中心直接联系的尝试连续失败，则可通过无线电话向所有船只或位于某地理区域之内的所有船只转发遇险呼叫。另见《无线电规则》第 32.19C 款。(WRC-07)

C—遇险告警和遇险呼叫的收妥和确认(WRC-07)

C1—遇险告警或遇险呼叫的收妥确认程序(WRC-07)

◆ 遇险告警（包括遇险告警转发）的收妥确认须与告警发送方法相适应，且确认的时间段须与电台在告警接收过程中的作用相符。卫星确认须即刻发出。(WRC-07)

◆ 对数字选择性呼叫发送的遇险告警进行收妥确认时，地面业务中的确认须根据具体情况使用数字选择性呼叫、无线电话或窄带直接印字电报等方式进行，使用该遇险告警接收频段的相关遇险和安全频率，并充分考虑 ITU-R M.493 和 ITU-R M.541 建议书最新版本提供的指导意见。(WRC-07)

◆ 通过数字选择性呼叫对发至水上移动业务台站的数字选择性呼叫遇险告警做出的确认，须发送给所有台站。(WRC-07)

◆ 当使用无线电话对发自船舶电台或船舶地球站的遇险告警或遇险呼叫进行收妥确认时，应采用如下格式：

— 遇险信号 MAYDAY；

— 发送遇险电文的电台名称随后紧跟呼号，或 MMSI 或其他标识；

— 用语 THIS IS；
— 确认收妥电台的名称和呼号或其他标识；
— 用语 RECEIVED；
— 遇险信号 MAYDAY。(WRC-07)

◆ 当使用窄带直接印字电报对发自船舶电台的遇险告警进行收妥确认时，应采用如下格式：
— 遇险信号 MAYDAY；
— 发送遇险告警的电台呼号或其他标识；
— 电报用语 DE；
— 遇险告警确认收妥电台的呼号或其他标识；
— RRR 信号；
— 遇险信号 MAYDAY。(WRC-07)

C2—海岸电台、海岸地球站或救援协调中心的收妥与确认(WRC-07)

◆ 接收遇险告警或遇险呼叫的海岸电台和适当的海岸地球站须确保这些告警或呼叫尽快地经过它们发送给救助协调中心。此外，海岸电台或经由海岸电台或适当的海岸地球站的救助协调中心应对收到的遇险告警或遇险呼叫尽快地予以确认。当接收方法证明需向所有船只发出广播警报时或当遇险事件的具体情况表明需要进一步援助时，须进行岸至船的遇险警报转发或遇险呼叫转发(另见《无线电规则》第 32.14 和 32.15 款)。(WRC-07)

◆ 海岸电台在使用数字选择性呼叫来确认遇险告警时，须在接收该告警的遇险呼叫频率上发送收妥确认，并应发往所有船只。收妥确认须包括被确认的遇险告警船只的标识。(WRC-07)

C3—船舶电台或船舶地球站的收妥与确认(WRC-07)

◆ 收到遇险告警或遇险呼叫的船舶电台或船舶地球站须尽快将遇险告警或遇险呼叫的内容通知该船舶的主管人或负责人。(WRC-07)

◆ 在可与一个或多个海岸电台进行可靠通信的地区内，收到发自另一船只的遇险告警或遇险呼叫的船舶电台，应将收妥确认推迟片刻，以便让海岸电台首先确认收妥。(WRC-07)

◆ 收到无线电话在 156.8 MHz 频率(VHF 16 频道)上发送的遇险呼叫的船舶电台，在五分钟之内该呼叫未得到海岸电台或另一船只收妥确认时，须向遇险船只发送收妥确认，并使用任何可用方式将遇险呼叫转发至适当的海岸电台或海岸地球站(另见第 32.16 至 32.19F 款)。(WRC-07)

◆ 在不能与海岸电台进行可靠通信的地区内作业的船舶电台，从无疑来自于其邻近地区的船舶电台收到遇险告警或呼叫时，如装备适当的话，须尽快向遇险船只确认收妥并通过海岸电台或海岸地球站通知救援协调中心(另见《无

线电规则》第32.16至32.19H款)。(WRC-07)

◆ 然而,为避免发送不必要或造成混乱的答复,接收到HF遇险告警、但可能与事件发生地距离很远的船舶电台不得确认收妥,但须遵守第32.36至32.38款的规定,若海岸电台未在五分钟内确认收妥遇险告警,则须转发该遇险告警,但仅限于向适当的海岸电台或海岸地球站发送(另见《无线电规则》第32.16至32.19H款)。(WRC-07)

◆ 按照《无线电规则》第32.29或32.30款,确认收妥通过数字选择性呼叫发送的遇险告警的船舶电台:(WRC-07)

a) 在第一种情况下,在告警使用频段的遇险和安全通信频率上使用无线电话确认收妥遇险告警,并考虑到做出回应的海岸电台可能发出的指令;(WRC-07)

b) 如果用无线电话在MF或VHF遇险告警信号频率上对收到的遇险告警信号确认不成功,就用数字选择性呼叫应答确认遇险告警信号收妥。

◆ 但是,除非海岸电台或救援协调中心明确指示,否则船舶电台在以下情况下仅可通过数字选择性呼叫程序发送一条收妥确认:

a) 未发现海岸电台使用数字选择性呼叫程序发送收妥确认;

b) 未发现与遇险船只通过无线电话或窄带直接印字电报进行的往来通信;

c) 时间至少已过5分钟,且数字选择性呼叫遇险告警已经重复发送(参见第32.21A.1款)。(WRC-07)

◆ 接收岸对船遇险告警转发或遇险呼叫转发的船舶电台(见《无线电规则》第32.14款)应按照指示建立通信,并按照要求在适当时提供这种援助。(WRC-07)

D—处理遇险信号的准备

◆ 在收到遇险告警或遇险呼叫时,船舶电台和海岸电台须在与收到该遇险告警的遇险和安全呼叫频率有关的无线电话遇险和安全业务频率上安排值守。(WRC-07)

◆ 备有窄带直接印字电报设备的海岸电台和船舶电台,如果表明窄带直接印字设备将用于随后的遇险通信,则须在与遇险告警有关的窄带直接印字频率上安排值守。如属可行时,还应该在与遇险告警频率有关的无线电话频率上增加安排值守。(WRC-07)

(3) 遇险通信

A—协调一般与搜索及救助通信

◆ 遇险通信包含与遇险船只要求立即援助有关的所有电文,包括搜索和救助通信以及现场通信。遇险通信应尽可能地用《无线电规则》第31条所含的频率进行。

◆ 对于用无线电话进行的遇险通信，在建立通信时，各个呼叫应该冠有 MAYDAY 遇险信号。

◆ 用于遇险通信的直接印字电报应该使用与相关的 ITU-R 建议书一致的纠错技术。所有电文之前至少有一个回车、一个换行信号、一个字母转换信号和遇险信号 MAYDAY。

◆ 用直接印字电报的遇险通信常应该是由遇险的船只建立，并且应该用广播(前向纠错)方式。如果这样做有利，随后可以使用 ARQ(自动检错重发)方式。

◆ 负责控制搜索和救援作业的救援协调中心亦须协调与事件有关的遇险通信或可指定另一电台进行协调。(WRC-07)

◆ 协调遇险通信的救助协调中心，协调搜索和救援作业的单位或包括可以对干扰该业务的电台强制沉默的海岸电台。这个指示可根据情况发给所有的电台或只发给一个电台，无论哪种情况均应使用：

a) 在无线电话中，SEELONCE MAYDAY 信号，按照法语的"silence，m'aider"读音；

b) 在通常使用前向纠错方式的窄带直接印字电报中，SILENCE MAYDAY 信号。然而，如果这样做有利亦可以使用 ARQ 方式。

◆ 在收到表示可以恢复正常工作的电文之前(见《无线电规则》第 32.51 款)，所有知道遇险通信的电台和没有参与遇险通信的电台以及非遇险的电台，均应禁止在进行遇险通信的频率上发射。

◆ 在进行遇险通信的同时能够继续其正常业务的移动业务，电台只有在当遇险通信已完全建立，并且在遵守《无线电规则》第 32.49 款的规定和不干扰遇险通信的条件下才可这样做。

◆ 当遇险通信在用于遇险通信的频率上已经停止时，控制搜索和救助作业的电台须开始发送这些频率传输表示遇险通信业已结束的电文。(WRC-07)

◆ 在无线电话中，《无线电规则》第 32.51 款中所指的电文应包括：

— 遇险信号 MAYDAY；
— "ALL STATIONS"呼叫，报读 3 次；
— 用语 THIS IS；
— 发送该电文的电台名称，报读 3 次；
— 发送该电文的电台呼号或其他标识；
— 交发电文的时间；
— MMSI(如最初警报由 DSC 发出的话)，和遇险移动电台的名称和呼号；
— 用语 SEELONCE FEENEE，按照法语单词"silence fini"读音。(WRC-07)

◆ 在直接印字电报中，《无线电规则》第 32.51 款中所指的电文包括：

— 遇险信号 MAYDAY；

— CQ呼号；
— 电报用语DE；
— 发送该电文的电台呼号或其他标识；
— 交发电文的时间；
— 遇险移动电台的名称和呼号；
— 用语SILENCE FINI。

● A 消除因疏忽而误发的遇险告警或呼叫(WRC-07)

◆ 因疏忽而误发遇险告警或呼叫的电台应当消除其发送。(WRC-07)
◆ 因疏忽而误发的DSC告警应由DSC消除(如DSC有此能力的话)。消除告警应依照ITU-R M.493建议书的最新版本进行。在任何情况下,消除告警亦应依照《无线电规则》32.53E通过无线电话发送。(WRC-07)
◆ 因疏忽而误发的遇险呼叫须依照《无线电规则》32.53E的程序通过无线电话消除。(WRC-07)
◆ 因疏忽而误发的遇险发送须在发出遇险发送的同一频段的相关遇险和安全频率上予以口头取消,相关程序如下:
— 呼叫“All Stations”(所有电台),报读3次;
— 用语“THIS IS”;
— 船只的名称,报读3次;
— 呼号或其他标识;
— MMSI(如果最初警报由DSC发出);
— PLEASE CANCEL MY DISTRESS ALERT OF time in UTC(请消除我方于UTC时间发出的遇险警报)。
◆ 监控因疏忽而误发的遇险发送所发往的同一频段,并酌情对任何与该遇险发送有关的通信做出回应。(WRC-07)

● B—现场通信

◆ 现场通信是遇险移动单位与援助的移动单位之间,以及移动单位与协调搜索和救援作业的单位之间的那种通信。
◆ 现场通信的控制是协调搜索和救援作业单位的一种职责。应该使用单工通信,以便所有现场移动电台都可分享涉及遇险事故的有关信息。如果使用直接印字电报,应该前向纠错方式。
◆ 无线电话现场通信的较好频率为156.8 MHz和2 182 kHz,2 174.5 kHz频率亦可以用于使用前向纠错方式的窄带直接印字电报的船对船现场通信。
◆ 除了156.8 MHz和2 182 kHz外,3 023 kHz、4 125 kHz、5 680 kHz、123.1 MHz和156.3 MHz亦可以用于船对航空器的现场通信。
◆ 挑选或指定现场频率是由协调搜索和救援作业的单位负责。通常,现场频率一经确定，所有在现场合作的移动单位应该在所选择频率上保持不断的收听或电传机值守。

● **C—定位信号和引导信号**

◆ 定位信号是为便于寻找遇险的移动单位或幸存者位置用无线电传输的。这些信号包括由搜索单位发送的和由遇险的移动单位、救生艇、自由游弋的EPIRB、卫星 EPIRB 以及搜索和救助雷达应答器为协助搜索单位所发送的那些信号。

◆ 引导信号是由遇险的移动单位或由救生艇为了向搜索单位提供一个信号使其能够用来确定发射电台方位的那种定位信号。

◆ 定位信号可以在下列频段发射：

117.975～137 MHz；

156～174 MHz；

406～406.1 MHz；

9 200～9 500 MHz。(WRC-07)

4. 全球水上遇险和安全系统(GMDSS)的紧急和安全通信的操作程序

(1) 总则

◆ 紧急和安全通信包括：(WRC-07)

a) 航行和气象警报及紧急信号；

b) 船对船的航行安全通信；

c) 船舶报告通信；

d) 搜索和救助作业的支持通信；

e) 其他紧急和安全电文；

f) 关于船只的航运、移动和需要的通信，以及对正式气象业务指定的天气观测电文。

◆ 紧急通信须优先于除遇险通信以外的其他各类通信。(WRC-07)

◆ 安全通信须优先于除遇险和紧急通信以外的其他各类通信。(WRC-07)

(2) 紧急通信

◆ 下列术语和定义适用：

a) 紧急预告是在地面无线电通信使用的频段上利用紧急呼叫格式或紧急电文格式发出、由空间电台中继的一种数字选择性呼叫；

b) 紧急呼叫是最初的话音或文本程序；

c) 紧急电文是随后的话音或文本程序。(WRC-07)

◆ 在地面系统中，紧急通信包括使用数字选择性呼叫发送的预告，以及随后由无线电话、窄带直接印字或数据发送的紧急呼叫和电文。紧急电文的预告须使用《无线电规则》第 31 条第 1 节中规定的一个或多个遇险和安全呼叫频率，或使用数字选择性呼叫和紧急呼叫的格式，或在二者均不具备的情况下，可使用无线电话程序和紧急信号。使用数字选择性呼叫的预告应采用 ITU-R M. 493 和 ITU-R M. 541 建议书最新版本中规定的技术结构和内容。如果紧急电文通过卫星水上移动业务来发送，就不必单独预告。(WRC-07)

◆ 不具备数字选择性呼叫程序使用条件的船舶台站，可使用无线电话在 156.8 MHz 频率(16 频道)上发送紧急信号的方式预告一条紧急呼叫和电文，但同时考虑到 VHF 范围以外的其他台站可能无法收到该预告。(WRC-07)

◆ 在水上移动业务中，紧急通信或可发送所有台站或发至一特定电台。当采用数字选择性呼叫技术时，紧急预告须说明随后发送电文使用的频率，若电文发送至所有船舶，须使用“All Ships(所有船只)”的格式设置。(WRC-07)

◆ 海岸电台发送的紧急预告亦可发往一组船只或指定地理区域内的船只。(WRC-07)

◆ 紧急呼叫和电文须在第 31 条第 1 节中规定的一个或多个遇险和安全业务频率上发送。(WRC-07)

◆ 但是，在水上移动业务中，出现以下情况时须通过工作频率发送紧急电文：

a) 当电文篇幅较长或属于医疗呼叫时；

b) 所在地区流量过大，电文重复发送时。

◆ 紧急预告或呼叫中须包含此类说明。(WRC-07)

◆ 在卫星水上移动业务中，在发送紧急电文之前不需要发送单独紧急预告或呼叫。但是，在可行的情况下，应使用适当的网络优先接入设置发送电文。(WRC-07)

◆ 紧急信号包括用语 PAN PAN。在无线电话中，这组用语的每个字应该按照法语单词“panne”读音。

◆ 紧急呼叫格式和紧急信号表示，该呼叫电台要发送一条涉及一个移动单元或人员安全的非常紧急的电文。(WRC-07)

◆ 进行医疗咨询通信前可先发送紧急信号。请求医疗咨询的移动电台可通过《海岸电台和特殊业务电台列表》中任何一个陆地电台进行通信。(WRC-07)

◆ 支持搜救工作的紧急通信无需先发送紧急信号。(WRC-07)

◆ 紧急呼叫应包括：

— 紧急信号 PAN PAN，报读 3 次；

— 被呼电台名称或“all stations”(“全部电台”)，报读 3 次；

— 用语“THIS IS”；

— 发送紧急电文的电台的名称，报读 3 次；

— 呼号或其他标识；

— MMSI(如果最初预告的电文是通过 DSC 发送的话)。

◆ 随后是紧急电文，或在使用工作频道的情况下，该电文使用频道的详细信息。
◆ 在选定的工作频率上，通过无线电话发送的紧急呼叫和电文包括：
— 紧急信号 PAN PAN，报读 3 次；
— 被呼电台名称或“all stations”（“全部电台”），报读 3 次；
— 用语“THIS IS”；
— 发送紧急电文的电台名称，报读 3 次；
— 呼号或其他标识；
— MMSI（如果最初预告的电文是通过 DSC 发送的话）；
— 紧急电文的内容。（WRC-07）。
◆ 在窄带直接印字电报中，紧急电文之前应该是紧急信号（见《无线电规则》第 33.10 款）和发送电台的标识。
◆ 紧急呼叫格式或紧急信号须经携带移动电台或移动地球站的船只、飞机或其他载体的负责人准许后才能发送。（WRC-07）
◆ 紧急呼叫格式或紧急信号在负责当局批准后才可以由陆地电台或海岸地球站发送。
◆ 船舶电台在收到发至所有电台的紧急预告或呼叫后，不得确认收妥。（WRC-07）
◆ 收到紧急电文预告或呼叫的船舶电台须对用于电文的频率或频道至少进行 5 分钟的守听。在 5 分钟的守听时段结束时，如未收到任何紧急电文，在可能的情况下，应报知海岸电台未收到电文。然后可以恢复正常工作。（WRC-07）
◆ 在不是用于发送紧急信号或随后电文的频率上进行通信的海岸电台和船舶电台，可以毫无中断地继续正常工作，前提是该紧急电文既不是发给它们亦不是播向所有电台的。（WRC-07）
◆ 当紧急通告或呼叫和电文被发送给一个以上的电台并且不必再采取行动时，负责发出该电文的电台应发送紧急电文的取消。
◆ 紧急电文的取消应包括：
— 紧急信号 PAN PAN，报读 3 次；
— “all stations”（“全部电台”），报读 3 次；
— 用语“THIS IS”；
— 发送紧急电文的电台的名称，报读 3 次；
— 呼号或其他标识；
— MMSI（如果最初预告的电文是通过 DSC 发送的话）；
— PLEASE CANCEL MY URGENCY MESSAGE OF time in UTC（请取消我方于 UTC 时间发出的紧急电文）。（WRC-07）
◆ 用于紧急电文的直接印字电报应该使用与相关的 ITU-R 建议书一致的纠错技术，所有电文之前应该至少有一个回车、一个换行信号、一个字母转换信号和紧急信号 PAN PAN。

◆ 用直接印字电报的紧急通信,通常应用广播(前向纠错)方式建立。如果这样做有利,随后可以使用 ARQ 方式。

(3) 医疗运输

◆ “医疗运输”一词按照 1949 年日内瓦公约和附加议定书的定义,系指当这些船、艇和航空器援助伤员、病员和遇难船只时,专门指定从事“医疗运输”,并且是在冲突一方或中立国以及非参加军事冲突的其他国家,无论是军用或民用、永久或临时控制之下的陆地、水上或空中的任何运输工具。

◆ 为预告和识别受上述公约保护的医疗运输,采用了本条第 II 节的程序。使用窄带直接印字电报时,紧急呼叫后须加上单独的用语 MEDICAL,使用无线电话时,须加上单独用语 MAY-DEE-CAL,其发音与法文单词“médical”一致。(WRC-07)

◆ 使用数字选择性呼叫技术时,有关适当数字选择性呼叫遇险和安全频率的紧急预告须始终通过 VHF 发至所有电台,并通过 MF 和 HF 发至具体地理区域,并根据 ITU-R M. 493 和 ITU-R M. 541 建议书最新版本,须注明“医疗运输”(Medical transport)。(WRC-07)

◆ 医疗运输可使用第 31 条第 I 节规定的一个或多个遇险和安全话务频率,以便进行自我识别和建立通信。一俟可行,通信须尽快转至适当的工作频率。(WRC-07)

◆ 使用《无线电规则》第 33. 20 和 33. 20A 款中所述信号,则表示随其之后的电文涉及受到保护的医疗传输。该电文须传达下列数据:(WRC-07)

a) 医疗运输工具的呼号和其他认可的识别方式;

b) 医疗运输工具的位置;

c) 医疗运输中运输工具的数量和种类;

d) 拟经的路由;

e) 估计在途中的时间与出发和抵达时间中的适当者;

f) 任何其他信息,如飞行高度,无线电保护频率,使用的语言和二次监护雷达的模式和编码。

◆ 使用无线电通信来通告和识别医疗运输工具是非强制性的;但是,如果使用无线电通信,本规则的规定,尤其是本节的和第 30 及 31 条的规定应该适用。

(4) 安全通信

◆ 以下术语和定义适用:

a) 安全通告是在地面无线电通信所用频段内使用安全呼叫格式或经由空间电台进行中继使用安全电文格式;

b) 安全呼叫是初始的话音或文本程序;

c) 安全电文是随后的话音或文本程序。(WRC-07)

◆ 在地面系统中，安全通信包括使用数字选择性呼叫发送的安全通告，随后为使用无线电话、窄带直接印字电报或数据发送的安全呼叫和电文。安全电文的播发须使用第 31 条第 I 节中规定的一个或多个遇险和安全呼叫频率，使用数字选择性呼叫技术和安全呼叫格式，或无线电话程序和安全信号来完成。(WRC-07)

◆ 但是，为避免数字选择性呼叫技术专用的遇险和安全呼叫频率上的不必要负载：

a) 海岸电台根据预先设定的时间表发送的安全电文不应用数字选择性呼叫技术播发；

b) 当安全电文仅涉及邻近地区航行的船只时，应使用无线电话程序播发。(WRC-07)

◆ 此外，未装备数字选择性呼叫设备的船舶电台可通过使用无线电话发送安全信号的方式广播安全电文。在这种情况下，须使用 156.8 MHz 频率(VHF16 频道)进行广播，同时考虑到 VHF 范围以外的其他电台可能无法收到该广播。(WRC-07)

◆ 在水上移动业务中，安全电文在一般情况下须发至所有电台。但是，有些时候它们可能针对某一特定台站。当使用数字选择性呼叫技术时，安全广播须说明随后发送电文所使用的频率，如电文发往所有电台，应当使用“All Ships”的格式。(WRC-07)

◆ 在水上移动业务中，安全电文的发送须在可行的情况下，使用与安全通告或呼叫所用频段相同频段上的工作频率进行。在安全呼叫结束时，应予以适当表示。在没有其他选择的情况下，可使用无线电话在 156.8 MHz 频率(VHF16 频道)上发送安全电文。(WRC-07)

◆ 在卫星水上移动业务中，发送安全电文之前不需要单独进行安全通告或呼叫。但是，在可能的情况下，发送电文应采用适当的网络优先接入设置。(WRC-07)

◆ 安全信号包括用语 SECURITE，在无线电话中，用语应该按照法语读音。

◆ 安全呼叫格式或安全信号表示，该主叫电台要发送重要的导航或气象警报。(WRC-07)

◆ 发自船舶电台、包含有关龙卷风侵袭信息的电文须尽快发至邻近地区的其他移动电台，并通过海岸电台发至负责的主管机构，或者通过海岸电台或适当的海岸地球站发至营救协调中心。这些电文应在安全通告或呼叫之后发送。(WRC-07)

◆ 发自船舶电台包含有关危险浮冰、危险残骸或影响水上导航的危急险情的电文，应尽快发至附近的其他船只，并通过海岸电台发至负责的主管部门，或者通过海岸电台或适当的海岸地球站发至救援协调中心。这些发送须于安全

通告或呼叫之后进行。(WRC-07)

◆ 完整安全呼叫应包括：

— 安全信号 SECURITE(安全)，报读 3 次；

— 被呼电台的名称或“all stations”，报读 3 次；

— 用语“THIS IS”；

— 发送安全电文的电台名称，报读 3 次；

— 呼号或其他标识；

— MMSI(如果最初的广播是通过 DSC 发送的话)。

◆ 随后是安全电文，或之后加上用于发电文的频道的细节，如果使用工作频道的话。

◆ 使用无线电话时，在选定的工作频率上发送的安全呼叫和电文应包括：

— 安全信号 SE CURITE(安全)，报读 3 次；

— 被呼台站的名称或“all stations”，报读 3 次；

— 用语“THIS IS”；

— 发送安全电文的台站名称，报读 3 次；

— 呼号或其他标识；

— MMSI(如果最初的预报是通过 DSC 发送的话)；

— 安全电文的内容。(WRC-07)

◆ 在窄带直接印字电报中，安全电文之前应该是安全信号(见《无线电规则》第 33.33 款)和发射电台的标识。

◆ 用于安全电文的直接印字电报，应该使用与相关的 ITU-R 建议书一致的纠错技术，所有电文之前应该至少有一个回车、一个换行信号、一个字母转换信号和安全信号 SECURITE。

◆ 用直接印字电报的安全通信通常应该用广播(前向纠错)方式建立。如果这样做有利，随后可以使用 ARQ 方式。

◆ 如果船舶电台收到使用数字选择性呼叫技术和“All Ships”格式发送的或发往所有电台的安全通报，不得确认收妥。(WRC-07)

◆ 收到安全通告或安全呼叫和电文的船舶电台须保持对电文发送频率或频道的守听，直至确认该电文与其毫无关系为止。这些电台不得进行任何可能干扰该电文的发送。(WRC-07)

(5) 水上安全信息的传输

● **总则**

◆《无线电规则》第 33.43、33.45、33.46 和 33.48 款中提及的发射方式和格式应该与相关的 ITU-R 建议书一致。

● **国际 NAVTEX 系统**

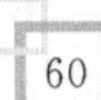

◆ 水上安全信息应该按照国际 NAVTEX 系统，由使用 518 kHz 频率并采用有前向纠错方式的窄带直接印字电报发送(见《无线电规则》附录 15)。

● **490 kHz 和 4 209.5 kHz**

◆ 可以使用 490 kHz 频率通过采用前向纠错方式的窄带直接印字电报发送水上安全信息(见附录 15)。(WRC-03)

◆ 209.5 kHz 频率被专门用来通过带前向纠错的窄带直接印字电报作 NAVTEX 型传输。

● **水上安全信息**

◆ 水上安全信息是通过带前向纠错的窄带直接印字电报发送，使用 4 210 kHz、6 341 kHz、8 416.5 kHz、12 579 kHz、16 806.5 kHz、19 680.5 kHz、22 376 kHz 和 26 100.5 kHz 频率。

● **通过卫星的水上安全信息**

◆ 水上安全信息可以通过卫星水上移动业务中的卫星发送，该卫星使用 1530～1545 MHz 频段(见《无线电规则》附录 15)。

(6) 船间航行安全通信

◆ 船间航行安全通信系指那些为有助于船只安全运转而在船舶间进行的 VHF 无线电话通信。

◆ 156.650 MHz 频率用于船间航行安全通信(亦见《无线电规则》附录 15 和附录 18B 的注 k)。

(7) 其他与安全相关的频率的使用(WRC-07)

◆ 用于安全目的、有关船舶报告通信、有关船舶导航、移动和需要的通信以及气象观测电文的无线电通信可在任何适当的通信频率上进行，包括那些用于公众通信的频率。在地面系统中，415～535 kHz 频段(见第 52 条)、1 606.5～4 000 kHz(见《无线电规则》第 52 条)频段、4 000～27 500 kHz 频段(见《无线电规则》附录 17)以及 156～174 MHz 频段(见《无线电规则》附录 18)用于此目的。在卫星水上移动业务中，1 530～1 544 MHz 和 1 626.5～1 645.5 MHz 频段内的各频率用于此目的和遇险告警(见《无线电规则》第 32.2 款)。(WRC-07)

5. 全球水上遇险和安全系统(GMDSS)的告警信号

(1) 应急示位无线电信标(EPIRB)和卫星 EPIRB 信号

◆ 406～406.1MHz 频段的应急示位无线电信标信号须符合 ITU-R M.633-3 建议书的规定。(WRC-07)

(2) 数字选择性呼叫

◆ 数字选择性呼叫系统中的“遇险呼叫”的特性(见《无线电规则》第 32.9 款)应该与相关的 ITU-R 建议书一致(见第 27 号决议,WRC-03,修订版)。

1.3 无线电基础课题研究

1.3.1 论无线电基础研究的重要性

1. 引 言

无线电技术是通过无线电波传播信号的技术。无线电技术的原理基于电磁波与电磁场理论,即电流强弱的变化会产生无线电波,利用这一现象,通过调制可将信息加载于无线电波之上,当电波通过空间传播到达收信端,电波引起的电磁场变化又会在导体中产生电流,通过解调将信息从电流变化中提取出来,就达到了信息传递的目的。

国际电信联盟(ITU)规定的无线电频率范围为 3 kHz～3 000 GHz,如表 1.3.1 所列。

表 1.3.1 无线电频率划分

符　号	频率范围 (下限除外,上限包括在内)	相当于米制的细分
VLF	3～30 kHz	万米波
LF	30～300 kHz	千米波
MF	300～3 000 kHz	百米波
HF	3～30 MHz	十米波
VHF	30～300 MHz	米波
UHF	300～3 000 MHz	分米波
SHF	3～30 GHz	厘米波
EHF	30～300 GHz	毫米波
	300～3 000 GHz	丝米波

无线电波是不用人工波导而在空间传播的电磁波。

回顾电磁波的历史,就是理论指导实践、实践丰富理论的历史。19 世纪 60 年代,英国人麦克斯韦提出电磁场的理论,并从理论上推测到电磁波的存在;1887 年,德国人赫兹首先发现并验证了电磁波的存在。赫兹的重大发现,不但为无线电通信创造了条件，而且确定电磁波和光波一样，具有反射、折射和偏振等性质，验证了麦克斯韦关于光是一种电磁波的理论推测；1895 年意大利人马可尼成功进行了以无线电波传播信号的实验……电磁波已经获得广泛的应用：

■ 无线电波用于通信等；
■ 红外线用于遥控、热成像仪、红外制导导弹等；
■ 可见光是所有生物用来观察事物的基础；
■ 紫外线用于医用消毒，验证假钞等；
■ X 射线用于 CT 照相；
■ 伽马射线用于治疗，使原子发生跃迁从而产生新的射线等。

2. 无线电基础研究概览

自麦克斯韦提出电磁场的理论并从理论上推测到电磁波的存在，便拉开了无线电繁荣应用的帷幕。电磁场与电磁波一直被深入而广泛地研究着，问世了一批经典理论作品，如文献[2]～[8]等。这些理论在无线电工程应用过程中发挥着基础性、指导性和引领性作用。

(1) 理论研究

电磁波是电磁场的一种运动形态。电与磁可说是一体两面，变化的电场会产生磁场(即电流会产生磁场)，变化的磁场则会产生电场。变化的电场和变化的磁场构成了一个不可分离的统一的场，这就是电磁场，而变化的电磁场在空间的传播形成了电磁波。

麦克斯韦方程组的微分形式如下：

$$\nabla \times \boldsymbol{H} = \boldsymbol{J} \frac{\partial \boldsymbol{D}}{\partial t}$$

$$\nabla \times \boldsymbol{E} = -\frac{\partial \boldsymbol{R}}{\partial t}$$

$$\nabla \cdot \boldsymbol{B} = 0$$

$$\nabla \cdot \boldsymbol{D} = 0$$

上述公式中，$\boldsymbol{H}$ 是磁场强度矢量，单位是 A/m；$\boldsymbol{E}$ 是电场强度矢量，单位是 V/m；$\boldsymbol{B}$ 是磁感应强度矢量，单位是 T；$\boldsymbol{D}$ 是电感应强度矢量，单位是 C/m^2；$\boldsymbol{J}$ 是体电流密度矢量，单位是 A/m^2；ρ 是体电荷密度，单位是 C/m^3；t 是时间，单位是 s。

麦克斯韦方程表明，电荷能产生电场，电流能产生磁场，变化的电场能产生磁场，变化的磁场又能产生电场，从而揭示出电磁波的存在。

(2) 工程分析

● **微波网络分析**

在无线电实际应用中，将频率为 300 MHz～3 000 GHz 的电磁波称为微波。

在微波工程中，有两种基本的分析方法，场论分析方法和网络分析方法。场论分析方法以 Maxwell 方程组和边界条件作为基础，重点在于揭示微波模块内部的场型结构；而网络分析方法则是以所研究对象的外部特性作为目标。

场论法和网络法相辅相成，场是网络的内源，而网络则是场的外现。另外，由于网络参数一般可以通过测量设备获取的缘故，微波网络理论在实际工程中应用非常广泛。

在微波波段，由于频率的升高，波动性已上升为主要矛盾。所以，它与低频电路有着不同的特征。首先，任何一个微波网络都有参考面的概念。不同参考面对应不同的网络参数；其次，低频电路是以电压 V、电流 I 以及元件 R、L、C 等之间的关系作为研究对象的，而微波网络分析，电压和电流一般只作为中间量，主要以波参数(即 S 散射参数)以及反射系数 Γ、驻波比 ρ 作为主要对象。

- **电磁场数值计算与仿真**

在应用计算机计算电磁系统以前，电磁系统的设计是处于一种半经验半计算的状态，有时甚至不得不通过反复试验的方法来设计电磁系统。而现实情况是，系统对微波电路的指标要求越来越高，电路的功能越来越多，电路的尺寸要求越来越小，而要求的设计周期却越来越短，传统的设计方法已经不能满足系统设计的需要。

计算机、计算技术以及相应数学理论的迅速发展，促成了微波与计算机的紧密配合，这也就是大家现在习惯称呼的微波 CAD 技术，微波 CAD 是取英文 Computer Aided Design 字头的缩写，统称作计算机辅助设计，实际上，微波与计算机结合的含义更为广泛：可包括计算、分析、综合、设计、优化以及模拟等领域，如电磁场数值计算与仿真等。

电磁场数值计算和仿真，即以 Maxwell 方程组为基础，以计算机为工具，运用数值计算的方法求解电磁场边值问题，从而实现微波工程问题的仿真分析与设计。电磁场数值计算方法涉及数学、电磁理论、微波工程、计算机科学等多个学科和专业的知识，其中电磁理论是其重要的基础，它对于模型的建立、算法的选择以及结果的分析都起着重要的作用。

在现在的微波电路设计过程中，电磁场数值计算与仿真有效的衔接了“需求”与“产品”，发挥了越来越重要的作用，甚至成为“不可缺少”的环节。

电磁场数值计算和仿真已成为电磁学科的重要分支，是电磁场理论与实际应用的“桥梁”，取得了一系列显著的科研成果，并获得了广泛的应用，如文献[11]～[19]等。

3. 无线电基础研究的重要性

万丈高楼平地起。基础研究的深度决定了工程应用的高度。

我们进入“万物触手及、信息随心至”的互联时代，是源于麦克斯韦在历史长河中点燃的电磁“星星之火”；无线电应用的“百花齐放”、“百家争鸣”也是站在“基础”巨人的肩膀上……

无线电基础研究的重要性还在于人们往往容易忽视基础研究的重要性，毕竟“丑小鸭”没有那么容易真变成“白天鹅”，或许，丑小鸭本身就是丑小鸭。

1.3.2　天线基础知识概述

天线是能量转换装置，发射天线将导行波转换为空间辐射波，接收天线则把空间辐射波转换为导行波。因此，发射天线可以视为辐射电磁波的波源。通常，根据离开天线距离的不同，将天线周围的场区划分为感应近场、辐射近场与辐射远场。

天线是指能够有效地向空间某特定方向辐射电磁波或能够有效地接收空间某特定方向来波的装置。一般来讲，任何不被完全屏蔽的高频电路，都可以向周围空间或多或少地辐射电磁波，或从周围空间或多或少地接收电磁波，只是因为辐射或接收效率可能很低而不一定能用作天线。

因此，天线在结构和形式上必须满足一定的要求，才能够有效地辐射或接收电磁波。

1. 天线辐射方向图

天线的辐射方向图（简称方向图）是天线的功率通量密度、场强、相位等辐射参量随空间方向变化的图形表示，在通常情况下在辐射远区测定并表示为空间方向坐标的函数（称为方向（图）函数）。

2. 天线效率

天线效率，对发射天线来说，用来衡量天线将高频电流转换为电磁波的有效程度，是天线的一个重要电参数。

3. 天线增益

天线增益是结合天线辐射电磁能量的集束程度和天线能量转换效能的总效益。

4. 天线极化

天线极化一般是指最大辐射方向或最大接收方向的极化。发射状态下，指天线在特定方向上所辐射电波的极化（对发射天线）；接收状态下，指天线在特定方向接收获得最大接收功率（极化匹配）时入射平面波的极化。

5. 天线带宽

天线带宽是指天线性能参数满足要求的工作频率范围。天线的性能参数与频率息息相关,频率变化,性能参数跟着发生变化。

1.3.3 “接收机”技术体制综述

1. 前　言

广义上来讲,“接收机”指的是从天线接收电磁波并进一步进行信号处理的电子接收设备。

狭义上来讲,行业应用中将电子接收设备分为接收机和频谱仪;另外,ITU《无线电规则》中所指的接收,一般涉及无线电监测接收机、通信收信机等。而本文所讨论的接收机,具体指无线电监测接收机。需要指出的是,习惯上人们常常把监测接收设备统称为监测接收机。

2. 无线电监测接收机

最早的无线电监测是用通信接收机(收信机)实现的。通信接收机(收信机)用于无线电监测存在很大的局限性,例如能解调的信号种类少、频率搜索速度慢等。后来出现了专业的无线电监测接收机,并且随着无线电监测工作的需要和无线电监测技术的发展,无线电监测接收机功性能也日趋完善。

根据技术体制不同,本文主要讨论全景显示搜索接收机、监测监听分析接收机、压缩接收机、信道化接收机、声光接收机和数字接收机。

(1) 全景显示搜索接收机

全景显示搜索接收机在设定的频率范围内搜索、截获无线电信号,并进行初始的频率、电平参数测量,进一步将频率幅度等所搜索截获到的无线电信号的“全景”结果在显示器上呈现。常规的全景显示搜索接收机一般都采用的是超外差体制,并且广泛使用了数字处理等技术。

图1.3.1示出了二次变频的超外差接收体制全景显示搜索接收机的原理框图。二次变频是为了提高接收机的抗干扰能力,实际应用的接收机有的也采用三次变频方案。

- 频率合成器为两次混频提供本振信号。其中前本振频率可以改变,以实现频率搜索,后本振为定频。但是,由于频率合成器输出频率是不连续的,所以监测接收机的频率搜索是离散的;
- 在检波器之前采用了对数放大器,目的在于增大接收机的动态范围;
- 视放输出信号经A/D变换后,先由数字处理器进行处理,然后再送到显示器。经过数字处理,可以分析测量出信号的某些参数,并且也大大增强显示功能。由于数字处理需要一定的时间,因此,显示的实时性稍差,实际变为准实时显示。

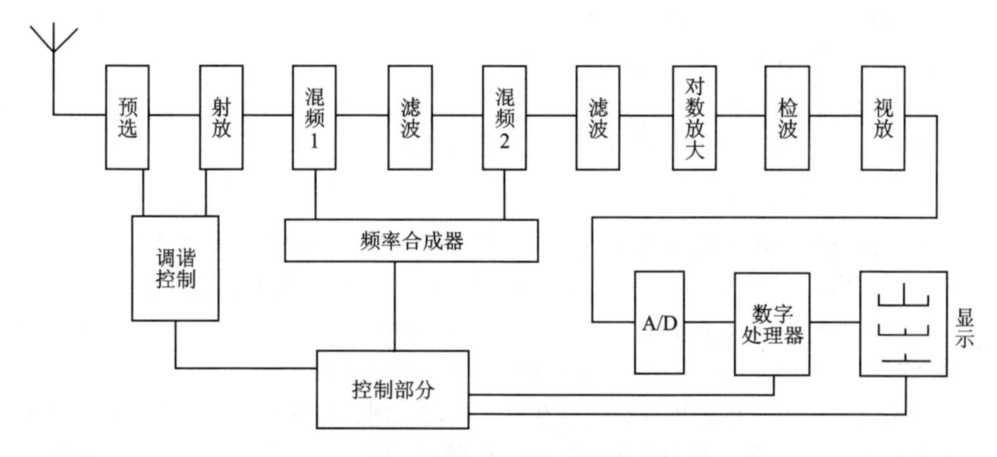

图 1.3.1　全景显示搜索接收机原理框图

(2) 监测监听分析接收机

监测监听分析接收机同时具有监测、监听和分析功能，早期的此类设备只具备监听功能，所以也称监听接收机。监测监听分析接收机主要完成信号技术参数的精确测量、信号特征分析以及无线电信息的监听、存储和记录等，主要采用的是超外差接收机体制。

图 1.3.2 示出了监测监听分析接收机基本组成的原理框图，采用二次变频超外差接收机，信号经过放大、混频、滤波、解调处理后得到基带信号，可用于监听、录音以及用于对基带信号的参数测量和特征分析。

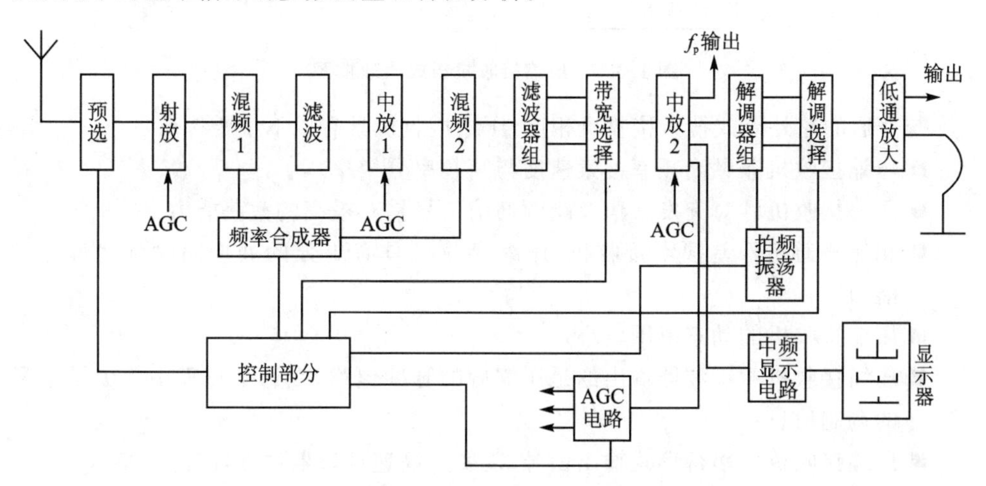

图 1.3.2　监测监听分析接收机基本组成原理框图

监测监听分析接收机的主要功能包括：

- 无线电信号解调能力；
- 频谱显示与分析功能；

■ 对信号技术参数的测量功能；
■ 频率预置和频率搜索功能；
■ 存储与记录功能；
■ 远程控制功能等。

（3）压缩接收机

压缩接收机采用压缩滤波器把输入的射频信号压缩为窄脉冲，同时采用快速频率扫描本振实现在频段内频率扫描，是一种频率快速搜索的超外差接收机。

压缩接收机最早是应用于雷达领域，由于较好地平衡了常规超外差接收机扫频速度和频率分辨率之间的矛盾，也被应用到跳频监测领域中。

图1.3.3示出了压缩接收机的基本组成原理框图。接收机收到的电磁信号经射放放大后送入混频器，与本振输出的线性调频信号混频，依次通过中放、压缩滤波器、对数放大器、检波器以及视频放大器后，送至信号处理器处理，同时送至显示器进行显示。

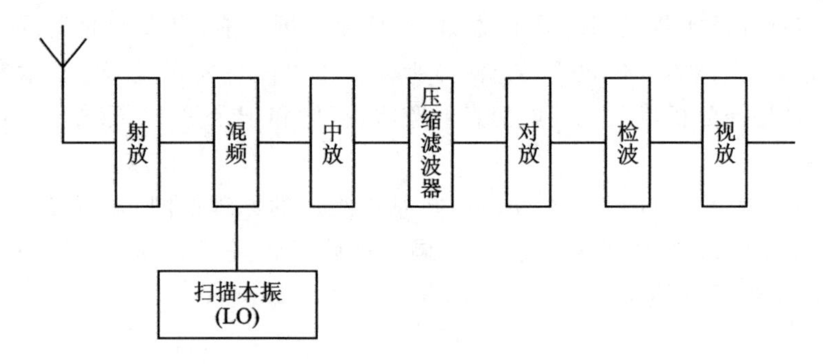

图1.3.3　压缩接收机组成原理框图

与普通的超外差式搜索接收机相比，压缩接收机具有以下主要特点：

■ 压缩接收机兼顾高频率搜索速度与高频率分辨率；
■ 压缩接收机针对突发通信及跳频通信信号具有极高的截获能力；
■ 相比普通超外差搜索接收机，压缩接收机具有更强的处理同时到达信号的能力；
■ 压缩接收机的动态范围较小；
■ 压缩接收机中检波器输出的是压缩后的脉冲包络，在这个过程中丢失了信号的调制信息；
■ 压缩接收机以串行形式输出信号，需要用高速逻辑器件处理等。

（4）信道化接收机

信道化接收机是一种非搜索式超外差接收机，具有同时处理多信号能力，兼顾了超外差接收机灵敏度高、频率分辨率高与快速搜索接收机截获监测概率高的优点。

由于信道化接收机所需通道数量多、设备体积大、成本高，以往仅在雷达侦察中得到应用。随着计算机技术、集成电路等技术的快速发展，信道化接收机的体积更小、成本更低，使得其在通信侦察和无线电监测中也得到了应用。

图1.3.4示出了信道化接收的原理框图，信道化接收机是采用多通道接收架构，在监测频率范围内，用 m 个带通滤波器划分为 m 个通道，滤波器带宽相同，并且各通道的频率是相互衔接的。各通道的电路结构相同，具有相同的中频。各通道的输出信号送入信号处理器进行统一处理，经处理后，送至终端设备，进行显示、存储、记录。由于各通道道并行输出，所以后处理是并行进行。

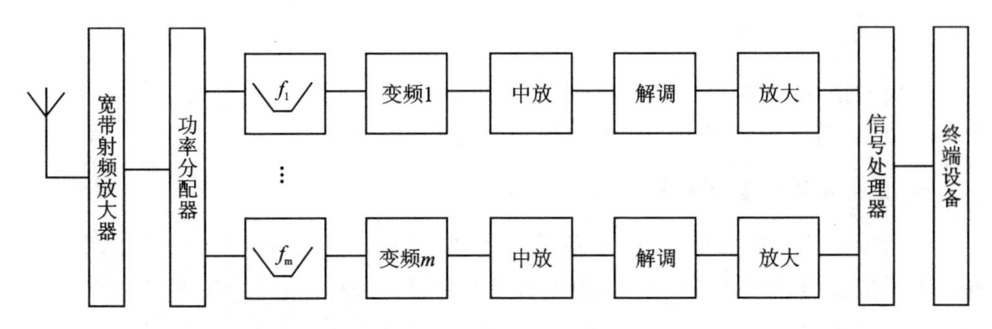

图1.3.4　信道化接收机原理方框图

(5) 声光接收机

声光接收机融合高频技术、超声波技术和激光技术的监测接收机。将携带信息的高频电信号转换为超声波，再对单色激光束进行调制。不同频率的电信号对应不同折射角度的激光束，然后利用光检测器将不同折射角度的激光束转换为不同的电信号，根据这些电信号，就可以获得被测信号的频率信息。声光接收机中的关键部件“声光调制器”，也叫布喇格盒(Bragg Cell)，所以，声光接收机又称布喇格盒接收机。

声光接收机由两部分组成，前半部分为超外差接收部分，后半部分为光学处理部分。前半部分选用宽频段预选器和射频放大器，通过改变本振输出频率输出中频，中频信号经过功率放大器放大后送入声光调制器，作为声光调制器的调制信号。

声光接收机具有宽的带宽、比较高的频率分辨率和处理同时到达多个信号的能力。声光接收机中使用了光学处理技术，并且在激光器、布喇格器件、光检测器和数字处理技术有了很大的发展以后得以实现，随着光学集成电路(IOC)的发展，使得接收机光学处理部分体积更小、成本更低，因此，在无线电监测、无线电侦察以及电子对抗领域，声光接收机将会得到越来越多的应用。

(6) 数字接收机

数字接收机是采用数字信号处理(DSP，Digital Signal Processing)技术来完成变频、滤波、解调、分析识别等功能的新型接收机。

随着数字信号处理芯片功能的不断提升，现代监测接收机中也愈来愈多地采用数字处理技术。采用 DSP 技术有许多突出的优点:可以提高监测和解调信号的可靠性与可重复性;可以降低接收机成本并缩小接收机体积;可以提升接收机的拓展能力并使得接收机实现更加灵活。

目前在用的监测接收机多数都是数字接收机,随着数字信号处理技术的发展,数字接收机的应用将更为广泛。

数字接收机的实现有很大的灵活性,根据接收机功能和性能要求,主要有有以下三种实现方案:

● **直接数字化方案**

直接数字化方案,是经天线接收的电磁信号经射频滤波和射频放大,由模数转换器变为数字信号后,即送入高速 DSP 模块进行数字信号处理。

● **直接变频到基带方案**

直接变频到基带方案,是射频信号经滤波、正交混频后将信号分成 IQ 两路,再通过低通滤波得到两路基带信号,由模数转换器分别采样后,送 DSP 模块进行处理。

● **超外差方案**

图 1.3.5 示出了超外差实现方案的原理框图,从天线输入到模拟中频部分与常规接收机相同,然后,经模数转换器采样后再进行数字处理。

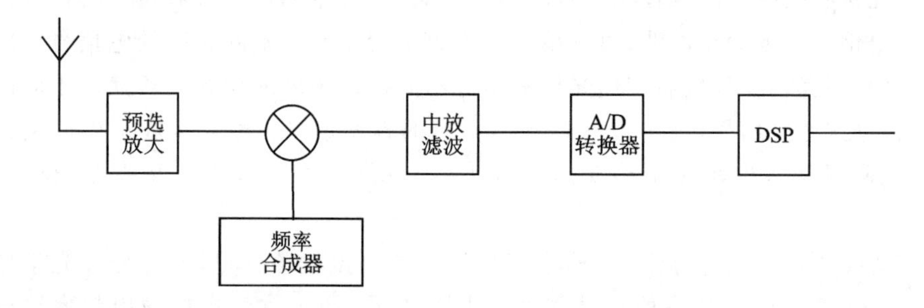

图 1.3.5　超外差方案数字接收机原理方框图

在超外差方案中,设计合适的中频是需要重点考虑的,需要尽量减少因混频作用产生的非线性产物,同时也会涉及模数转换器件的选择,因为采样频率与中频频率及信号带宽密切相关,中频设计需要兼顾模数转换器满足采样频率的要求与高分辨率。模拟电路设计也要考虑对中频干扰和镜像干扰抑制的要求、分频设计时也要防止二阶产物落入工作的分频段等等。另外,在超外差方案中,如果需要提取信号的瞬时包络和瞬时相位,可以在 DSP 模块中采用数字正交混频技术实现,数字正交混频与模拟正交混频工作原理相同,只是混频的输入、输出都为数字信号,而且实现 IQ 信道幅度匹配和相位匹配比模拟正交混频更容易。

超外差方案的优势是,可以在较低的固定中频上采样,模数转换器的分辨率可以更高并降低了 DSP 模块要求；模拟部分，可以采用成熟的模拟超外差接收机技术，进一步降低了整体的实现难度，所以，目前在用的宽频段数字接收机大多采用这种方案。

超外差方案的缺点是，包括射频放大器、混频器等模拟器件，增大了接收机的噪声，前端有源器件的非线性也会导致幅度和相位失真等等。

3. 频谱仪

(1) 前　言

在无线电监测领域，频谱仪和接收机是两个分立的产品类别。

频谱仪，即频谱分析仪，是指在频域测量信号频率、幅度等参数的电子接收设备。频谱仪作为通用的测量设备，在无线电监测工作中也得到了广泛应用。

《频谱监测手册》(ITU 无线电通信局)建议：监测站配置频谱分析仪，以承担必须要完成的一些测量任务。另外，为了在监测活动中提供更大的灵活性，多数监测站(特别是移动监测站)还可以装备便携式频谱分析仪，由于重量轻，去往监测车不能进入的地方(如建筑物内部或屋顶)便成为可能。

国家无线电办公室下发的《省级无线电监测设施建设规范和技术要求(试行)》，明确了两种便携式监测设备的要求，包括便携式接收机和便携式频谱仪。

(2) 频谱仪类型

频谱分析仪可以分为两种基本类型，扫频型和实时型。

● **扫频型频谱仪**

扫频型频谱分析仪在特定的频率范围内扫描输入的信号，信号的频率分量依次被采样，如图 1.3.6 所示。使用扫频型频谱分析仪可以分析周期和随机信号，但是不能分析瞬态信号。

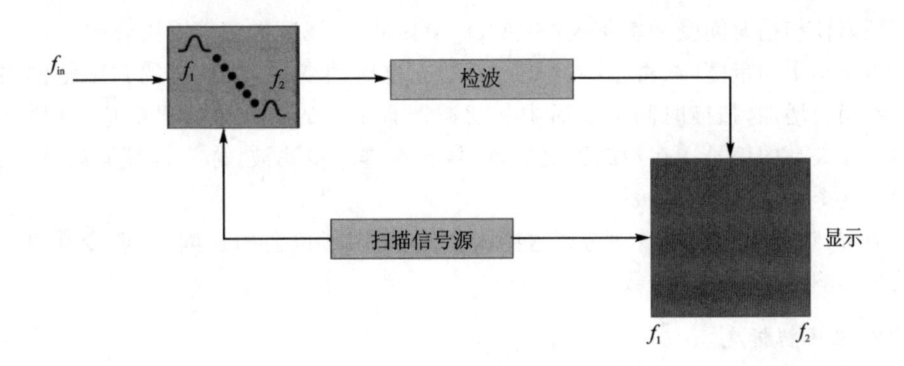

图 1.3.6　扫频型频谱仪原理框图

● **实时型频谱仪**

实时频谱分析仪在所有的频率范围内同时采样，如图 1.3.7 所示。这种技术可以分析瞬态和周期/随机信号。

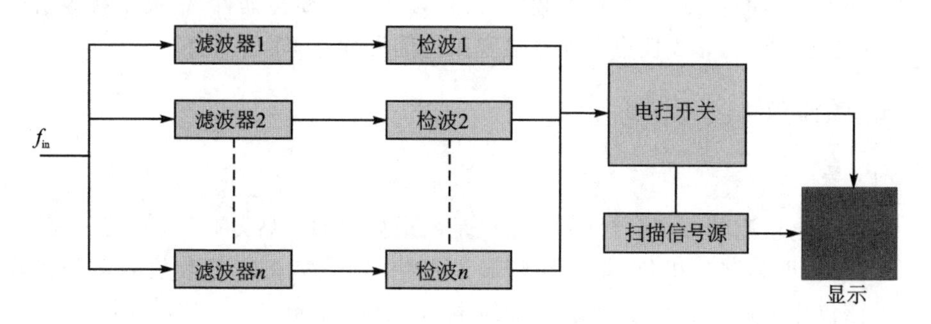

图 1.3.7　实时型频谱仪原理框图

(3) 频谱仪参数指标

● **工作频率**

工作频率是频谱仪最基本的参数，决定了频谱仪各性能指标满足一定标准情况下的频率上下限。

频谱仪工作频率的下限受限于本振单边带噪声，包括频谱仪灵敏度等指标；甚至当没有输入信号的时候，会出现本振馈通。

现代频谱分析仪，很多都采用超外差接收机架构实现的，本振是连续扫描的。假如本振不连续扫描，而是固定的，那么频谱分析仪就是一个固定调协接收机；此时，虽然扫描发生器仍然在扫描显示屏幕，但是显示的是时域，而这种模式就是零扫宽模式。

● **扫描时间**

频谱仪扫描时间受频率跨度(SPAN)、中频带宽、视频带宽等因素影响。

当减小中频带宽时，由于中频滤波器的充电时间变长，在给定的频率范围内扫描的时间会增加，扫描时间增加后中频滤波器有足够的时间来做出响应，这样才可以输出非失真的信号。在检波器之后，信号会被进一步滤波，称为视频滤波器，扫描时间和这个滤波器也有关系。

通常，频谱分析仪会自动考虑这些因素，这些因素也会相互耦合，改变其中一个参数会影响到另外一个参数。

● **频率解析度**

频谱分析仪的频率解析度，一般也称为“解析带宽”，是频谱分析仪测量两个相邻信号并区分这两个信号的能力。

频率解析度由三个主要因素决定：

- **使用的中频带宽。**中频带宽是指中频滤波器的 3 dB 带宽，滤波器的带宽越窄，频率解析度越好。当然，减小中频带宽，中频滤波器的充电时间变长，扫描的时间会增加。如果要分辨幅度和频率调制信号的边带，就需要窄中频带宽；
- **中频滤波器的形状。**当测量相距很近的杂散分量的时候，中频滤波器的形状很重要。滤波器形状系数定义为中频滤波器的 60 dB 带宽比上 3 dB 带宽，是对滤波器质量的描述，最常用的滤波器是高斯滤波器，它的形状可以从高斯分布函数得到。如果使用数字滤波器，形状系数最低可以达到 3∶1。数字滤波器有较好的频率解析度，但是在一定的扫宽范围内，改变中频数字滤波器的带宽，会导致扫描的时间快速增加。
- **中频滤波器的边带噪声。**如果用频谱分析仪去分析靠得很近的两个非等幅信号，中频滤波器的形状系数并不是唯一的决定因素，由于噪声边带会在滤波器的裙边上显示，因此会减小滤波器的带外抑制。

在给定中频带宽的情况下，进行快速扫描时，当减少扫描时间，显示的幅度变小，信号带宽增加，一般频谱分析仪会显示“UNCAL”来提示，意味着频率解析度和幅度不确定度会变差。

● 灵敏度

灵敏度是衡量频谱分析仪检测小信号的能力，灵敏度受限于频谱仪内部噪声，噪声包括热噪声和非热噪声。

热噪声的表达式如下：

$$P_N = KTB$$

其中 P_N = 噪声功率（瓦特）；K = 波耳兹曼常数（1.38×10^{-23} J/K）；T = 绝对温度；B = 系统带宽（赫兹）。从上面的等式，可以看出噪声电平和系统带宽（中频滤波器带宽）是成正比的，减小中频滤波器带宽，显示的噪声也会较小。

● 信号显示范围

在没有输入衰减的情况下，频谱分析仪的信号显示范围取决于两个关键参数：

- 最小的分析带宽，即平均噪声电平情形；
- 到第一级混频器的最大输入电平，该电平不会损坏混频器且不能引起失真。

增大混频器的输入功率，输出也会相应地增大，在线性工作区，输出功率比上输入功率是个定值。然而，在 1 dB 增益压缩点附近，输出不再随着输入的变化而线性变化，频谱分析仪工作在非线性状态，就不能精确的测量输入信号。

无论怎样，当有信号输入到频谱分析仪，由于混频器内在的非线性特征，总会有失真信号产生。通过将混频器偏置在一个最优电平，可以将失真信号最小化。一般来讲，频谱分析仪在输入－30 dBm 信号的时候，会有 80 dB 无杂散测量范围。多数情况下，频谱仪实际输入的信号会大于－30 dBm，甚至会超过 1 dB 增益压缩点，此时，在频谱分析仪的前级衰减器会自动调节，使得到达一级混频器的电平保持在－30 dBm 的最优电平上。

● **动态范围**

频谱分析仪的动态范围由四个关键因素决定：

■ **平均噪声电平**。频谱分析仪射频部分产生的噪声，在整个频率范围内均匀分布；

■ **残余杂散分量**。频谱分析仪内存在的各信号经混频器内混频，输出的中频信号显示在屏幕上，即残存信号；

■ **高次谐波产生的失真**。频谱分析仪输入信号较大，由于混频器的非线性，会产生输入信号谐波分量；

■ **三阶互调失真**。当有两个相邻大信号输入到频谱分析仪，在混频器内会产生互调信号，互调分量位于输入的两个相邻大信号两侧。

去除以上因素影响的情况下，可以测试的功率范围，称为动态范围。

为了获得较大的动态范围，我们需要考虑到如下的条件：

■ 足够小的中频带宽，平均噪声电平低于－100 dBm；

■ 残余杂散分量小于－100 dBm；

■ 输入电平－30 dBm，较高的谐波分量低于－100 dBm。

频谱分析仪生产厂家会以在特定频点上或在一定频率范围内的形式给出以上指标。

● **频率精度**

频率精度和频谱分析仪内部使用的参考源的类型有关。参考源可以分为两种类型：

■ 合成。频谱分析仪的本振锁相到一个稳定的高精度参考源，为了防止频率漂移，参考源往往会进行温度控制。

■ 非合成。本振是一个单独的电压控制源。

● **视频滤波和平均**

频谱仪可以显示的最小信号是平均噪声电平。

当信号功率等于平均噪声功率的时候，频谱分析仪实际显示的是信号和噪声的叠加功率。对许多频谱仪而言，很难从平均内部噪声电平中分辨出小信号。

由于频谱仪显示的是信号加内部噪声，为了减少噪声对所显示的信号幅度的影响，需要对显示结果进行视频滤波或平均，视频滤波器是个低通滤波器，位于检波器之后，由它对频谱仪的内部噪声进行平均。

第2章 无线电监测与检测

2.1 频谱监测规则

2.1.1 频谱管理

1. 频谱管理的描述

频谱管理是必要的行政、科学和技术程序的结合体，目的是确保无线电通信设备和业务有效运行而又不产生干扰。简言之，频谱管理是一个调节和管理无线电频谱使用的完整过程。频谱管理的目标是把频谱效率最大化，把干扰最小化，消除对频谱未经核准的和不适当的使用。建立在有关法律基础上的规章条例，组成了频谱管理过程的管理基础和法律基础。信息数据库（包括所有核准的频谱使用者的详细情况），为管理过程提供了管理基础和技术基础。对这些数据库中的信息进行的分析可促进频谱管理过程，形成有关频谱划分、频率指配、执照核发的决定。频谱监测、检查和执法，为保证频谱管理过程的完整性提供了必要手段。

2. 频谱监测

（1）频谱监测的目的

频谱监测在频谱管理过程中扮演着耳目的作用。它在实践中是必要的，因为实际上，核准的频率使用也不能确保是按照原来的意图使用的。造成这一情况的原因可能是设备的复杂性、设备之间的交互影响、设备故障或故意滥用。由于地面无线系统、卫星系统以及造成干扰的设备（如计算机和其他非故意制造干扰的辐射器）的加速激增，这一问题已进一步恶化。监测系统在频谱管理过程中提供确认这些干扰和对这些干扰“勒紧绳扣”的方法。

频谱使用是贯穿全年每一秒钟的事情，局部、区域或者全球都是如此。同样，如果要适当地实现监测的目的和目标，频谱监测就应建立在一个持续不断的基础之上。

频谱监测的目的是为总体的频谱管理过程提供支持，包括频率指配和频谱规划

功能。因此,监测的目标(不一定是按照先后顺序)是:

— 帮助解决电磁频谱干扰,不管是当地的,区域的,还是全球规模的,以便无线电业务和台站可以兼容共存,减少与设置和运营这些电信业务有关的资源,并使之达到最小化,通过获取无干扰的可用电信业务,让一国的基础设施产生经济效益;
— 帮助确保公众接收到合格的无线电和电视信号;
— 为主管部门对电磁频谱管理过程提供宝贵的监测数据。这个过程涉及频率和频段的实际使用情况(如信道占用和频段拥塞)、核查发射信号的技术与工作特性是否适当(合乎执照要求)、探测和确定非法发射机和潜在干扰源、生成及核查频率记录;
— 为国际电联无线电通信局组织的项目提供宝贵的监测信息,例如,这种信息可用于为世界无线电通信大会准备报告、为消除有害干扰而寻求主管部门的特别协助、消除带外操作或帮助主管部门寻找合适的频率。

(2) 频谱监测与频谱管理的关系

频谱监测与频谱管理的功能高度关联。通过一个完整的计算机系统把两者的功能结合在一起,可以显著地提高两者的效率,降低两者的成本。对频谱管理系统的实施而言,首先开发一个系统结构来保持管理过程的完整性和开发一个包含所有相关信息的数据库来支持管理过程,是非常重要的。在数据库不充分的情况下,监测、执法、技术、程序的结合能有效地用于获得重要信息,帮助改善数据库和整个频谱管理过程。

监测之所以与检查及合规紧密相关,在于它能确定和测量频谱使用情况和干扰源,核查辐射信号的技术与工作特性是否适当,探测和确定非法发射机,并生成关于频谱管理政策效力的数据。

监测能通过提供信道和频段使用的总体测量,包括技术与工作性质的信道可用性统计值,进一步支持频谱管理的总体努力。监测对规划也是有益的,因为在规划中,监测能帮助频谱管理者们在与频率指配(在纸面上或数据档案中)比对后了解频谱的使用程度。一个监测和测量系统能在一些情况下发挥作用,有些问题的解决方案仅了解核准的或设计的无线电系统特性是不够的。为了达到管理、执法和合规目的,一个监测和测量系统也可以获得个别台站的工作信息,还可以用来定位和识别产生干扰的台站。

总体上说,监测能为频谱管理提供关于频谱的实际使用是符合国家政策的反馈信息。监测还能确定需要如何规范将来对频谱监测人员的要求。在这种情况下,监测能为频谱管理提供前馈信息。

3. 数据库

具备储存、维护和访问关于各通信网络的信息的能力是频谱管理的一个组成部分。这种信息能够组成一种频谱管理系统数据库。这种数据库是各无线电通信设备的所有相关参数的数据库。这种数据库能使管理机构实施各种工程和管理的分析,以保证频谱效率,保证在操作上与规章条例保持一致,保证系统之间无操作干扰。如果没有准确的数据库记录,频谱管理过程的完整性将打折扣。

频谱监测业务必须有权访问核准的使用者的完整的中央数据库。这种数据库能提供一种手段来确认执照情况和频率指配条件,识别未经核准的频谱使用。监测业务还能创建自己的被监测发射活动和测得特性的数据库。这类信息可以用于事件记录并随后与中央数据库关联。

4. 软　件

频谱管理和监测系统可以拥有很多数量的软件,使数据采集、处理、评估和干扰分析任务实现自动化。使用软件在相关数据库中保存频谱监测结果,把信息与核准的使用者的中央数据库关联,能在提高精确性的同时节省大量的研究时间。

5. 国家频谱管理系统的法律和管理基础

由于无线电技术的快速发展及其在各国生活中所发挥的重要作用,涵盖频谱资源的法律变得像管理土地和水的使用的法律一样重要。因此,无线电通信的使用和管理必须包括在各国的法律体系内。无线电通信法是一项规定概念、授权、广义目标与目的和责任的基本文件。它不应偏离方向去描绘规则和程序的细节。这部法律应建立这样一个理念:无线电频谱是一种自然资源,需要考虑全体国民的利益去管理频谱。因此,法律应规定国家政府管理无线电通信使用的权利,包括核准使用并实施频谱管理规则,只要是通过监测和检查实行管控。为了执行这些职能,频谱管理者应有权去识别干扰源,要求关闭干扰源或者按照某种适当的法律机制没收干扰设备。对这种权力的限制也应做出规定。

无线电通信法应同时规定公民与政府拥有和操作无线电通信设备的权利。国家、地区或当地政府应把一些通信系统运转到最佳程度。这些系统是支持政府组织机构工作任务的最常见系统。但是,社会的很多需要,却正在由商业机构和个人来满足,通信业务的质量和可用性可以与通信业务的种类以及业务提供者被准予的自由度水平紧密联系在一起。

应包含在国家无线电通信法律之内的内容,还有公众进入频谱管理决策程序和政府对公众意见进行回复的有关要求。公众提出频谱要求的特定程序,或者是公众对频谱管理者提出的关于频谱问题的立场的特定程序,可以在另外的地方予以描述。但是,进入决策程序的权利和限制,可以在法律中规定。频谱管理者根据国家利益,按照公众提供的意见,来管理频谱使用的基本任务,是非常重要的。因此,无线电通信法应要求:频谱管理机构向公众提供有关其决策的信息,包括它的决策依据的书面解释。另外,法律应根据已制定的准则和程序提供一套对决策进行复议和上诉的程序。

频谱管理的基本日常工具,是由国家频谱管理机构发布和采用的已经公布的整套规定和程序。这些规定在无线电通信应用的日常实施中起着基础的作用,能够使频谱使用者了解他们的操作是以何种方式受到管理的。这些规定提供与频谱管理机构交流的方法。这些规定和程序应覆盖的领域包括:执照的获得和展期程序、发射标准、设备认证程序、信道配置规划、操作要求,以及频谱监测、检查和执法程序。

6. 频谱规划和划分

频率划分是将无线电频谱分配给各种无线电业务的过程,既可以独占,也可以按照主要业务和次要业务的原则进行共用。在国际层面,这种划分是由世界无线电通信大会(WRC)负责的,并反映在《无线电规则》(RR)第 5 条中。各国主管部门可以根据国际频率划分表制定自己国家的频率划分表,为无线电通信业务划分频段及核准特定的系统。

为了有效地利用频谱,重要的是所划分的频段要满足欲开展的业务的传播要求。举例而言,那种一般要求提供大面积全向信号覆盖的业务,如广播电视,要划分在频谱中较低的频段;专用移动无线电(PMR)业务则要划分 VHF/UHF 频段,以保证有限的局部覆盖;而对需要世界范围覆盖的全球航空和水上业务,则要划分 HF 频段。这些频率划分有时需要再次划分为信道规划,来保证满足特定的载荷、信道以及频率复用方面的要求。

针对特殊用户提出的请求,主管部门应遵循这些频率划分表来指配适当频率给需要这种频率的无线电系统,并核发相关执照以及在数据库中生成适当的记录。频率指配的技术程序应以可允许干扰的概念或无线电网络之间所必需的频率距离间隔标准为基础,允许有效的信道和频率复用。

7. 频谱工程

频谱管理涉及与技术和工程领域有关的决策,而这个领域需要对信息、能力和选择进行充分的评估。虽然大部分决策需要考虑社会、经济和政治因素,但很多频谱管理事宜还是可以根据工程因素和技术因素进行分析并做出频谱管理决策。因此,需要这个组织的一部分人精通分析技术,通晓技术发展趋势,以便为政策和规划机构中必须考虑经济学和国家政策之类因素的人提供公正的评估。精通分析技术的人可以确定和推荐干扰问题的解决方案,决定保证系统之间的兼容所需的设备的技术特性,或者在某些情况下鼓励使用可供选择的技术。一个重要方面,涉及在模型中使用由适当数据库提供的输入信息,来实施与频谱管理(如频谱指配)有关的分析。这种模型可用来预测是否符合规章条例(如卫星功率通量密度限值),也可通过分析干扰概率来评估频率共用的可能性。

8. 规章、条例和相关标准

国际电联已经制定了关于国际频谱划分和频谱管理的总体性规章条例。这些规章条例包含在国际电联公布的《无线电规则》(http://www.itu.int/publ/R-REG-RR/en)中。每个成员国在考虑到该国际规则的同时,建立自己的立法及相关的规章条例,以适应本国的无线电通信基础设施和目标。这些规章的意图在于为频谱管理过程中的管理和执法提供一个必要的框架。这些条例应含有设备认证的程序,包括发射机特性的规范和标准。

9. 频率协调和通知

由于无线电频谱是一种有限的资源而专用使用者和政府使用者的需求在不断增长,所以有必要建立一种机制,以便把频率指配给能容纳最多用户的特定业务或系统。这就需要通过一种频率协调过程来实现。

频率协调工作开始于选择频率给一个不可能对其他已有系统形成干扰的系统。相应的当事方之间可以进行信息的交换或者"协调",来保证系统之间的兼容性。这个过程的目的是在把通信系统之间的操作干扰最小化的同时把频率复用最大化。

频率协调过程要考虑几个重要因素。首先,主管部门必须把规章条例制定好,这将成为协调过程的基础。下一步,在新业务申请人和协调者之间需要交换信息。这种信息必须包括充分的技术数据,以便协调者能进行一种分析来判断新业务不会给已有业务带来有害干扰,以及新业务在操作中能与已有业务兼容。频率协调的效果与包含在数据库中的记录内容的准确性、可接受性以及与准确预测已有系统和拟用系统的运行能力直接有关。

已有的和拟用的无线电设备之间的频率协调和兼容性研究,是一个高效的频谱管理系统的必要组成部分,不管这个系统是在国家层面执行还是在国际层面执行。

国际频率协调是一种应在把频率指配给一个可能与其他国家的台站发生冲突的台站之前来实施的程序。这种频率协调程序通常根据两国或更多国家之间的特别协议来实施。例如按照 ITU-R SM.1049 建议书的规定。在《无线电规则》第 4 至第 9 条以及第 11 条中,对频率指配和频率使用的国际通用规则以及对特别协议进行了描述。

10. 执照核发、频率指配和收费

执照核发和频率指配过程中必要的管理步骤,已在上文所述的规章条例中做出了界定。政府机构通常负责核发执照或处理与执照有关的事务。一旦政府机构确定拟用通信系统符合这些规章,通常会通过核发一个执照或类似的许可来核准这种新系统。如果执照设立的系统发生了重大变化,规章通常要求频率使用者把这些变化通知管理机构,以便变更执照。如果遵照这些执照核发程序,这些程序将可以确

保通过及时反映所运行的系统中发生的变化来保持频谱管理数据库的完整性。停用系统的数据可以移入数据库的备用部分,以便作为临时参考、将来参考直至最后删除。

有效的频谱管理系统中执照核发与管理功能所具备的好处,超出了仅仅建立和保持技术参数数据库的范畴。在首次核发执照时,执照核发过程可以是一个收费管理方式下的收入来源。它还可以是一个以罚款和处罚为内容的收费来源。罚款和处罚,针对的是那些未经正当执照进行操作的行为、超出执照参数进行操作的行为或藐视已有规章条例进行操作的行为。

11. 无线电设施的检查

无线电设施的检查是一种管理和保证频谱充分利用的有效手段,因为它能保证无线电设备根据指配的操作参数来安装和运行。无线电台站的运行超过了核准的操作参数(例如功率过大、发射机位置错误)便会造成较大的潜在干扰,并对核准新的同信道和相邻信道频率使用权构成影响。

主管部门在规划和实施无线电设备检查时可以采取一些不同的方法。这些方法包括以下规划:

— 所有新核准设施的检查;

— 出于某种原因(如干扰报告的次数增多或发现有违反规则的行为)的检查;

— 对所有台站按一定的百分比随机抽样检查或根据其他统计基础检查,等等。

其中一种有效方法是检查一定比例的内容,或检查已有的核准设备/发射机的“样品”。这些设备包括在能在各种无线电业务中随机选择出来的样品中。随后将根据国家的法规和标准对检查结果进行评估。样品的合格水平将为国家法规的守法情况提供一个大概的评估。在以后几年中,需要接受检查的设备的尺寸和种类,将根据前几年的守法情况进行调整。换言之,如果特定业务的守法率相对高,被检查的样品数量将减少。反之,如果守法率低,将检查更多的样品。

关于检查规划的方法、统计抽样的确定、设备的检查以及详细的检查程序的更具体讨论,见 ITU-R SM.2130 报告。

12. 执法工作

如果频率使用者不遵守他们的执照要求及适当的规章条例,频谱管理系统的益处是无法实现的。规章条例应包括相关规定,界定对一个被发现违规的使用者应采取的措施。根据违规的严重程度,处罚的范围应包括警告、罚款、吊销执照、取缔其系统的运营以及根据和依照国家立法进行法律诉讼。没有高效的执法程序,频谱管理过程的完整性将打折扣。一个主管部门执行已有的与无线电通信系统有关的规章条例的能力,明显取决于高效的频谱管理系统和高效的频谱监测与检查系统。当收到一项关于干扰的投诉时,干扰信号能够被监测,以便判断信号的位置、发射方式和其他技术参数。这些信息可以帮助识别和定位干扰源，并进行深入调查。查询频谱管理数据库，可以判断干扰源是否是一个在核准的技术参数之外运行的执照设立的发射机，或者干扰源是否来自一个非法的操作者。

2.1.2　频谱管理的考虑因素

1. 频谱的有效利用

由信息化社会的发展趋势所驱动，全球通信业务高速发展的需求将导致可用频谱资源的严重匮乏，除非在国家、区域和国际层面采取措施，有效管理频谱。由于频率是一种有限资源，所期望的增长必须通过现有频谱的有效使用才能实现。

对频谱的高效利用需要通过战略性地划分频谱各部分，来满足频率使用者的要求，同时又不造成任何频谱浪费。频谱的储备将满足未来频谱需求增长和无线电新技术面世的需要。

2. 频谱共用

一个或多个使用者或无线电业务无干扰地共用一部分频谱的能力，是频谱管理中的一项重要考虑因素。有效的频谱共用，能在广泛的无线电业务种类中增加可用频谱的数量。可以通过功率控制、频谱使用者地理隔离、辐射方向图隔离、频谱使用者时间隔离，通过容忍一些干扰（当它们没有变成有害干扰时），或通过使用允许在同一频率上有多个发射并存的更新的技术，来促进共用。但是，有效的共用需要在管理频谱使用的国家机构之间善尽协调，在靠近边界的地方也许还需要相邻国家主管部门在国际层面上善尽协调。按照地理限制为使用者划分频谱，可以发挥信号传播限制的优势。地理限制最简单的例子就是国际电联三个区域之间频率划分的差异性。在一个较小的范围内，地理隔离也是蜂窝系统频率规划的基础。这种系统允许在获得适当的蜂窝小区间物理隔离和发射方向图间物理隔离之后进行频率复用。

时间隔离也是通过使用时间捷变技术和集群系统来促进共用的一种有效方法。在这些系统中，一个或多个信道可以由很多有前文所述的发射时间要求的频率使用者共用。很多系统可以在同一时间和同一频谱空间段内共存，取决于特定的调制和干扰门限或者每个系统的多址机制（如码分多址（CDMA））。例如，扩频技术的主要优势之一，是其抵抗干扰的能力增强。这种特性允许多个发射在同一时间占用相同的频谱而没有互相妨碍，当然，这要在系统的限制之内。

3. 经济方面

无线电通信已成为电信基础设施中的一个越来越重要的组成部分，而一个国家的经济和国家频谱管理的经济手段正变得越来越重要。这些手段能促进经济、技术和管理上的效率，帮助确保无线电业务能在无干扰的基础上运营。为了拥有有效的无线电通信，一个国家必须拥有一个有效的频谱管理系统。

有效的频谱管理系统的出发点，是获得充分的财政资源。这些资源可以从管理中获得，或者从无线电频谱使用的收费中获得。从无线电执照的核发到某一部分无线电频谱的拍卖，收费是有所不同的。如果频谱收费能和正确的经济刺激结合在一起，就能促进频谱的有效利用。频谱收费的费率不能太低以免在频谱使用者眼里显得微不足道，也不能太高以致超越市场定价机制，如果这样，频谱便会闲置，而不能产生利润。

当对相同的频率指配存在一些竞争的申请者时，拍卖是最适当的。拍卖收益可以大幅超过频谱管理成本，但是，拍卖手段可能是频谱价值的准确体现。对于那些频率指配存在有限竞争的无线电业务、社会需要型业务如安全和国防以及其他一些特殊业务如国际卫星业务，拍卖可能是不适当的。由于近年来频谱拍卖已产生了显著的经济效益，有时高达几十亿美元，主管部门必须确保一个经过拍卖的频段在使用中是可以被接受的，不管通过转移原有用户，还是通过共用频率条件的落实。在适当的覆盖区域内监测这种频段，可以支持这一行动。

一些主管部门已对国家频谱管理者采取了不同方式的支持。这些管理者包括：

— 对于频谱有直接利益的通信集团如顾问委员会、同业公会、专业机构和准政府机构的协会；
— 频率协调者和指定的频谱管理者；
— 频谱管理顾问和提供支持的承包人。

对于节省政府财力和人力资源、提高频谱使用效率、改善频率指配与协调效率、补充国家频谱管理者的技术专长，这些支持手段是有可行性的。

关于频谱经济学的详细内容，见 ITU-R SM.2012 报告。

2.1.3 国家监测的目标

如前所述，频谱监测的目的是帮助解决干扰问题，保证无线电通信和电视的接收质量在允许范围内，并且为频谱管理提供监测信息。

从历史上说，由于国际链路中的高频使用越来越多，有关国家召开会议，制定了频率划分的规章和处理干扰的程序。《无线电规则》第 16 条描述了用于第 1.4 段提及的国际监测的程序和设施。为了执行《无线电规则》第 16 条的规定，建议有关国家建立一个中心办事处和 HF 监测站。

现在，虽然仍需要在高频上进行监测，特别关注 VHF/UHF/SHF 监测的需求正变得越来越紧迫。这些频率正越来越多地用于无线电通信网络。这些网络的范围是由它们的特有属性决定的，被大致限制在视距范围内或者大约 100 km。具体范围取决于频率、功率、传播条件和天线(发射和接收)高度。

1. 对国家规章遵守情况的监测

监测的目的是识别那些不符合要求的发射，或者因为这种发射未发执照，或者因为这种发射不符合国家的规章条例中的技术要求。

开展这种工作的一些原因：

— 一种未经核准的发射或不合格的发射，可通过干扰使其他无线电使用者的业务变差；

— 未经核准的发射意味着主管部门在执照收入上的损失，也意味着其他寻求执照的无线电使用者的需要被抑制。这些发射使干扰解决方案复杂化；

— 仅能在一种稳定的、协调的环境下有效地实施规划；

— 公众有权获得可接受水平的广播、移动无线电通信和寻呼业务。

(1) 技术和操作参数的核查

监测可用于获取无线电系统在技术上或操作上的特性的详细信息。监测一般包括发射机和/或其天线方向图的发射频谱的详细测量。这些测量可用来为特定电磁兼容分析(EMC)提供需要的信息，还可用来确定与在特殊的频率指配记录中核准的技术特性是否兼容，或者作为类型验收程序的一部分，去保证一种特定设备在运行中与该频段的其他设备兼容。最后一点，测量可以用来确定一台特定的发射机是否工作在指定的限值之内。

虽然可以测量多种类型的技术参数，或许最为重要的一种技术参数可能是发射机的发射频谱。选择测量技术应使用一种有效的方法让不同类型的信号调制在数量上被测量。因此，测量系统应有不同的带宽、滤波器、衰减器和可以为被测量的信号单独挑选的其他参数。这些测量有一部分要求矢量信号分析能力。

(2) 干扰解决方案和未经核准的发射机的识别

频谱监测数据在识别和解决对核准设立的发射机所造成干扰的问题中是有用的。这种测量可以探测造成干扰的未经核准的发射机的存在，或者探测由发射机和非故意的杂散发射结合在一起而形成的互调干扰。虽然频谱测量和工程分析之间的各种结合可以用来解决某些类型的干扰，但是频谱监测数据还是在这个过程中起着重要作用。在获得与干扰有关的发射机身份的过程中，监听常常是有用的。

未经核准的发射机可能被怀疑为干扰原因。因此，在解决干扰问题的能力与探测并识别未经核准的发射机的能力之间经常会有一种紧密的联系。探测未经核准的发射机的一个主要问题是经常难以从未经核准的信号中区分出合法信号。在核准设立的和未经核准的发射机共用同一频段并具有相同调制特性的拥挤频段，要做到这一点尤其困难。

探测未经核准的信号，有时可以通过对核准的频率使用者投诉干扰的频率，或者对频率指配记录显示没有合法指配的使用者的频率进行监听来实现。在非法操作被探测到后,测向与移动追踪车和从监听中获得的信息,对识别和定位非法发射机是有帮助的。

2. 监测对频谱管理政策的帮助作用

只有规划制定者充分得知当前的频谱利用情况和频谱需求的发展趋势,良好的频谱管理才会令人满意地运行。尽管从预期的频率使用者采集来大量的关于执照申请或展期表格的数据,这些数据很少是完全适合频谱管理目的的。这些记录只能显示频率的使用是经过核准的,但无法提供频率是否被实际使用的充分信息。因此,在频率指配记录上出现拥挤的频段,在事实上也许是拥挤的,也许是不拥挤的。现在,很多国家在获得新的自动化频谱管理系统的过程中,要求该系统与监测系统要直接连接,以便在中央数据库中储存监测结果。监测数据因此可直接用于频率规划者,而监测操作人员可以在线访问执照数据库。这可以形成有效的工作进程。

(1) 频谱使用(占用)数据

频谱使用或信道占用数据显示出一个特定频率或频段在一个特定的观察间隔内多长时间出现一个信号。对单一频率的测量可以与显示频谱使用如何在24小时(包括繁忙时段和高峰时段、平均和最小使用)内的变化结合在一起。来自很多频率的数据可以兼顾显示一个频段内的所有频率的平均使用情况,或者一组选定的使用者的平均使用情况。

对频谱管理的几个功能来说,信道占用和频段拥塞信息是一种宝贵的工具。这种信息可以用来识别某一频段内闲置的信道,也可用来防止给繁忙使用的信道增加更多的频率指配。根据频谱管理记录,当信号在未指配的信道出现时,或者当发现指配频率没有使用时,这种信号还可以用来促成一种调查程序的启动。对相同地理地区的相同频段来说,信道占用时间统计的变化能够显示其发展变化的趋势。最后一点是,当现有频段变得非常拥挤时,这种信息可以用来帮助预先考虑划分附加频段。

对于陆地移动无线电频段或类似的信道化通信频段来说,频谱使用的测量是特别有用的。对频谱使用的测量而言,其他移动频段也是好的候选频段。频率使用标准可以参考所涉及的每个业务的目的,根据频谱管理程序来制定。

监测信息和频谱管理记录之间的关系并非总是直接的。信道占用信息只告诉我们:一个频率在被使用。它不显示哪个发射机在产生信号。一项特定频率指配的存在和该频率上一个信号的出现,不能充分表明被测量的信号就是已获得指配频率的发射机所发射的。用呼号或类似信息来识别发射机,就需要监听来解决任何这种含糊不清的问题。作为一种选择,测向仪依靠地理方位信息的识别,以每一发射机为基础,把计算频率占用的测量变为可能。但是,在测量时间内,一个信号的缺失,并不充分表明该频率指配不存在或者该频率没有被使用。已获得指配频率的发射机有可能在监测期间一直没有被使用。

(2) 对新的频率指配的一种辅助手段

按照相关业务,就一天中的某一时间和一个星期中的某一天而言,每个执照持有人的频率使用程度是不同的。根据预测模型的完善度和数据的准确性,执照信息可用来在某种程度上成功预测频率使用程度。当信道拥挤加剧时,这种模型在识别最少使用信道时,变得越来越不准确。在确定一个最适合预期目标的频率时,从拟用频率指配的地理地区获得的监测数据就变得极有价值了。

(3) 对开发更好管理模型的一种辅助手段

监测数据的采集和分析可能相当昂贵。因此,即使作为一个宝贵的工具,也不可能在所有的频率指配中都利用监测数据。但是,可以通过在可用执照数据基础上建模,为一个国家内频谱使用量不大的地区提供充分的服务。从更繁忙的地区采集的监测数据,可与模型所预测出来的数据水平相比较,将结果用于识别嫌疑执照数据,然后完善这种模型以便最好地适应总体情况。通过这种手段,该模型可以被固定下来,并随后更好地运用。因此,监测可以更好地针对那些最需要帮助的地区。

(4) 对处理投诉和质询的一种辅助手段

随着频率拥挤的增长,频率使用者将变得对已有业务不如以前那样满意。通过监测那些投诉畸多的地区,可以确定问题的实质,并提出最佳矫正措施。为感知业务质量提供证据或辩解也是可能的。

(5) 对分类与解释干扰和传播效果的一种辅助手段

VHF/UHF 波段对异常传播的影响不具备免疫力。其结果是来自远距离业务的干扰通常被认为太遥远了,以致没有理由进行很大的协调努力。

这些影响是短时间存在的,当关于它们的统计数据具备时,只有通过监测,对特定业务的潜在影响才能被准确地评估。很有可能只有为数不多的业务受到为数不多的远程发射机的影响。恰当的处理方法可以是个案处理。完善的监测数据将极大地帮助确定问题的原因。

(6) 对频谱共用的一种辅助手段

目前频谱需求的状况是希望无线电业务能共用频率。有些业务类型明显是不兼容的,但这种问题经常界限模糊。可以进行试验来确定兼容程度。对这种试验进行监测将提供有关信息,比如有助于帮助进行系统性能分析的相关信号电平。

(7) 频谱管理系统内的频谱监测功能

管理数据提供预测数据,频率使用者(执照持有人)参考数据库,设备(射频、功率)和台站(协调、识别、海拔高度、地平高度、天线增益、方位角和仰角等)。它根据重要性(如生命安全)、决策者的政策和干扰投诉,提出任务和优先级。测量(频谱管理的耳朵和眼睛)提供关于频率、占用、场强、带宽、方向、极化和调制的信息。将测量数据与执照比对,可显示出违规、偏差和非法台站的信息。可用一种通用显示器将监测结果可视化，并将执照数据（记录、报告、统计数据和业务分析，例如广播、移动和固定业务，其覆盖范围和服务质量）描述出来，包括绘制数字地形。因此，干扰（投诉、调查、识别和解决）变得可视化；对于未经核准的台站，执法和取缔措施是强制性的。

(8) 运行流程和数据库的考虑因素

为了频谱管理与频谱监测活动的最佳合作，有人建议，频谱监测要快速、直接地访问频谱管理数据库。数据库的维护是频谱管理机构的责任。但是，为了用实时信息更有效地向监测部门赋予权力，为了规划监测活动和评估结果，可以让监测部门有权以在线只读方式访问数据库中特定的表格。

建议频谱管理接入频谱监测数据库（主要是监测结果）也使用同样的接入方式。

这也许可以减少频谱管理和频谱监测之间的信息互联数量，而且不管哪一种管理活动产生了数据，都可以通过两种数据的实际应用来支持信息的无缝整体使用。

监测业务可访问的频谱管理数据库可能包括下列内容：

— 台站和网络（执照）数据；
— 频率指配信息；
— 设备数据；
— 其他数据。

监测部门将通过使用这种信息实现以下功能：

— 在地图背景上显示已发执照的台站的子集，以图形方式描述每个台站的位置；
— 识别已发执照的台站与未发执照的台站和发射活动；
— 分析侵犯执照权的情况；
— 浏览参考数据，如设备特性或频率使用者的详细情况。

监测的使命和任务：

— 由频谱管理系统制定监测使命和任务并交由监测系统执行是可能的。要求承担的使命和任务将储存在数据库内；
— 当界定使使命和任务时，建议设立关于将要测量的参数（即带宽）的门限/容许偏差。当偏离原来预计的（已发执照的）数值时，这种门限/容许偏差将用来警告操作者；
— 监测业务将使用这些指导性内容来安排自动化活动的时间表（以及启动交互操作），并把结果储存在数据库中；
— 储存的结果将被频谱管理和/或监测人员用来分析和准备报告。

正如国际电联2005年版《国家频谱管理手册》第3章所界定的，这里描述的共享数据库将在频谱管理机构的层面上运行。就像ITU-R SM.1537建议书所描述的，为了支持频谱监测系统与频谱管理系统之间的整合，该章介绍了数据库中与频谱监测部门相关联的那些部分。

请注意，向偏远地区监测站传送有关信息（例如，某一地区的一个移动监测站将要进入一个工作阶段之前，更新移动监测站关于在该地区已发执照的台站和已指配频率的清单）和把偏远地区监测站的测量结果传送给国家中心，将成为监测机构的责任。

(9) 数据库的验证和修正

数据库的完整性需要定期的更新和核查。通过一个手动程序，监测数据可以用来帮助确认频谱管理数据库的准确性和数据库更新。另外，检查数据的监测能力有助于提供一些额外的动力来更好地维护数据库。

2.1.4　监测业务的任务和结构

1. 监测业务的任务

(1)《无线电规则》赋予的任务

下列监测业务的任务是《无线电规则》赋予的：

— 依照频率指配条件来监测发射；

— 频段观测和频率信道占用测量；

— 调查干扰案例；

— 识别和制止未经核准的发射。

对国内发射是否符合频率指配条件进行常规监测并消除任何违法行为，目的在于预防无线电干扰。技术参数诸如频率、带宽、频偏、发射类别和某些无线电通信业务的通信内容，都需要被监测。例如，监测业余无线电通信的目的应是特别保证呼号被正常使用而不能进行广播业务。

频段观测的目的是探测哪个频率信道被谁来使用以及如何使用。相反，信道占用的测量目的是确定频率使用的程度和时间，因此还包括哪些频率在闲置。测量还涉及识别发射及其基本特性。频谱实际使用的知识，对保证有效和无干扰地利用频谱的频谱管理目的以及决定某一频率是否可以指配给另外的使用者，是非常重要的。这些数据还构成了国家和国际频率协调的基础。

考虑到无线电应用在生活各方面所发挥的作用日益增加，快速而高效地调查和消除无线电干扰是一项在经济上有重要意义的任务。消除对安全业务（如航空、公安、消防）的干扰，应予以特殊优先考虑。

制止未经核准的发射，其基本目的在于预防无线电干扰，还包括保证财政收入。因为只有核准的频率使用者才会付费。

(2) 国家层面的任务

监测业务还经常承担下列并非由《无线电规则》直接赋予的任务：

— 在特殊场合提供支持，如大型体育赛事和国事访问；

— 无线电覆盖的测量；

— 无线电兼容性和 EMC 研究；

— 技术和科学研究。

在国事访问、一级方程式比赛和其他大型事件中，在一个特定的区域内使用大量无线电设备。使用者往往没有意识到他们需要一种频率指配，或者说他们在每一国家都不能够使用同样的频率。基于预防干扰、快速干预的考虑，只要干扰出现，监测业务机构就必须马上在现场对频谱使用进行监测，而且要快速行动来调查和消除任何干扰。成功的关键，是与大型事件的组织者和负责频率指配的官员及时进行协调。如果需要，这些官员也需要在现场短时间内来指配频率。

很多主管部门也把无线电覆盖测量看成是监测业务的任务。这涉及测量场强、在有些情况下还涉及像误码率(BER)和相邻信道功率这样的质量参数。但是，其他主管部门把这种测量看成是无线电网络操作员的任务而不是监测业务的任务，因为，市场本身会保障必要的无线电覆盖质量。

在为一项新的无线电应用划分频率之前，必须保证与已有无线电系统的兼容性。纯理论上的无线电兼容性研究往往是不充分的。如果监测业务具备符合要求的测量设备和技术，也许会经常被要求去支持必要的实际研究。它可能同样被要求去支持特定的科学研究，如对传播条件的长期观测。

(3) 指派给无线电监测机构的任务

下列任务通常指派给无线电检查业务而不是监测业务：

— 在现场检查无线电设备；

— 测量无线电设备来排除电磁辐射对健康的危害；

— 处理与非无线电设备有关的电磁兼容(EMC)案例；

— 当无线电设备或其他电子设备投入市场时，实施市场监督。

关于市场监督，在世界范围内使用的无线电和通信设备需要遵守地区的或国家的要求，以便保证他们的阴性符合相关的规定和限制(如频段、功率电平等)。

违反这些规定和限制，其设备会有产生有害干扰的风险。因此，用“市场监督”来控制产品是主管部门的任务之一。典型的例子，在零售店随机抽取产品样品并在主管部门的实验室或在一个独立的私营测试实验室根据其与主管部门的协议进行测试。

(4) 无线电监测业务和检查业务的合作

无线电监测业务和检查业务应密切合作，而且，如有可能，互相进入一个共同的数据库。例如，在搜索有害干扰源时，监测业务同时掌握由检查业务发现的违规无线电设备的详细情况，是非常有益的。反之，监测业务能通过记录下在检查期间所要记录的同样的参数，来触发检查业务。以这种方式获得的监测结果，可以用来确定现场检查的候选对象。这会真正减少需要现场检查的次数。

监测业务能通过测定一个不完善的无线电台站是否已被修好来进一步支持无线电检查业务，而不需要检查业务机构重新进行现场检查。

与检查业务相比，监测业务的测量设备成本更高。因此，很多主管部门设置监测业务的场所比设置检查业务的场所少。由于检查业务通常离用户比较近，检查业务机构对那些最初被使用固定测向仪进行调查的干扰案件进行最终的调查。

在这两种业务之间不需要有严格的划分。出于经济原因，不把无线电监测业务从无线电检查业务中分离出来（特别在比较小的国家），也许是有意义的。事实上，监测业务和检查业务整合或合并到同一个机构能够整体上简化机构。

(5) 与其他机构的合作

大多数国家的监测业务机构没有警察力量。因此，在没收非法发射机和对违反频率条件的行为进行处罚时，与警方及法院的合作是必不可少的。过去的经验证明，如果警方和法院提前介入并熟知电信法律的主要条款是非常有益的。

想必这里没有必要去详述频率管理和监测业务之间紧密合作的需求。

2. 测量任务和必需的设备

为了执行任务，监测站必须能够对发射进行识别和定位，并能测量发射的基本特性。

监测站必须能够承担的最重要测量任务是：

— 频率测量；
— 固定点的场强和功率通量密度测量；
— 带宽测量；
— 调制测量；
— 频谱占用测量；
— 测向。

因此，建议监测站的测量设备要满足下列装置的功能：

— 全向天线；
— 定向天线；
— 接收机；
— 测向仪；
— 频率测量设备；
— 场强测量仪；
— 带宽测量设备；
— 信道占用测量设备；
— 频率频谱登记设备；
— 频谱分析仪；

— 矢量信号分析仪或调制分析仪；

— 解码器；

— 信号发生器；

— 记录设备。

应指出，现代测量设备经常能够实现一个以上的功能。这导致了设备机架数量的减少。很多功还可以用软件来实现。

总体上来说，测量设备应覆盖 9 kHz～3 GHz 频率范围。如果规划单一的 HF 和 VHF/UHF 监测站，频率范围可以分解为诸如：9 kHz～30 MHz 给 HF 监测站；20 MHz～3 GHz 给 VHF/UHF 监测站。

根据一个监测站附加的和更为特殊的诸如下列的任务，可能需要进一步的测量设备(包括高频设备)：

— 沿一条路径的场强测量；

— 监测在 3 GHz 以上工作的宽带技术，如 Wi-Fi、WiMAX 和 WLAN/RLAN 系统；

— 对视频信号(亮度和色度)进行电视测量；

— 数字网络特定参数的测量；

— 固定链路发射的监测；

— 卫星信号的测量。

3. 监测系统的结构

(1) 中心办事处和国际合作

根据《无线电规则》第 15 和第 16 条，每个主管部门或者由两个或两个以上国家所建立的或者由参加国际监测系统的国际组织所建立的公共监测机构，都必须指定一个“中心办事处”。所有关于监测信息的请求，必须提交这种办公室进行处理。监测信息将通过这种办公室提交无线电通信局或其他国家的中心办事处。国际电联成员国在有害干扰问题的处理过程中表现出最大限度的善意和互相帮助，是非常重要的。

因此，中心办事处的人员需要符合一些基本要求。这些人员必须被授权对监测站直接下达指令，必须遵守时间，必须熟悉监测站必需的工作程序和技术设施。

如果符合这些要求，中心办事处是否隶属于一个部或其他组织，或者它是否构成某一个监测站的一部分，就都无关紧要了。

在实施和遵守有关主管部门签订的协议的情况下，有害干扰案例可以直接由被有关主管部门特别指派的监测站进行处理。很多欧洲国家主管部门授权其下属监测站之间直接进行合作。

有关允许监测站请求外国监测站进行测量的协议的范例，不仅存在于干扰情况中，还存在于在其他国家领土上使用本国自己的监测车的情况。

合作和协助是建立在互惠原则上的，因此，也是免费的。

但是，个别主管部门拥有特殊的设施如非常昂贵的卫星监测站。可以缔结一个合同性质的协议，使其他国家主管部门能在支付成本费用的情况下使用这样的设施。

(2) 组织结构

虽然每种情况下实际可行的可能性的范围受到监测站数量和主管部门的组织形式的限制，但是，一个监测系统还是可以由各种可能的方式来构建。

这部分内容仅涉及人工监测站，假定这种监测站可以接入遥控的和移动的设施。下属监测站可以采取遥控方式。

在最高层次上对整个监测业务进行管理的机构(有时称作国家控制中心)，负责界定监测站的任务和提供资源。在有些国家，地区控制中心负责一个特定地区。他们的资源可以包括人工的、遥控的和移动的监测站。地区控制中心的场所应和某一个人工监测站在一起。很常见的情况是，仅有一个 HF 监测站在运行，因此它当然要负责整个区域。在全国范围内类似的其他特殊任务也可以分配给唯一的一个地区控制中心。

中心办事处可以被指派由国家控制中心或一个地区控制中心来担任。虽然已经证明将检查业务与监测业务整合到同一地点是有利的，但是检查业务机构还是一个单独的组织。而且，中心办事处乃至整个无线电监测业务机构，都可以成为频率管理部门的一部分。

(3) 监测站的地理配置

在一个国家，监测站的数量取决于其任务和地表特点，而不仅仅是财政资源。最理想的是，一个国家的任何一个点至少要被两个测向仪所覆盖，使任何发射都能被定位。一旦对测向站在数量上的要求构成不可承受的成本负担，这种做法就不可行了，必须做出让步。以下部分提供了考虑到各种频率范围的另外的想法。

● **HF 范围**

是否设置一个以上的 HF 监测站取决于每个监测站能够不时提供全球覆盖的频段和传播条件。

● **VHF/UHF 范围**

根据 VHF/UHF 电波的有限范围通常不超过几十千米的特点，监测站应设置在靠近其工作最集中的地方。应用遥控测向仪对人工监测站予以补充，以便能够对发射机定位。

每一个部署固定和移动设备的人工监测站应覆盖大约 150～200 km 半径的行动范围，以便使那些必须在边境地区进行干预的团队在一天之内完成移动。应根据现有交通手段、地貌特点、公路网络条件和通往一些地区及市区的交通特点，来决定这个半径。

没有被固定测向仪覆盖的任何地区，必须被测向车所覆盖。移动监测团队应具有适当的手段在边境地区实施干扰搜索、兼容性和协调的测量。

● **卫星信号**

从技术角度看，一个卫星监测站能根据卫星覆盖区对同步卫星和非同步卫星提供广泛的覆盖，有时能覆盖卫星多次进入的区域，因此建议国家主管部门之间进行合作。

2.1.5 运行监测

本部分内容，规范了与地面业务有关的监测站运行过程，涵盖了上文提出的监测任务，并涉及固定、遥控和移动测量设备。鉴于无线电监测系统涉及的高额经费，同时考虑到无线电监测业务经费通常来源于税收和执照持有人支付的费用，这些工作在组织过程中，需要是有效的和可追踪的。因此，管理应在必要程度上记录其战略、系统、项目、程序和工作指南，来永久保证整个监测系统的质量。这个过程应可以沟通和理解，并为相关人员所知晓。

1. 工作指南和表格

对于日常工作，建议制定工作指南，来描述标准程序下的工作流程、权利和义务。这种工作指南对新员工和有经验的员工同时起到参考资料的作用。应采用一种务实的做法，来保证指导原则是清楚的和容易理解的，并给予员工一定限度的个人决策权限来激励他们。很明显，在起草这种指南时，其详细程度取决于员工素质和每个国家的管理要求。个别指导应适用于特定情况，而非常规的任务不应在工作指南中描述。

当通过保证统一性和明确性来处理比较常规或不太常规的事务时，表格能起一种有益的辅助作用。这些表格应被符合逻辑地构建，并提供足够的空间供手工填写注释。例如，用于登记对干扰的电话投诉的表格，应能让员工询问所有必要的细节。这里要再次强调，没有包括在表格中的例外的案例也会发生。因此，有足够空间来记录更多的信息，是非常重要的。

工作指令应包括关于所适用的安全法规的参考资料或语录。关心人员的健康和安全是一项重要的管理任务。

2. 工作时间表

可以把任务分解为固定测量和移动测量。在工作时间表中需明确下列区别：

— 不能推迟的列在时间表中的任务；

— 可以推迟的列在时间表中的任务；

— 可以推迟的意料之外的任务；

— 需要立刻行动的意料之外的任务。

第一种类型涵盖了诸如场强测量之类的任务，为了核发执照或国际协调，在某一日期之前被频率主管部门所需要。例行测量（如确定是否符合频率指配条件的一般性测量），一般不受最后期限的约束而可以推迟。第三种类型包括非严重干扰的报告，如对民用频段或无线电业务的干扰。但是，如果与安全有关的业务（如 COSPA/SARSAT、警用无线电等）受到影响，则需要立刻采取行动。

需要对应付这些任务所需要的人力和技术资源进行评估和协调。因此，应尽早编制和公布工作时间表，以便让员工充分准备。在紧急干扰报告的情况下，工作时间表必须在短时间内进行修改。这种做法也适用于人员生病或设备故障的情况。

当编制计划时，还必须关注下列情况：

— 如果需要覆盖大范围区域，对移动测量团队来说，为避免过高成本和时间浪费，留在该区域和下榻酒店而不是按日常惯例返回，也许是一个上策。

— 因为干扰也许发生在夜间，监测业务必须保证每时每刻都能实施。因此，在有些国家的监测站每天 24 小时都有人值守。一个单独的监测站，或者通过 24 小时员工值守，或者用自动呼叫在家员工的方法，来保证监测业务的全天候。但全天候并不仅指是电话里能找到人。一个监测站只配备一名不能胜任紧急的野外工作的员工，是不够的，因为这样会使这个监测站置于无人管理的境地。

— 监测车和设备需要日常维护，否则会发生预料不到的修理，这意味着监测车和设备将暂时无法使用。

— 定期的员工会议是必不可少的。需要在会议上向员工提供有关信息，如监测业务的组织结构变化、业务发展、业务变化、频率指配、管理上的事务。这样的会议还提供了机会来教授员工使用新的无线电技术、执照和监测设备（如果没有预见到其他的培训安排，如由设备制造商进行培训）。

如果监测团队被委任的职责包括实施现场检查的任务，前文所提到的考虑因素也是有效的。因此，建议一起规划在同一外出过程中的监测工作和检查工作。工作时间表应用一种让每个员工能立即确认谁将执行任务、执行哪一种任务、在哪里执行任务、将要使用的车辆、怎样保持无线电联络的表格体现出来。可以采用一种每个员工都可以进入的含有工作时间表的计算机系统。但是，一个简便的通知板或更传统的黑板，是一种具备同样功能的廉价替代品。

3. 处理干扰投诉的典型程序

处理干扰不仅是一项最重要的任务，而且是一项非常复杂的任务，要进行所涉及程序的详细说明。

(1) 干扰报告

通常是用电话、传真或电子邮件来报告干扰。操作员必须询问有关细节。需要询问的主要信息项目是:

— 受干扰当事人的名称、地址、电话号码和电子信箱;
— 干扰所涉及的设备的数据:频率、类型、坐标、位置、执照号码和相关数据;
— 干扰出现的数据(何时首次发现、出现次数、设有规律的还是不规则的?);
— 对干扰的描述(交流声、嘘声,等等);
— 有嫌疑的干扰源;
— 这是一个需要由监测机构来处理的情况?还是仅仅涉及设备故障?在后者情况下,是否应把故障设备的操作者和修理机构召来?

(2) 初步判断

处理案例中的优先安排取决于干扰涉及的业务和干扰涉及的设备数量。对干扰的说明,将被用于决定解决干扰问题所需的各种措施和测量。在附近区域的同一无线电频率的其他操作者,也许会被询问他们是否受到干扰。

各种不同业务(如卫星业务、广播业务、移动业务、固定业务)的很多操作者,倾向于把他们自己的监测设备用于评估业务质量。为了帮助被干扰的当事人,主管部门可以运用这种设施,并提升自行监测。对于监测干扰(位置、天线的地面高度与海平面高度、调制重现),受干扰现场是最适合的。

作为一项规则,固定的和遥控的测量设备应被用于确定是否能在监测站听到干扰。使用测向手段,粗略识别干扰源的位置,应是可能的。在频率指配数据库的帮助下,位置和其他特征(如调制、带宽)通常足够把潜在干扰源的数量限定到一个相对较低的水平。嫌疑干扰源的操作者会被联络并询问在他们的运营中是否做了改变,还会被要求将他们的发射机关闭一小段时间。这种过程会被重复,直到通过干扰或频谱的变化能清楚地识别出实际干扰源为止。这种消除干扰的手段,是最廉价的和最快捷的。

(3) 利用移动手段对干扰源定位

如果干扰源不能像以上所述那样被测定,将有必要部署监测车。特别在不规则干扰或对蜂窝操作者干扰的情况下,进行定位的努力已被证明是非常耗时的。

(4) 发射和潜在干扰源的测量

一旦干扰发射源被定位和识别,必须测量干扰的技术参数以判断干扰性质,例如,是否存在共用信道的干扰、相邻信道干扰、接收机互调、接收机饱和或在电源输入处的传导干扰。在这些测量期间,必须将使用的设备和它们的设置准确地记录下来,以便能够在下一步核实干扰系统或设备是否正在违反频率指配条件或超过门限的状态下运营。在标准和建议书中包含有一个宽泛的参数范围内的测量过程的详细说明。

(5) 测量评估和必要的行动

随后必须将测量结果与频率执照、频率指配条件或相关标准进行比较。根据结果,干扰系统或仪器可能必须被停止运行或改变其运行。这个系统或仪器有可能必须被调整,这个干扰也有可能被接受。在很多国家,这个结果将显示是否适用罚款或其他处罚措施。

各国互不相同的国家法规明确规定,是否由测量团队或主管部门内的另一个单位来负责实施将要进行的执法行动。这种必要行动不仅应是合法的,还应是合理的。如果一个热力系统中有缺陷的继电器触电点成为轻微干扰源,那么,在冬天就要求这个系统马上关闭,是不妥当的。反之,应确定一个合理期限来消除这种缺陷。

(6) 涉及外国台站或军事台站的干扰

特殊条款适用于涉及外国台站的干扰案例。《无线电规则》第 15 条(干扰)、《无线电规则》第 16.3 款和《无线电规则》的附录 10(有害干扰报告),已配备了与此相关的参考资料。在涉及军用台站的情况下,确定特定的程序来适用不失为上策。

(7) 最终的检查

在很多情况下,监测机构将有能力检查确认是否使用固定或遥控设备来采取补救措施。在不可能的情况下,现场检查也许是必要的。处理这种问题最简单的方法是询问与干扰有关联的一方干扰是否已经停止。

4. 非法无线电台站的识别和取缔

不具备规定的执照或频率指配并正在使用中的发射机是潜在的干扰源,因此必须被停止运行。定位这样的发射机,可以从下列任何一种情况开始:

— 在日常测量中通过监测业务观测这种发射机;
— 干扰投诉;
— 其他征兆。

最初采取的措施,与干扰处理中的措施是同样的。首先,通过评估测量结果尽可能多地搜集关于发射机的信息。由于非法无线电台站的操作者通常能意识到他们的违法事实,他们将进行一切努力来保持不被发现。他们可以采取下列策略:

— 使用错误的和迷惑性的发射机位置数据(包括伪装);
— 遥控发射机;
— 错误描述和虚假信息;
— 零散、无规律地发射;
— 使用不同的频率;
— 改变位置。

与“正常”干扰的案例相比,这些诡计,使定位和识别发射机变得更加困难。监测业务机构必须使自己适应这种情况,并采取适当的措施,如准确地对消息内容进行评估。非法干扰第一次出现时的有关细节,能帮助识别非法台站和对其提出指控。

另一个区别是,干扰台站的操作者通常急于消除干扰,因此将有助于解决这一问题。非法台站的操作者在考虑到他们行为后果(处罚和设备没收)的前提下很有可能采取合作的态度。因此,监测机构搜集能在法庭上使用的明确证据,去支持自己对被告已实施非法发射的控告是很重要的。在实际发射期间查获发射设备,显然能构成非法使用的无可辩驳的证据。但是,这样的行动取决于与警方的紧密配合。

在打击非法无线电台站运行中,成功的机会完全取决于每个国家的法律框架。这个法律框架应为指控这样的发射机操作者和没收他们的设备提供法律基础。

5. 案例记录

很多工程师和技术人员把测量看成是他们的基本义务,认为有关记录工作是次重要的一项工作。因此,有必要再次强调作为员工职责中重要组成部分之一的记录工作所具有的高价值。在任何时候如果对测量价值的可靠性产生怀疑,那么,只能通过一套说明这种价值有效性的完整记录来消除这些怀疑。

范例:只有在天线高度、发射机到监测接收机的地形和范围、带宽、检波器类型、测量地点、使用的天线和它的 K 因子以及所有衰减器的设置都已被知晓的情况下,量化被测量的输入功率值才是有意义的。

过去的测量记录起到了一种参考文件的作用,提供警示来预防将来的干扰,还能为管理信息系统数据库提供所需要的更新数据。

从以上可以看出记录应遵循的原则。记录应包括下列项目:

— 任务编号;
— 任务内容;
— 请求任务执行的单位或干扰投诉的来源;
— 参与任务的员工;
— 执行任务中的数据和时间;
— 明确的测量地点(如坐标);
— 所使用的测量设备和天线(也必须显示序列号或资产编目号,以便能够判断设备在使用时是否已被校准);
— 所选择的设置(如被激活的衰减器);
— 测量设定(方块图、草图);
— 频率、带宽、功率通量密度(或场强)、方位的测量值(包括数值的单位)和观测(如呼号及违规);
— 任何测量协议、频谱分析仪标示图、数据档案等;
— 可能影响测量准确性的环境条件;
— 所使用的监测车;
— 视频、音频、照片等记录。

签名或作者的原文应在工作报告中确认数据的正确性。根据任务类型，记录还应包括关于结论、决定、所采取的进一步行动的摘要和相关报告。

2.1.6　管理信息系统

用于监测目的的管理信息系统提供了作为管理层面上指挥和决策的一项重要因素。管理过程可以被理解为既是一个反馈结构，又是一个从上到下、从底部到顶部的整合过程。包含数据库和有关报告系统的信息管理系统，将准时提供相关信息。在这种信息的基础上，一项工作计划可以理想地构成资源规划的基础，被制定出来。然而，由于不充分的信息和预算，首先制定资源规划并把其作为工作计划的基础，才是更适当的做法。实践经验证明，通往成功之路将在这两者之间。

1. 数据库

为了得到一个对任务的总量、处理任务所需的时间、任务的地区分布的概览，下列信息可以储存在监测数据库中：

— 任务的唯一编号；
— 任务类型代码（如干扰报告、占用测量）；
— 收到任务和完成任务的日期；
— 要求实施任务的单位或干扰报告来源的地址、电话、传真号码、电子信箱；
— 用名称、数码表示的干扰源位置的识别或测量，如邮编或坐标；
— 任务描述或干扰报告的说明；
— 受影响的业务或申请内容；
— 某个频率或某些频率；
— 呼号；
— 频率执照号码（如果被个别指配）；
— 台站类型（如固定的或移动的）；
— 在干扰案例中的干扰原因和干扰源。

输入更多的数据是有利的，如产生干扰的设备与受干扰影响的设备的生产商、型号、序列号、受影响的外国位置或军事单位的位置、收到最后的报告后所采取的措施、测量所涉及的人员的名字等。

通过使用一个按等级构建的有关任务类型、涉及的业务、干扰源与干扰原因的表单，来保证统一而明确的数据分析，正如以下例子中所显示的那样：

可以记录下每个单一任务中的工作时间（分为室内工作时间和野外工作时间）和里程。根据所需数据分析报告的类型，写明所使用的设备也是必要的。

因为这一部分内容中提到的数据构成了管理信息系统分析的基础，在这种背景下就忽略了其他数据，如场强、占用率和其他测量结果。

2. 报告系统、统计分析

一旦前文所述的数据被输入一个数据库,各种各样的分析都是有可能的。出于规划目的,了解各种任务所需的时间,是非常重要的。涵盖若干年时间的图表能清楚地显示出具有代表性的趋势。例如,假如对频率占用测量的管理需要已经降低或者遥控设备正在更大的程度上应用,进行这种测量所投入的时间就应减少。可将人力资源用于其他任务。

错误决策的风险是存在的,除非这种信息被很好地提前提供给管理层,因为管理也许越来越与监测程序和技术的细节不一致。主管部门还需要有关的准确数据,如被处理的任务总数、所使用资源和因此用来确定不同的频率使用团体可支付费用的成本数额。在需要的时候,这些数据还将作为证据在法庭上使用。

标准报告与统计格式应确定下来,以保证统一的数据编辑汇总和数据对比性。但是,这并不意味着在统一格式下应把信息发送给所有的接收者。这种对监测站领导的信息要求,与对他的上级(主管部门的领导)的这种要求有很大不同。因此,这种数据需根据个别接收者的需要来定做。

一项统计数据的分析经常导致深层次的问题。因此,有可能执行非标准化的单独的数据库查询,而不考虑其他程序设计的需要。

例如,在识别多数与干扰有关的业务时,关于最初的干扰源问题便自动出现。这将导致关于实际造成干扰的机制问题。对这些问题的答案,在无线电设备检查、标准化和市场监督的过程中是非常重要的。

当设计一个报告系统时,应考虑 HTML 技术。HTML 的本质特点是处理不同类型数据(如文本、图片和图表)的能力和通过使用一个简单浏览器以统一的版式把数据显示出来的能力。

3. 工作计划

当制定一项工作计划时,任务之间的界线就要被划定。这种界线,有的能被规划,有的不能被规划。预测为频谱管理机构所做的频率占用测量的数量和所需时间,通常是可能的;但准确预测收到干扰报告的数量和消除干扰所需的时间,则是不可能的。

制定计划要以前一年的工作计划为基础,考虑到能注意到的任务上的增加或减少。为了能接受这些变化,有必要尽早与请求实施这种任务的机构进行磋商是。管理框架中对电信产生影响的变化也需要被考虑进去。

为了起草工作计划,所有个别的任务需要被记录在数据库中以便进行任务所需时间量的统计分析。工作计划在任何情况下必须留下空间来适应不可预见的要求,因而也许需要在年中进行修改。

工作计划构成了资源规划的基础,而资源规划则构成了另一个涉及功能性内部关系的复杂任务。与前一年工作计划所做的比较，能显示出在人员、训练、车辆和测量设备上的需求的增加或减小。

采用新模型的测量自动化和单一设备内若干功能的整合，可以导致所需员工在数量上的减少和监测车的小型化。但是，我们要记住，这些进步也需要另外的训练，以便提高操作人员和维护人员的素质。

在这样短的时间内出现的电信和测量技术要求的变化，使事情更加复杂。在中期预算规划(3 年至 5 年)中，无法把这些变化充分考虑进去。

根据经验，下列建议看上去与此有关：当更新设备时，必须特别注意那些不再保有备用零部件的设备中的项目。停止使用的任何设备都应采用人工方法从监测站拆除，以避免因为维护和旧件储存量而发生额外的费用支出。

2.1.7　监测设备的遥控

现代频谱监测系统可以包括一定数量的有人值守或无人值守的固定和移动监测站。与网络连接的监测站的自动化和远程控制，显著地改善了整个系统的效率，例如，实现了不同操作员之间和先进的功能之间的共享(像对发射机的自动定位)。监测车中的监测设备可以由操作员在固定控制中心和有人值守的监测站进行控制。设备遥控也可在监测车上进行，来实现前排助手座上的乘员进入安装在后排的设备系统。

在这部分内容中，提供了监测自动化的限制条件和监测自动化在实际中达到目标的一个范例。这部分内容是关于通信体系结构说明。

1. 远程操作方式和信息交换

远程监测站应能够在各种困难方式下运行。

网上在线控制的监测站，能使操作员用一种类似的方法操作远距离的监测站，就好像它是一种本地设备。这会涉及监测为了设备控制而进行的音频信号和数据交换。为建立监测站和操作员之间的连接，可能需要几秒钟(最多不超过一分钟)，但是，随后，操作员应对监测站实施连续的实时控制。

这种模式尤其适合对干扰问题的调查和对未经核准的频率使用者的识别。

虽然使用商业通用的远程操作台软件对远程维护任务可能是有益的，但是在总体上，它不是一个好的远程操作工具替代模式。因为，与可以适当运行的专门的服务器——客户端结构相比较，它有较高的通信带宽要求。

在批量或预定模式下，在装载一套在特定时间内将要实施的自动测量的参数和稍后重现(文件传输)结果，是可行的。批量和预定模式不需要永久链接，但是在任务开始时和结束时需要数据传输能力。

这种模式特别适合诸如频率占用测量之类的任务。但是，根据各种因素，如测量的持续时间、将要传输大量的数据，因此，在数据传输之前，可以运用预先处理和其他数据缩减的方法。

因为安排好日程的任务会占用一个监测站很长时间，系统允许为了执行更高优先级的任务而中断或重启批量或预定过程，如交互测向等等。

2. 网络结构和通信路线

在网络结构的选择取决于关于设置、接入时间(在切换网络的情况下)、数据率、时延、链接可用性和链接质量的几个要求。将要传输的数据的特性(可以是数字的或模拟的)也是重要的。就像调制解调器经常对模拟数据(如音频)进行数字化一样，几乎所有的数据传输都将是数字的。

网络结构的设计必须考虑两种网络级别。第一级别是在本地基础上各种设备，如接收机和分析仪，在计算机上的互联(直接与设备连接，或通过被称为 LAN 的本地网络连接)。

第二级别是广域网络，它能为了在本地使用，使遥远地方的网络运行和移动监测站或 DF 监测站接入其他 DF 监测站。通过使用第二级别上的星状网络结构，所有监测站与控制中心形成一种直接链接。这种链接能在数据传输中改善呼叫的设置和等待时间。

(1) 本地基础上的设备互连

几乎所有现代监测设备(如接收机和测向仪)可以通过一些种类的接口与个人计算机连接。

以前所用的 RS-232 接口用于一些设备与个人计算机的直接连接。它只能提供有限的数据率(最高达 115 kbit/s)。而且，大多数个人计算机和笔记本计算机不支持这种接口，因此，不主张用这种接口作为远程控制监测设备的手段。

IEEE488(通常被称为 GPIB 或者 IEC 总线)是一种在老一些的监测设备上经常使用的设备连接标准。它允许最多 15 套设备的连接和最长为 5 m 的电缆线上传输 1 Mbit/s 至 8 Mbit/s 范围内的数据率。但是，计算机需要专门的硬件接口来实现这种连接。

USB 是所有现代个人计算机和便携式计算机执行的本地连接标准，它提供最高 240 Mbit/s 的数据率(USB 2.0)。但是，这种接口并不是为了远程控制而经常在监测设备上使用的。

提供给所有个人计算机的和被监测设备生产商广泛采用的最常见的接口，是 Ethernet/LAN。取决于网络结构和所用电缆(同轴电缆、绞合线对、光缆)，可以实现从 10 Mbit/s 至 1 000 mbit/s 的数据率。

(2) 长距离电信网络

通过固定电信网络或通过无线电(地面的或卫星的)，可以实现广域网接入。实

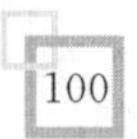

际解决方案将取决于技术要求和特定系统的完备性及成本。

● **固定通信网络**

对于固定监测站、可搬移监测站和在特殊情况下的移动监测站（如果在准固定状态下操作），固定电信网络是适宜的。

◇ **模拟公众交换电话系统**

公众交换电话系统网络（PSTN）的特征，是若干秒钟的电话接通时间。这可以成为监测控制的一个因素。基本设备（调谐、设定参数、上传和下载监测设置等）可以达到足够快的速度。

◇ **模拟租用线路**

模拟租用线路是永久链接。除了无效呼叫处理时间，它具有和 PSTN 类似的特性。成本由距离来决定，相对较低。

◇ **数字租用线路**

数字租用线路是数字化的点到点的链接。它一般在 56 kbit/s 以上的速度使用。这种链接在有些地区和有些国家是不能使用的。数字租用线路可以提供大容量、低时延和高可靠性。成本取决于数据率和距离，通常相对高一些。

◇ **综合业务数字网**

综合业务数字网（ISDN）是一种数字化电话交换网络，能提供具有 64 kbit/s 数据率的 2 个 B 信道和具有 16 kbit/s 数据率的 1 个 D 信道。B 信道的成本通常是取决于使用持续时间和距离。呼叫处理时间一般少于 1 s。

◇ **X25 公众分组网络**

X25 公众分组网络能提供永久或半永久数据链接。其成本通常取决于容量，不取决于距离。它还非常适合零散的（不规则的）短消息。

◇ **帧中继网络**

这是一种分组网络业务，依靠数字化传输所固有的数据完整性来加快传输速度（最快至 2 Mbit/s）。它是为了避免 X25 网络中的时间延迟而被创建的。

◇ **XDSL（ADSL、VDSL）**

数字化用户线路技术（DSL、ASDL、VDSL）允许数字化数据被添加到已有的用于 PSTN 电路对绞上的铜对绞电缆。DSL 信号处理可以与 PSTN 线路板上的声音呼叫处理同时进行，增加了已有电缆的数据承载能力。

◇ **ATM（异步传输方式）网络**

ATM 技术能在相关时限内用很高的速度（25 Mbit/s 至 2.4 Gbit/s）来处理包括声音和视频数据在内的多媒体信息。它同样适用于 LAN 和 WAN，因此，具有把跨 LAN 和 WAN 的机器连接起来的能力。LAN 和 WAN 也适用同样的端到端技术。

● **无线电通信网络**

无线电电信网络适合与安装在偏僻区域的可搬移监测站和偏远的固定监测站

进行连接。在这种区域,不能提供有线电信链接。它还适合把移动监测站与网络连接起来。

◇ **2G 公众移动无线电链路**

建立在 2G 标准(如 GSM IS-95)上的无线电网络已广泛得到使用。它们能容易地用 9.6 kbit/s 的标准数据率提供连接,充分拥有在线控制的简单设备(没有屏幕图像和大容量文件传输)。2.5G 公众无线电标准(如 GPRS 和 EDGE)能提供改善后的数据率最高至 473 kbit/s。

◇ **3G 公众移动无线电链路**

建立在 3G 或 3.5G 标准上的无线电网络(这是 ITU-R IMT-2000 所要求采用的),例如,UMTS 和 CDMA,像高速分组网接入(HSDPA 或 HSUPA)这样的扩展,能使数据率最高达到 14.4 Mbit/s。

◇ **3.9G 和 4G 公众移动无线电链路**

数字化无线通信网络的最新发展,是为提供最高可能性的数据率 20 Mbit/s 而设计的。这种数据率能提供监测设备的动态控制(包括 I/Q 数据、视频、音频和大容量文件传输)。有关技术的范例,可参考 WiMAX 和 LTE。

◇ **WLAN(IEEE 802.11)**

这种专用无线数据通信标准,使用非常廉价的商用设备,能提供 Mbit/s 的几个 10 s 的数据率。可传输距离被限制在视距之内。就像这些链路通常工作在 ISM 频段一样,可靠性很低,因为可能会出现来自共用信道频率使用者的干扰。

在监测站内或靠近监测站进行发射的所有无线电电信网络,都可能干扰有源监测天线、接收机、测向系统和监测站的其他监测设备。应认真考虑用于监测的无线技术,以确保它们不对监测工作产生负面影响。

● **卫星网络**

甚小孔径终端(VSAT)可以给特别大的区域提供数据传输,而不需要使用地面通信设施。VAST 非常适合在数据率 64 kbit/s 至 2 Mbit/s 的公众电信网络不发达的地方,对面积较大国家中散布的监测站进行链接。VSAT 网络的一个特性,是网络时延相对较长(大约 600 ms 或更多)。

3. 数据流和实现之可能性

频谱监测单元之间的数据传输,可以具备下列特性:

— 从监测站到控制中心,重要的信息(例如方位和场强水平)能够用像 9 kbit/s 的数据率来进行传输。对于视频、音频、谱图形显示、I/Q 谱、远程控制台接入和大容量文件传输,则需要额外的传输性能。

— 从控制中心到监测站,有必要传输监测任务的分配内容、对同步测向仪的指令、对控制中心数据库和业务信息所做的请求的答复。

— 在控制中心之间,可以交换来自本地数据库的数据和业务信息,而且将产生大约 10 至 150 kbit/s 的数据率。这种估算,没有考虑控制中心的其他网络需要(如互联网接入或电子邮件)。

上述列表阐明,所需要的数据率、监测单元之间的流量经常是不均匀的。从监测站传输到控制中心的数据,经常在通信线路的带宽上设置最高的要求。

对于离线传输测量任务和结果,时间并不急迫。在这种情况下,可以使用任何可用的数据率。应指出,监测结果的文件在尺寸上可以是很多兆字节,而很慢的数据路线可能导致不可接受的传输时间。

4. 协议和软件建议

如以上所见,在用的电信网络种类繁多,并能有灵活的配置。所以,特定电信网络的选择可以建立在实际情况的基础上。通过使用 TCP/IP 协议,操作通常是完全透明的,而通信链接的处理和控制,是通过现代通信设备(路由器)来实现的,因此,允许终端或测量设备集中到其他处理程序上。

虽然不同网络系统和协议可以用于局域网中,但为了在操作中更方便地进行网络管理,建议在网络的所有单元都使用相同的操作系统。

不同的制造商已为它们的监测设备开发了不同种类的软件。但是,开发一种总体性的(整合过的)软件来适合大多数远程控制的监测设备(如果不是全部监测设备),是有帮助作用的。那么操作员只需面对一个熟悉的用户接口去有效地控制各种设备。

如果很多操作员接入监测网络,为了避免操作上的冲突,多级别接入的控制方案是有帮助作用的。

5. 系统安全和接入方法

对计算机黑客和数据损坏风险来说,联网的计算机频谱监测系统是脆弱的。通过远距离计算机网络,攻击能够进入计算机或控制台,也可进入正通过通信链路发送数据的简单的被动监测过程。这种攻击能损害数据的完整性和保密性,或者使系统运行中断。因为需要时间来寻找和修复系统中损坏的数据,在受攻击之后来对系统采取安全措施,会产生额外的成本。

适于应对潜在损失的某一级别的标准计算机安全技术,可以把攻击威胁最小化:

— 在一个锁定范围内保护计算机和网络设备(物理安全);

— 使用接入控制技术(例如密码、多级别优先等)来限制使用者对系统功能的接入(软件安全);

— 像制造商所建议的那样,发挥日常的系统维护功能,例如备份、安全检查等(软件安全);

— 可以对发送到电信网络的信息进行编码,但不幸的是,这种解决方案会降低

处理的速度(软件安全);
— 使用能安全防范外部攻击的通信链路和路由器(软件安全);
— 如果可以使用公众网络技术,建立一种真正意义上的专用网络(VPN)。VPN能在另外的协议层封装用户数据,并限制进入已知的系统组件。如今很多的调制解调器和路由器支持这一技术。

2.2 无线电监测设施

2.2.1 无线电监测站

本文将重点介绍下列三种监测站类型:
— 固定监测站;
— 移动监测站;
— 可搬移监测站。

1. 固定监测站

固定监测站是一个监测系统的中心要素。在其覆盖区域中,固定监测站能让所有测量活动得以实施,而没有任何限制,例如不充分的工作空间、架设的天线不合适和有限的供电。

有两种方法来决定固定监测站的选址。它既可以建在人工噪音干扰最少但是预计有发射存在的地方,也可以建在发射(包括低功率发射)能够被接收到的人口高度密集地区。第一种方法特别适合HF监测站,因为这种监测站对干扰很敏感,而传播条件允许他们从远距离的发射机现场进行定位。对VHF/UHF监测站来说,可以采用第二种选择,因为传播条件不允许从远距离的发射机定位这种台站。但是,必须特别小心,不能用强信号(如广播发射机)使接收器过载,不能产生互调。有必要在实践中从各种要求之间找到一种妥协。

关于固定的人工监测站的主要缺点,事实是这样的。它们是固定的,而且由于经济原因,不能设立足够的数量。因此,与根据监测目的而装备测量接收机或测向仪的遥控监测站相比较,这种监测站的优点经常被显现出来。先进的设备不仅允许一个远程的操作者操作监测站,还允许自动开展测量项目。当某一限制被突破时,它能随后把结果传送给人工监测站或发出警报。

远距离固定监测站,或者有一个能允许暂时在本地操作的容纳空间,或者没有这个空间而只允许进行遥控操作。

而且,在有些情况下对主管部门来说,找到适当地址去安装固定台站是困难的。

而允许最低限度基础工程的解决方案是必要的。

例如，在私人建筑物顶部设立固定监测站时，采用简单的设施、很少的基础工程和最小的扰民度的解决方案，可以符合主管部门的要求。

这种固定监测站具有下列主要特性：

— 远程控制；

— 天线杆旁边既不能有建筑物，也不能有大型遮蔽棚；

— 低整个固定站的耗电。

2. 移动监测站

在发射机的低功率、天线的高指向性和特殊传播特性允许移动监测站实施固定监测站所承担的测量时，移动监测站具有进行所有这些监测操作的功能。

本文内容，只解决采取移动方式的监测任务的特殊问题。

根据目的、规模、操作条件的不同，各种移动监测站在设计上有很大不同。设备的复杂性及其适当操作，加之重量问题和电力消耗，有必要特别装备一种能快速行驶的监测车。在有些情况下，移动监测团队必须带有便携设备，在没有条件让监测车进入的地点进行专项监测。

(1) 导航和定位系统

与固定监测站相比，所有的移动监测站应装备一个定位/导航系统，以便确定在任何时间和任何地点都能确定它们的准确位置。这将能保证可以识别测试系统的位置，记录数据。而且，如果移动监测站装备了定向天线或测向仪，也有必要掌握监测车的方位。

根据测量目标和正在被测量的系统类型，定位信息所需的准确性是不同的。例如，100 m 内的准确性，对于划定电视或无线电广播台站的覆盖等值线，是必要的。在对“微蜂窝系统”的信号覆盖和信号质量进行绘图时，将要求在几米之内的准确性。

如 GPS 和 GLONASS 之类的导航系统，不要求与操作者之间的交互，可以用于车辆、轮船和航空器。但是，应考虑到这样的事实，这些系统依赖卫星的视界，因此不能探测车辆在隧道里的位置。

为克服卫星导航信号的损耗，这些系统以商业模式存在。它们使用连接在监测车上的旋转罗盘和变换器，来获得监测车的位置。各种系统的整合，也许是适当的。

车载的所有定位系统，应装备一个通信接口，以便定位数据可以和测量数据一起在处理控制器中被记录下来。如和坐标、时间等数据结合在一起的场强值。

(2) 监测车

● ***总体考虑***

选择一种监测车之前，应确定这种监测车将用于什么功能以及在什么情况下使用。

对于所有类型的测量任务来说，通用监测车的优点是可以在不同的功能下使用。但是，经常会有不能使用通用监测车的特殊测量。监测车如有充足的空间，固定在架子上的测量设备就能比较容易地与被指派任务的要求相适应。通用监测车的主要缺点是它要较大的尺寸来容纳所有必需的仪器和天线。这使得监测车需要在城市和野外灵活驾驶时遇到困难。

专项监测车提供的好处是其装备的仪器能完美地适应所执行的测量任务，以及尺寸通常比其他车辆小。但是，就像它们仅能用于特殊功能一样，它们经常懒洋洋地停在车库里。

如果一种监测车在过去几天里执行任务，就要考虑人员将在哪里睡觉和盥洗。在没有旅馆房间可住的情况下，这种监测车必须要符合另外的附加要求。这将明显影响它的尺寸和价格。

一辆监测车的团队通常包括两个人：一个操作员和一个可能仅有无线电工程初级知识的驾驶员或助理。如果监测车上只有一个人，这个人将必须驾驶车辆而同时要操作测量设备，所以，出于安全原因，应避免一个人同时履行这两种职责。而且，配备第二个人作为证人，已被证明是有意义的。监测车配备三个人的情况也可以出现，例如，当一个新同事在接受培训时。但是，这不会产生额外的空间要求，因为，大多数监测车至少有3个座位。

● **移动监测站的天线**

关于监测天线及其特性，本部分内容仅描述其不足之处和附属装置。在描述这种附属装置时，考虑了移动监测站天线的专属特性。

根据频率和所执行测量的特点，移动监测车上使用的天线类型将有所变化。它们还必须与交通条件和安装要求相适应。

移动监测站天线的不足之处涉及尺寸和数量。由于空间不足，这是不可避免的，天线必须要小，除非在有些情况下可以使用在监测车停放地点附近地面上安装的可折叠天线。

在测量期间。必须考虑到监测车本身对天线的技术特性有一种扭曲性影响。一种“干净”(未经调整)的天线方向图，只能从离监测车足够远的距离上获得，或当天线杆被延伸后在车顶以上的足够高度上获得。这个问题还涉及极化。

全向天线可用于而且特别适合于频谱总体扫描。定向天线可用于改善指向性、信噪比或提高增益，因此可减少在场强测量中的干扰，还可改善测向活动。

定向和测向天线的种类很广，可用于从HF至GHz的符合移动监测站要求的频率范围。

因为1 GHz以上频率的天线上有一个小孔径(根据频率情况，它大约低至仅有1°)，也许需要为测量车辆提供液压支撑，除非使用一个单独的三脚台。

由于具有不同的频率范围，能够对方向进行粗略探测的定向天线，必须与在用

的特殊定向天线区分开来。

但是,定向天线必须被安装得容易从监测车内部向接收方向旋转,可以通过手动旋转,也可通过电机旋转。操作者必须能很容易地确认天线的方向。在自动测量中,必须具备位置信息以进行远程控制。建议使用可以由进程控制器控制的旋转器。

旋转天线的一种方法,是旋转它的整体机构(天线杆或天线塔)。一种更有用的替代解决方案,是在天线塔的上部组件上放置一个旋转装置。对于极化的遥控,用这种方法也是可行的。

为改善敏感性,减少监测车对测量的影响,把天线提升到车顶以上的一个特定高度以及把天线提升到妨碍电波传播的障碍物以上,应是可行的。这种方法特别适用于 VHF/UHF 的接收天线。这种天线能够被提升的高度至少应有 8 m。

出于这个目的,可以使用特殊的套管式伸缩天线杆(包括一系列紧密连接的钢管),由气动或液压系统驱动向上。其他广泛使用的解决方案,是使用一种人工或电机驱动的线绳系统。当选择系统时,必须把天线重量和将要使用的测量方法(长期使用加长天线杆的固定地点测量,或点到点的测量和反复加长天线杆)一起考虑。固定到监测车的天线支撑部件(天线杆)的机械结构,由于其必须承担的重压而发挥了重要作用。

从监测车内部看,瞬时天线高度必须是清晰的。为简化依赖高度的场强测量,建议使用由进程控制器来操纵天线杆,同时考虑处理控制器目前正在使用的瞬时天线高度。

当升起这种高度的天线杆时,必须采取适当的预防措施,还必须确定被固定天线重量和风力的容差。这些因素可能导致天线支撑部分的危险摆动,从而威胁其稳定性。当升起天线杆时,应采取谨慎态度去确认附近上空没有电线。

除了在开放地面上使用的能够拆卸的天线,移动监测单元的天线要正常地固定在监测车的顶部。因此,通过小型外挂梯子或最好通过监测车内部的活动天窗,必须很容易进入车顶。这种活动天窗,通过内部梯子可以轻松地攀爬进去。

为使天线易于互换,明智之举是采取一些标准固定系统,例如,卡口类型,可用于所有监测站的天线。天线还必须有适合的连接器,来连接其引下线。

可弯曲电缆的单一长度可以被使用。这种电缆与天线杆平行垂下来,当天线杆被降低时,电缆被缠绕在线轴里面。

为避免实施场强测量时的复杂化,有必要选择一种具有正确的阻抗特性同时属于低损耗类型的电缆。在各种频率上平均长度电缆的衰减必须是明确的和被允许。

关于移动监测的干扰考虑:

在实施移动监测中,必须要考虑无线电频率环境,特别是像广播发射机那样的强信号会出现的 RF 环境。强信号能在监测或测量系统中产生互调失真,使得这种环境下难以获得准确的信号。这一点对监测车内安装的无线电测向设备尤为重要。因为,那些设备通常使用内置放大器和有源天线。这种天线对由于强信号而在自身内部产生的互调更为敏感。

在RF环境里，使用无源（无放大）天线的系统通常没有问题。但是，使用低噪声放大器或有源（放大）天线的监测系统，对互调要敏感很多。在这种情况下，有两种方法可以单独或一起使用，来保证系统不受强信号的影响

◇ **双模天线**

双模天线可从有源（放大）模式切换到无源（未放大）模式。它可以作为一个有源天线正常运行，也可以在强信号出现的情况下切换到无源模式，所以，它的运行是不会受到破坏的。

◇ **插入带阻滤波器**

在强信号出现的频段安装带阻滤波器是另一个可行的解决方案。把带阻滤波器安装在信号分配系统中的第一个信号前置放大器的前部，能预防强信号对该系统的影响。当然，当带阻滤波器使用时，被过滤器所阻挡的相应频段是不能被测量的。另外，必须考虑滤波器对增益、信号组迟延的任何影响，或可能对监测或测向系统的其他滤波器特性的影响。

● **监测车必须符合的要求**

移动监测车对车辆的选择受各种因素影响。每个购买机构将根据它们自己的需要决定什么因素应优先考虑。但是，作为一个底线，在确定监测车之前应予以考虑下列因素。

移动监测站可以从各种商业车辆发展而来。一辆具有标准的驾驶和训练部件的工作车辆，将提供最低的生活循环成本。备用零部件的保有，应成为监测车特性的一部分。从已经把本地业务所需设备在车辆上放置好的制造商手里获得车辆，是有益的。准备在未铺装的路面上或野外行驶的车辆，将需要四轮驱动系统和足够的离地空间。

对驾驶员和操作员来说，必须有足够的腿部空间。在运动中实施测量期间，操作员应面向前方坐着。在任何情况下，监测车都必须装载保证测量顺利进行所需的物品。设备的安放必须符合方便性要求，使人员可以在最小的移动状态下实施测量。运行中的设备必须靠近手。较大的监测车体积，应允许操作员在车内直立。

以一种大客车类型的结构为例，在驾驶员舱位和操作员的工作空间之间没有隔板。应优先考虑采用这种监测车的结构，以便在车辆运动中必须经常和操作员一起近距离工作的驾驶员能直接接触操作员的工作空间。这种结构也给了操作员在前进方向上的视界，同时给了驾驶员不用从车里出来就能去实验室的可能性。

监测车操作区域的窗户，应能够给操作员提供自然采光，并给车组人员提供360°视界。但是，应安装窗帘或挡板，这样，当频谱分析仪、计算机显示器或电视机之类的屏幕显示受到外面光线的影响时，可以把外面的光线隔绝在外。

应特别关注安全的重要性。每个座位应装备安全带。设备应确保安全固定，以

便在监测车行驶中或发生轻微碰撞时，设备不会向上跳起和导致人员受伤。如果操作员的一个座位在车辆后部，把那个座位锁住，应是可行的。大型监测车的顶部，应匹配安装一种折叠的安全围栏来防止人员跌落。

监测车内部应装备固定装置，来保证电子设备的安全，提供对震动与摇摆的保护。设备必须固定在标准的 19 英寸的机架上，或用特殊的轨道和适当形状的紧固器来固定。后者可获得更灵活的效果。无论采用哪一种固定技术，设备在修理时应易于拆卸。电力和信号线应在最佳程度上妥善地布置在设备后面，来减少工作区域的杂乱，并保证操作员的安全。应研究和规划设备布局，以便被操作员最频繁使用的控制器和显示器放在最方便的位置。

无论设计如何，监测车的车体必须有充分的热绝缘装置，以保证内部设备的适宜条件和人员的舒适。好的热绝缘装置还将发挥典型的隔音作用。正常的车辆取暖器和空调要满足驾驶员对舒适的要求。但是，较大的车体空间应用于安装设备和机组人员的隔舱。使用电、丙烷、汽油的取暖器，能提供额外的热能。如果有必要，监测车本身和附属乘员舱的空调，可以通过外部电缆或由车载发电机输入，由监测车的电力系统提供电源。

监测车应装备充足的内部照明装置，以便操作员的工作可以不受视界的限制。低压荧光灯可以由监测车的电力系统提供电源。白炽灯或荧光灯可由车载发电机或外部电缆(在具备的情况下)提供电源。

在车辆选择中，监测车重量是最重要的因素。小客车具有较高的可加速能力，能够通过狭窄的街道，在对卡车来说太狭窄的广场和街道上也可使用。监测车对人员、设备和另外电力供应系统的最大装载能力(大约 500 kg)和它较小的内部空间，极大地限制了它在用途上的可能性。但是，这种类型的监测车，已经成功地用于搜寻移动干扰源或非法发射机。测向仪天线可以伪装成行李，而较低敏感度的天线甚至可以完全与车顶结合在一起，这样就不会被辨别出来。

装载能力超过 1 000 kg、总质量 2800 kg 的监测车，按照很多国家的公路交通法规，仍被认为是客车。这种监测车能提供更多的灵活性。它很容易被用作普遍使用的监测车，配备测量设备、套杆天线、测向仪。其车辆后部可以为额外的天线和可拆卸的发电机提供装载空间。内部可以组合成一个完美的移动测量站。它经常满足于有一个不常见的车辆款式。在这种款式之下，仪器可以互换。但是，电力供应、计算机接入、定位系统、测量天线及其可移动的支撑设备、适当的通信手段必须在这两种情况下都能得到保证。

大型卡车将被用于长期的准固定测量(这种测量需要一个强大的内部发电设备)。对人员来说，在这种监测车里直立起来或在里面睡觉是可能的。在使用具有很小孔径的碟式天线的情况下，这种天线需要一个坚固而平坦的平台，因此需要用卡车。在这种情况下，卡车还应具备液压支撑。

即使在满载的条件下，监测车在平坦公路上也应能达到每小时 80 英里(约 129 千米)

的速度，以避免成为阻碍交通的一个障碍物。这需要充足的发动机功率。如果制造商提供一种强化的车辆离合器，应予以采用，以免这种部件因为经常重载而过早发生故障。

● **电力供应**

移动监测站设备具备各种电源。装备精良的移动监测站将使用至少两种电源，以保持冗余。

现代设备的电力消耗模式，已经显著缓解了移动部件的电力问题。例如，下面所引用的分类中，下列标准电力消耗数字是关于在用商业设备的。这种设备可以作为单独的部分来使用，也可以作为包括若干项目的集成系统，和通常比每一部分的用电功率总数要低的复合电源一起来使用。包括无线电频率分配、接收机和处理器在内的信号处理系统，也许只需要像 200 W 那么低的电源。

功率消耗(W)：

频谱分析仪：150；

示波器：120；

信号发生器：150；

测向仪：250；

高频接收机：80；

VHF/UHF 接收机：100；

配备彩色显示器的工业用途个人计算机：200。

电子设备已变得越来越轻和越来越小巧。紧凑尺寸和电源特性，允许把很大的电能储存在移动部件中。这种移动部件能自己发电。但是，在很多情况下，必须从监测车上对设备进行远程操作。这种设备必须可以用电池供应电源。有一个现代的测试，几乎所有种类的通信设备(分析仪、示波器、接收机、信号发生器、测向仪、计算机等等)，都可以用电池来供应电源。多数这样的设备也可以在一个移动部件的内部用 AC 电源进行操作。

具有至少 2 kVA 的汽油驱动的袖珍发电机设备，能轻易地装配在厢式货运车的后部舱间内。一些电子新闻采访厢式客车内，就装载两个这样的发电机。因此，在移动部件的设备选用上，电能消耗应不再是重要因素。

◇ **电池或蓄电池**

来自电池或充电电池的电能供应，是在偏远地区使用便携设备的唯一解决方案。这些地区是车辆所不能进入的。这种情况经常发生在场强测量时。

◇ **与车辆发动机结合在一起的交流发电机—逆变器**

由于测量设备上装备的多数电子设备都设计为能接受市电的 115 V/60 Hz 或 220～230 V/50 Hz 的 AC 电流的直接供应，监测车必须装备一台能够提供充分电力供应和具备这些技术特性的发电机。

一种解决方案是使用监测车的电池提供的逆变器。如果需要保证必要的操作独立性，一种更高电能的辅助电池也可使用。但是，这会带来维护和定期充电的额外麻烦。

高效、运行可靠、安静、频率与电压高稳定性，以及没有因使用全部固态元素的现代逆变器系统所造成的电子干扰，都表明这是能在至少500 VA限值情况下使用的最适合的设备。

为了更高的输出，电池在尺寸上和重量上需要保证与市电电源不同的必要独立性。而不可避免的维护困难，降低了它们作为移动监测站电源的可利用性。

◇ **发电设备**

移动监测站通常需要500 VA以上的电源。不仅电子设备需要电流，辅助设备也需要，如小型电机、风扇、照明，更不用说散热器和空调机了。中等规模移动监测站的连接负载限值，可以轻易达到，甚至在一些情况下超过2.5 kVA。在独立操作中，这种负载也许需要维持很多小时，有时甚至是几天。在这些条件下，最方便的解决方案是由内置内燃机所驱动的发动机。

由其运行特性和重量分布问题所决定，所有低功率汽油发动机的共同缺点是：噪音、容易摇摆、有时容易突然熄火。而且，如果不装配足够的抑制器，点火系统容易产生电子干扰。

发电机设备在监测车上的安装，需要特别注意去预防它的噪音传到乘员舱，变成对操作员的一种干扰而降低测量的准确性。通常情况下，它安装在主体结构旁边的一个被完全隔音的隔间内，并由一个弹性的暂停系统予以保护。出于检查、维护、开机的目的，从外面进入设备，要掀起垂帘。垂帘必须非常细心地安装，以避免噪音泄漏。

当准备间断性使用发电机设备时，例如，在某个时段内使用空调机、在一个较长的系列测量期间内给电池充电或者应对暂时的用电高峰时段，建议不要在监测车上安装发电机设备而是要利用便携式发电设备。如果有必要，便携式发电设备可以放在离监测车一定距离的地方，用一根电缆连接，使其运转不会产生严重的扰流。

◇ **市电供应**

即便在移动监测站可以装备一个独立电源的情况下，它最后还是尽可能利用市电直接供电的好处。这样做是为了保证辅助照明和空调处于一个良好的工作状态，当然也是为了用相应的充电设备对业务电池和内置仪器电池进行充电。

很明显，与市电的连接，经常代替监测车本身装载的发电机，因为两种电源不能同时使用。监测车的电子设备有必要设计成这样一种模式，让它在机械构造上不可能立即与这两种供电系统同时相连接。

应有一种独立的车载变压器，来避免监测车和测量设备不方便接地。所有市电插座，应包括一种用于所需最大电流的自动切换装置。

● **监测车概念的范例**

在界定监测车概念时，应考虑以上因素、任务量和用地数量。现有财政资源在总体上需要与概念的实现达成妥协。

虽然不同国家对监测车的要求不一样，移动监测站的监测车的几个范例，如下所述：

第一种类型：这类监测车是用来运送乘客、设备和天线的客车（或客货两用车）。用于DF和监测的天线阵，固定在一种不引人注目的车顶携物架上。携物架直接固定在车顶的行李架子上。这类监测站可以在运动中或静止状态下运行。测量结果储存在硬盘中或便携式计算机的闪存中，当测量阶段结束、车辆回到站里时，可以下载到固定监测站的数据库中。可以选择的是，通过通信连接手段，数据可以直接传输到中央站。在传统上，监测站可以在本地运行，但是它还可以由中央站进行远程控制。

还可以在车内配备打印机。几乎所有客车或客货两用车都可以被用作第一类型的监测车，特别是在这种车的车顶架是由汽车制造商来装备的情况下。因为它们看上去像普通客车，不引人注意，这种类型的移动监测站在搜索非法发射机时特别有用。

第二种类型：重载四驱车辆，可以用在第一种类型监测车和第三种类型监测车都不能行驶的困难道路情况下（沙漠区域、山区等等）。它们装载能够在运动或静止状态下进行监测和测向的设备。这些监测车装备了与车辆使用所面临的困难道路条件和设备隔间的小型化相匹配的套管式伸缩天线杆。一种经典的天线杆可以加长用于监测和DF的天线至地面以上大约6 m。操作员可以坐在监测车的乘客区域的任何位置，并能通过便携式计算机控制设备。在天线杆落下的情况下，这种类型的监测站可以在运动或静止中运行。在正常运行中，由固定在车辆发动机上的高电流交流发电机提供电源。环境控制由车载空调和供暖器来提供。总体来说，监测车内没有永久固定辅助发电机的足够空间。但是，这种类型的监测车可以装备一种固定在车辆后部特殊用途平台上的外部发电机。这种监测车是用于农村和山区运行的标准类型监测车。在那里，客车或大型厢式汽车是难以进入的。

第三种类型：该类型是重载厢式汽车。它们是准备环球使用的，因此装备了和第二种类型同样的监测和测向设备，包括可以升至地上大约10 m的天线杆。如果需要，一种备选天线杆可以添加上来用以升起额外的监测天线。当天线没有升起时，第三种类型监测车可以在运动状态下像归航台一样运行。另外，辅助发电机安装在监测车内部，能够被妥善保护，不受噪音和电磁干扰的影响。第三种类型监测车使用AC电源，或者由车载发电机来供电，或者在车辆停放时由市电来供电。这种监测车能轻松地在前部装载一个乘客，在后部装载2个或3个乘客。这种监测车是主要用于调查干扰的监测业务的标准监测车。它还能装载可运送的或便携的设备来实施监测，装载用于监测车外面的测向任务设备，运到一个车辆不能到达的区域。

当然，其他监测车类型也可以使用。这种范例包括装备车棚的卡车。车棚可以为更多的监测席位提供空间。

出于完美性的考虑，应在这里提及无线电检查业务的车辆。这种业务可以使用装备套杆天线而不是测向仪的第二种类型车辆。这种车辆主要用于调查对广播发射造成的干扰和检查无线电设施。出于这个原因，它们拥有特殊的电视广播天线，但是，它们也覆盖直至 3 GHz 的整个频率范围。这种车辆还具备用于检查无线电设施的便携式设备。

(3) 空中监测站

这种非陆地移动监测站的空中无线电监测站，可以使其在执行监测任务时同时具备优势和劣势。

● **空中监测站的操作**

对于飞行任务，应适当地安排时间表和很好地计划。这表明一些协调活动应根据下列总体指导原则来进行：

① 对飞行任务的要求(显示持续时间)

月度时间表或周时间表，可以仅在活动将要实施时再确定，而相关的任务时间要和飞行器及机组配备一起明确下来。在这里，“航空器”一词包括飞机、直升机、飞船等。

② 飞行活动协调

负责将要实施无线电监测的空域的航空主管部门，应和负责航空器及机组安排工作的部门一起，提前进行通知工作。事实上，监测业务所要求的飞行程序需要一些特殊的协调，特别在空中交通繁忙的空域。同样，在共同协调活动期间，地面固定的和移动的无线电监测站也应被考虑进去

③ 飞行前的工作

除了操作计划和飞行任务的准备工作(飞行计划、航空器检查、加油等等)外，应仔细检查从以前测量任务中获取的数据或通过其他渠道已具备的数据，以便选择飞行中将要使用的监测设备的功能和自动程序。

④ 操作程序

监测飞行任务表明了根据将要实施的活动所要采取的各种操作程序。在每次任务前，必须仔细地规划这种程序。

例如，在监测任务期间，航空器将必须以适当的速度和高度在事先确定的航路上飞行，例如绕圈飞行。

当速度影响测向测量的精度时，要根据任务所采用的高度，来决定要监测的区域。而且，就像对移动干扰无线电信号源的探测一样，有必要在低空和低速下用瞄准干扰源的方法来实施定位。

● **应用:范例**

在飞机、飞船、直升机上安装的移动监测系统,能很好地用于绘制水平方向和垂直方向的飞机上的天线塔辐射方式的图表。在一些情况下,使用一架配有干扰源定位设备的直升机或飞船,也许是必需的,因为这些干扰源无法通过地面监测设施(如地面站)或有线电视的泄漏来识别,也无法通过分析紧密放置的大功率 VHF 发射机所产生的现象和测量天线辐射图来识别。

在移动的地面设备被障碍物(如高耸的建筑物,它掩盖了信号源或产生一些反射)所困扰的大城市,有些情况下,具有适当装备的直升机或飞船能在定位或组织地面设备进行移动中提供高精度。

必须确保:

— 高度和距离(或适当的导航数据)可以被登记;

— 用可靠的方法来固定天线;

— 适当地安装测量仪器;

— 采集必需的数据;

— 在飞行中仪器有电力供应。

● **航空器操作要求**

考虑到将要进行的频谱监测活动和测量的总体需要,装有空中监测系统的航空器应符合下列要求:

— 具有全天候操作的飞行能力;

— 在低速和低空的操纵灵活性和良好的稳定性;

— 足够的装载能力以便容纳所有必需的设备和监测人员。

● **航空器技术要求**

装有空中监测系统的航空器的技术特性应符合下列原则:

— 自动驾驶设备应能允许通过预先计划好的程序进行监视操作;

— 机载的航空电子导航设备应能允许全部仪器在飞行中的操作;航空器位置和高度的独立瞬时计算系统应与监测处理设备互联;

— 满负荷条件下,飞行范围应有可能保持在观测区域运行至少 2 个小时,甚至可以考虑 6 000 英尺(1 800 m)以下的高度。

— 速度范围足够大以允许在低空快速通过和实施瞄准程序。

● **天　线**

在实际的空中应用中,对天线阵的考虑主导了在工程方面的努力和把 DF 系统与航空器结合在一起的成本。这些问题是由探测天线位置引发的。需要与天线位置兼容的因素包括:机身、把天线硬点设计在航空器里面来承担天线产生的机械载荷、天线对航空器飞行特性的影响、航空器的适航许可证和其他非主要问题(如天线的除冰要求）。因此，天线阵的简化使系统整合的复杂性显著减小。

a）无源的空中天线系统

使用无源天线阵的表现出色的空中 DF 系统，在尺寸与性能上已经和航空器结合在了一起。这些性能跨越了多任务使用的航空器的全部范围。VHF 天线的弯刀形状在没有增加航空器表面突出部分长度的情况下，增加了有效的天线长度。系统主要用近似垂直极化的信号工作。因此，通常选择单极天线或偶极天线。

b）有源的空中天线系统

与无源天线相比，有源天线在保持持续敏感性的同时，提供了特别宽泛的带宽和缩小的天线物理尺寸。随着新一代有源设备（主要是能在保持很高的电路动态范围同时，允许有源阻抗变换使用的场效晶体管）的发展，有源天线已变得很实用。

● **对空中监测系统的总体要求**

空中系统的建立必须很谨慎地设计和执行，以最大程度保证航空器的安全和可靠性。有必要提到，用于飞机上的设备必须既符合 ICAO，又符合国家有关法规。

可以直接影响飞行操作的一些参数是：

— 机载设备的重量和位置（要避免损害航空器飞行稳定性）；

— 航空器改变后的结构强度和硬度；

— 监测系统天线安装后的航空器空气动力；

— 热能和电力的平衡。

以上列出的参数表明为了改善系统可靠性和限制运行成本而需要进行的精确交叉检查的重要性。

另外，简化后的维护（积木式设计和机内测试系统）和为进行实验室检测与校准而对故障设备可能进行的拆除、更换，是航空学领域的正常过程。这种维护理念需要备用部件和设备子系统的充分保有量。

● **空中监测站的设立原则**

主要的监测站子系统应建立在以下原则的基础上：

① 自动的定位系统

航空器必须能确定自己的位置，以便在现有无线电支持范围以外没有任何特殊外部辅助导航系统的情况下，实施信号源定位。因此，它的导航系统必须能满足自身需要。

另外，通过把导航系统（惯性导航系统、卫星导航系统、多种距离测量设备）和无线电监测处理设备结合在一起，计算航空器名下的所有可能的无线电信号源位置，是可行的。但是，独立的位置与高度计算系统和监测处理设备之间的结合，是有优势的。

② 有效的人机交互界面

航空器的无线电监测操作在总体上涉及有限的任务时间和最少的机载人员。

因此,监测设备必须能运行程序化的和自动化的测量程序,还要能保留仅在非常特定的任务下的人工操作。

在任何情况下,数据显示都应实现快速解释,以便使监测人员在飞行中可以本能地察觉航空器的当前位置。

3. 可搬移监测站

可搬移监测站把固定监测站和移动监测站的一些特点和优势结合在了一起。它们可以拥有较大孔径的天线。这种天线在总体上可以用于固定监测站,并且与移动监测站相比,它们能提供更大的操作员工作区域。因此,它们可以通过监测业务的需要被部署在不同的地点。

可搬移监测站的设备安装在一种设备棚的内部,就像第 2.6.2.2 段所描述的那样。设备棚可以是小型的,只容纳那些可以遥控的设备;也可以是较大的,容纳一个或几个操作员所需的工作空间。可搬移监测站的 VHF/UHF 天线可以安装在一种可搬移的天线杆上,这样它们可以被升到地上几米的高度。

通过使用部署在邻近场地的可搬移天线,可搬移监测站可以具有 HF DF 的性能。这些天线能使可搬移系统提供高孔径,因此也能提供高度精确的 DF 结果。希望搬走这种可搬移监测站时,可以拆除这种天线。

可搬移监测站可以较长的时间安置在一个特定的地方(如地面上或建筑物顶部),然后根据监测业务的需要被运送到另一个地方。这样一个监测站不像移动监测站那样需要专门的车辆来运送。只有当希望把可搬移监测站从一个地方运到另一个地方时,才需要车辆或其他运输手段。

这种类型的监测站可以在本地操作,也可以由中央站遥控操作。通过通信连接,测量数据可以被直接传送到中央站。

附加的支持设备

为了在监测活动中提供更大的灵活性,多数监测站(特别是移动监测站)还可以装备便携式设备,如频谱分析仪、小尺寸的测量天线、便携式接收机和手持式定位天线。由于重量很轻,携带它们去往监测车不能进入的地方(如建筑物内部或屋顶)便成为可能。

对于探测干扰的精确位置或在现场用相关技术参数确认无线电设备的违规行为,这种仪器是必需的。

便携设备可以在市场上找到,和直接连接在接收机输入端的环形天线一起,用于 150 kHz 到 30 MHz 频率范围的场测量。其准确性优于±2 dB,而这种设备非常适合于检查是否符合《无线电规则》的监测目的。但是,对于场强很低的测量(如对来自发射机的杂散发射的测量)来说,它的灵敏性是不够的。在这些测量中,必须使用具有较高灵敏度的窄带设备。

工作在 20 MHz 至 3 GHz 之间或更高频率范围内的便携设备是可用的。这种便携设备可以装备小型全景显示器和小型宽带天线。这些设备能很好地用于便携式设备。但是，如果需要更灵敏、更准确的测量，使用高级、复杂的监测接收机或频谱分析仪是必不可少的。

2.2.2　监测和测量天线

接收天线的目的是从环境中提取信号，并将该信号传输到接收机的输入端，而同时使提取的噪声和干扰信号最小化。监测天线的具体特性在很大程度上是由每个特定应用决定的。在选择监测天线时，必须考虑到所需信号的性质，用于观察的参数，安装现场的特性和任何可能存在的干扰等因素。

为了获得最佳的接收结果，天线的偏振应与到达信号波阵面的偏振相对应，并应提供与接收机的输入电路的阻抗相匹配的传输线，以确保最大的传输功率。全向接收图已经被证明对于一般监测或无线电频谱确定是有用的。要观察共享频率上的一个特定信号，最好选用定向天线，它可使一个或多个干扰信号无效，或者使所需信号最大化。一种移动单元也是有用的，可通过靠近发射测量信号的天线来分离共享频率。对于某些类型的观察，如对电场强度的研究，所使用的天线的频率响应相关性能必须能准确预测，并不会随时间而变化。带校准天线的移动单元能够提供对给定区域的平均磁场强度的测量。由于没有哪种类型的天线能够具备有效接收所有类型的信号所需的所有属性，监测站一般会要求若干不同的天线。

1. 全向天线

全向天线适合于以下监测任务：

- 搜索未知的发射机；
- 频谱占用、波段或频率扫描；
- 在天线因子已知时的技术测量(磁场强度，带宽和频率测量)；
- 监测移动发射器；
- 移动或蜂窝式网络服务的识别和分析；
- 自动任务等。

(1) VLF/LF/MF/HF 频段

对于这些波长很长的频段，要天线的尺寸达到约为波长的 1/4，以获得最大的天线灵敏度，是不实际的。可以使用有源天线，但由于互调，它们的非线性较低。

- **固定台站**

固定无线电监测设备的尺寸和重量限制较少，因此可以采用更高性能的天线。固定监测站应建在远离城市的农村地区，有足够的土地面积以容纳所有需要的天线。

固定 VLF/LF/MF/HF 监测站对长距离信号分析和高功率发射机分析是非常

重要的，包括在边界附近或国土面积大的国家内的监测，测向和单站定位（SSL）（单站可以测量海拔角和方位角，并利用电离层信息来定位的发射机）。

在这些台站适用的全向天线包括：

■ 一个在短波频率范围（2 至 30 MHz）提供全向垂直极化接收的天线系统。该系统可包括一个如倒锥形宽带天线的大型天线，若干个频率重叠的锥形单极型天线，或有源天线；

■ 至少有一个全向有源天线系统，以同时提供垂直和水平极化或极化分集接收的可能性，覆盖 9 kHz 和 30 MHz 之间的频率范围，特别是存在空间和/或经济上的限制因素时；

■ 一个长范围、宽孔径的测向列阵，尺寸可以是 50 至 300 m，以提供方向位置。天线可以是全向或定向的。其他监测站可以提供额外的方位，发射器的位置可通过三角测量来确定（频率范围为从数个 100 kHz 至约 30 MHz）。

● **移动台站**

天线尺寸是 VLF/LF/MF/HF 移动监测站的主要限制。这种台站能够实现：

■ 在发射器附近移动时的测量结果。例如，当由于信噪比太低，固定监测站可能无法进行精确测量时，移动监测站可以靠近发射器以提高信噪比；

■ 一个额外的与固定监测站相关联的方位线（LoB），以提高定位准确度。

■ 尺寸在相当程度上限制了这种天线的选择：

■ 短单极（鞭状天线）；

■ 双极（中心馈电）；

■ 磁环；

■ 有源天线。

（2）VHF/UHF 频段

天线的尺寸在这些频段不太重要（除了在较低的 VHF 频段，天线尺寸对灵敏度有直接影响）。固定和移动天线具有类似的特性；主要的区别是天线的位置和将其放置于桅杆顶部的能力。

在这些频段中遇到的全向天线的类型包括电偶极子，锥形或双锥天线。也可以使用定向天线，如那些用于测向系统的天线。

● **固定台站**

固定监测站的主要优点是可以将天线提高到一个固定的高桅杆的顶部，以增加视线（LoS）来监测更远的发射机（比移动台站监测的更远）。在城市中使用这样的天线，要尽量减少因建筑物反射造成的多径。

全向天线适用于固定站附近的一般监测和大面积覆盖，特别是自动任务。在 VHF 频段的较低部分，要获得更好的灵敏度，还需要物理尺寸较大的全向天线。

如果固定站位于城区内或城区附近，可以使用一个垂直和一个水平极化的中等增益全向通用监测天线系统。通过使用要求频率范围内的交叉极化（垂直和水平的）旋转高增益天线系统，可以实现灵敏度的小改进。通常更为成本有效的做法是提高全向天线的高度，因为 VHF/UHF 是视线传输的。

● **移动台站**

在 VHF/UHF 频段，全向天线、锥形或双锥天线非常适合移动使用：

■ 体积小、重量轻，又具有良好的性能，意味着它们是很适合在车辆上安装使用的类型；

■ 可以在驾驶的过程中实现监测和 DF 归位的天线；

■ 重量轻使它们能被置于直立桅杆的顶部，从而提高了覆盖面积和低障碍物影响的最小化；

■ 可以与固定监测站进行合作监测。例如，当固定监测站截取到低信噪比信号，移动监测站通过向发射机附近移动，可以得到更好的结果；

■ 可以在无法部署固定监测站的地方进行监测。由于 UHF 频段更多是视线传输的，固定监测站的覆盖往往是不可能的。

■ 这些监测站适用于蜂窝网络监测：

■ 小尺寸蜂窝有利于使用移动监测站；

■ 接收到的信号电平不需要高灵敏度天线。

● **便携式/可搬移台站**

这种监测站具有与移动监测站相同的优点。便携式和可搬移的天线也可以用于以下任务：

■ 从建筑物顶部进行监测。移动监测站往往会受多径的干扰，便携式监测台站可以提供减少多径的影响的解决方案；

■ 从农村进行监测，将监测站放在较高的位置，或移动车辆无法到达的偏远点；

■ 从一个特定角度，或从建筑物（学校，医院）进行测量。

（3）SHF 频段

在 SHF 频段，一些全向天线的增益非常差，而传播损耗需要高增益天线；因此，在该频段中，监测天线通常是定向的；全向天线和固定天线需要在信号的主波束中才有用。

移动全向天线通常只适用于 SHF 频段的较低频率（例如，到约 6 GHz 的频率），在这个频段它们经常用于下列任务：

■ 通过发射器附近的监测，拦截、分析并测量微波链路的直接波束流；

■ 分析蜂窝网络。

2. 定向天线

定向天线可用于以下任务：

- 已知发射机测量，在信号方向获得更好的增益，然后改善低电平信号的监测，或获得更好的信噪比；
- 需要方向性的技术测量，以获得更好的测量通过提高信噪比和降低多径或干扰；
- 需要高增益天线的传播的 SHF 监测。
- SHF 天线的定向天线旋转器必须非常精确。天线的旋转需要时间来引导天线至信号的来波方向。因此，定向天线不适合快速扫描和测量占用率。

(1) VLF/LF/MF/HF 频段

这些频段需要大尺寸定向天线，只能适用于有大片安装区域的固定站点。

● 固定台站

这些频段的定向天线的一个主要目标是提高灵敏度或接收信噪比。主要用途是监测国际或国内信号。

适用于这些台站的定向天线包括：

- 短波频率范围内，在罗盘所有扇区提供高度定向性的垂直极化接收的天线系统。备选方案包括一个单一的带 6 个幛屏的对数周期星形幛屏阵，或双向端射环阵的辐射图；
- 短波频率范围内，在所有方位角上提供高定向的水平极化接收的天线系统。备选方案包括一个大型的可旋转的线串成水平极化的对数周期阵，该方案的缺点是需要高达 60 分或更大的旋转方位角，或 6 个水平幛屏阵列，以在 6 个 60°波束上提供了 360°的方位角覆盖；
- 一个宽频段，大孔径的测向阵列，尺寸为 50 至 300 m，以提供方向位置。天线可以是全向或定向。

(2) VHF/UHF 频段

定向天线可以通过降低噪声和干扰来改善技术测量，并为一般监测和测向任务提供更大的覆盖范围和信噪比。单个定向天线可安装在旋转器上，或可使用固定定向天线阵列来覆盖所有方向，如外向型圆布置的天线阵列。定向或全向部件的固定阵列适用于 VHF/UHF 测向系统。

● 固定台站

比起移动监测站，在固定监测站中，尺寸和重量在不太重要，定向天线是全向天线的很好补充。

● **移动台站**

移动监测站的定向天线与固定监测站相同的优点，但具有需要在移动环境中对旋转天线进行安装和维修的缺点。安装在桅杆上的全向天线可以升高来改善接收，是旋转天线的一个很好的替代方案。另外，在车辆上不需要更高的灵敏度，它可以通过移动来增加信噪比和改善接收。

(3) SHF 频段

由于这些频率上的传播损耗，定向天线非常适合 SHF 频带，因为它们具有高增益。它们的主要缺点是发射信号的方向性，这意味着测量必须在信号的主波束上进行。

● **固定台站**

固定监测站在监测 SHF 信号时只能执行特定任务。他们不适用于微波链路、卫星上行链路和蜂窝网络。固定监测站只在监测卫星下行链路时需要。在监测卫星信号下行链路时需要在固定监测站使用大型定向天线。这些天线直径可达 10 m，以提供高灵敏度。

● **移动、可搬移和便携式台站**

3 GHz 以上的测量通常需要移动操作以将天线部署到天线波束以内或附近。移动、可搬移和便携式监测站可以使用小型天线，直径可达 1 m。

其目标是：

■ 拦截和分析微波链路(直接路径或发射天线的旁瓣)；

■ 通过移动监测站靠近发射天线来分析卫星上行链路；

■ 利用天线方向性来对信号进行测向。在 SHF 频段，通过碟形天线测量可以给出准确结果。

这些频段上的移动监测站主要使用两种类型的天线，喇叭或碟形：

■ 喇叭形天线具有较低的增益，因此灵敏度较低。然而，喇叭形天线的方向性较差，可能不适用于未知信号；

■ 碟形天线的增益最佳，因而能提供更高的灵敏度。然而，这种天线的高方向性要求对发射机或信号源的方向有很好的了解，或实施自动扫描来定位信号源。总之，喇叭形天线适用于 SHF 频段的低频(<18 GHz)的一般监测。碟形天线只适用于高路径损耗的高频部分。

2.2.3 无线电测向和定位

1. 无线电测向

无线电测向是利用无线电测向设备确定正在工作的无线电发射台(辐射源)方位的过程。

(1) 前　言

无线电测向的物理基础是无线电波在均匀媒质中传播的匀速直线性及定向天线接收电波的方向性。无线电测向实质上是测量电磁波波阵面的法线方向相对于某一参考方向(通常规定为通过测量点的地球子午线正北方向)之间的夹角。能完成这一测量任务的无线电设备称为无线电测向机或无线电测向设备。无线电测向过程不辐射电磁波,就辐射源方面来说,它对测向活动既无法检测,也无法阻止。

被测辐射源的方向通常用方位角表示,它是通过观测点(测向站所在位置)的子午线正北方向与被测辐射源到观测点连线按顺时针所形成的夹角,方位角的角度范围为 0°～ 360°。

通常以测向天线所在位置作为观测参考点:在水平面 0°～360°范围内考察目标辐射源来波信号的方向,称为来波信号的水平方位角,通常用符号 θ 来表示。方位角描述的是目标辐射源准确的来波方向,是没有考虑误差的精确描述。

无线电测向在军事和公共社会两个领域都具有广泛的应用,用于军事无线电监测仅是在军事领域应用的一部分。无线电测向的应用总的可以归结为对未知位置的目标辐射源进行无源定位和根据已知位置的目标辐射源确定测向设备自身所在平台的位置这两个目的,实际应用主要有辐射源寻的、导航、交会定位等。

(2) 典型测向方法

● **测向分类**

原则上说,目标信号的来波方位信息不是寄载在定向天线接收信号的振幅在其相位上,从这个意义上来分,测向设备可以分为振幅法测向和相位法测向两大类。

振幅法测向是从定向天线接收信号的振幅上提取来波方位信息的测向方法,而相位法测向一般来说是从相邻天线元接收信号的相位差中提取来波方位信息的测向方法。

如果再进一步细分,振幅法测向还可以分为最小信号法测向、最大信号法测向、振幅比较法测向(Watson-Wau 法测向);相位法测向还可以分为干涉仪法测向、多普勒法测向、时差法测向等。

● **空间谱估计测向**

由于在射频上直接进行信号的数字化处理存在技术上的困难,各种常规体制的无线电测向设备都是将各天线元接收的信号先在射频前端以某种方式进行合成，然后将合成信号通过信道接收机变换后再进行数字化处理，由此导致各天线元信息无法得到充分的利用，进而使得测向设备的性能受到诸如阵元数、阵列尺寸、波束宽度、电磁信号环境及场地条件等方面的限制。随着现代军用无线电技术的高速发展，传统的无线电测向技术难以满足现代无线电监测对高精度、高分辨率和多参数的要求，这迫使人们去探求新的测向理论与技术。

1979 年，R. O. Schmidt 提出的以正交子空间投影为基础的 MUSIC(Multiple Signal Classification)算法为现代谱估计的研究树立了新的里程碑，它对测向理论与技术的新发展产生了深刻的影响，其典型代表是空间谱估计测向技术或高分辨率阵列信号处理技术，它实现了空间谱估计向现代超分辨测向技术的飞跃。

对于一般的远场信号而言，同一信号到达不同的阵元存在一个波程差，这个波程差导致了各接收阵元间的相位差，利用各阵元间的相位差可估计出信号源的方位角，这就是空间谱估计的基本原理。

空间谱估计是在空域滤波、时域谱估计的基础上发展起来的一种技术，是阵列信号处理中一个重要的研究方向，是频谱工程技术领域里非常重要的技术支撑之一。其优异的参数估计性能、广阔的应用前景极大地推动了该学科及其相关领域的发展。

最早的空间谱估计算法有波束形成法、Pisarenko 谐波分析法、Burg 最大熵法及 Capon 法等。20 世纪 70 年代末，出现了子空间处理类算法，为实现现代超分辨率测向奠定了基础。这类算法的一个共同特点就是通过对阵列接收数据的协方差矩阵进行数学分解，并确定出两个正交的空间即信号空间及噪声空间。根据处理空间的不同又可以将这类算法分为两种：以 MUSIC 为代表的噪声子空间类算法和以 ESPRIT 为代表的信号子空间类算法。20 世纪 80 年代后期出现了一类子空间拟合类算法，如最大似然算法、加权子空间拟合算法等，这类算法最大的优点就是在信噪比较大及采样数据少的情况下仍然有很好的处理性能，并且在有相干信号源情况下仍然有效；其最大的缺点就是计算量大。

空间谱估计主要包括信号源个数估计和信号源的波达方向 DOA(Direction of Arrival)估计。在 DOA 估计中，大部分算法都需要知道入射信号的信号源个数 N。而在实际应用中信号源个数通常是未知的，需要预先估计信号源数目，才能继续做 DOA 估计。当信号源个数估计出现偏差时，DOA 估计往往会出现错误的结果，因此，信号源个数估计是 DOA 估计技术中的一个关键问题。为了解决这一问题，人们相继提出了信息论法、盖氏半径法、EGMs 等信号源个数估计的方法。

(3) 测向设备

一般通过使用测向(DF)设备的三角测量来确定发射机位置，这样对未知发射台站的识别就更加容易。对发射机位置的更准确的判定需要在合适的地理位置上建立的几个测向台站采取方位。在理想情况下，当最少有两个测向台站(它们不一定是在同一个国家)协调工作时,就可以获得"交叉方位"或"定点"(即方位线相交的点)。有采取方位的可能性的监测站能够为经验丰富的操作者提供信息,使他能够更加确信地确定发射机。

测向设备的复杂性取决于所要求的准确度和当地的条件。由于测向天线必须设置在一个没有任何建筑物、天线、电力线和电话线和其他突出物的地方,它一般应被安装在离监测站的其余部分有一定距离的位置,或者可能在一个单独的位置,通过远程控制来操作。

方位的精度取决于下列因素(不按重要性排序):

- 天线孔径;
- 天线配置,包括天线单元的数量,其在频带上的组织,单元方向性和其他因子;
- 测向设备的类型;
- 接收器通道数;
- 站址性质;
- 信号强度和信噪比;
- 积分时间;
- 传播条件;
- 干扰量。

测向天线是测向设备的最重要的组件之一,因为它在很大程度上定义了测向准确度。天线阵列的孔径(D/λ;D:天线阵列的直径,λ:所接收的信号的波长)在确定方位准确度方面起着最重要的作用。$D/\lambda>1$ 的测向天线,所谓的宽孔径天线,克服了多路径问题和其他的传播效应,噪声,干扰,非规则站点和其他误差源,在给定的准确度水平上可以提供比窄孔径天线($D/\lambda<0.5$)更高的信噪比,更小的测向误差,更高的反射抗扰性,更高的灵敏度,和更短的积分时间。并非所有的测向方法都可以使用宽孔径天线,但在可以使用它们的地方,它们能够提供最准确的测向结果。

每个测向天线由若干个天线单元(至少三个)组成。根据测向方法,有可能有多种测向天线阵列配置。孔径较大的测向天线往往有多个天线单元来填充其孔径并避免不确定性;由随机噪声引入的概率误差与单元数量的平方根的倒数成反比。在HF 范围,圆形和"L"或"X"形的线性阵列较为常见,在 VHF/UHF 范围主要使用圆形阵列。测向方法还会影响到是否只用一个天线阵列来覆盖很宽的频率范围或者是否需要将该范围划分成由若干个阵列覆盖的子范围。

通常要对用于固定和移动应用的测向天线进行区分。天线单元的类型依赖于频率范围和应用:在 HF 范围,单极或交叉环单元阵列用于固定系统,而移动系统使用由环或铁素体单元组成的天线阵列。对于 VHF/UHF 范围,主要使用偶极子或扇形阵列。

测向设备可以与监控站的测量设备进行集成,或可以由独立单元构成。测向设备的频率范围内不仅取决于测向天线，还取决于组成设备的一部分的接收机。在实践中，有 MF/HF 测向设备（如 0.3～30 MHz）和 VHF/UHF 测向设备（如 20～3 000 MHz）。在有些情况下，VHF/UHF 测向设备可以提供 SHF 带低频部分的覆盖。

接收机的数目可以从 1 至 n 变化，其中 n 是组成测向天线阵列的单元数目，它也取决于对测向方法。对于一个给定的准确度，多接收机系统要求较短的积分时间和/或较低的信噪比，因此比单通道系统提供更快的响应时间。如果使用一个以上的接收机时，所有的接收器都必须通过一个共有振荡器进行调谐。在现代接收器中，IF 以数字形式处理。测向接收器的一个非常重要的特征接收机的选择性，以避免两个相邻信号的交互作用。其中至少有一个测向接收机应提供对接收到的调制信号进行解调的可能性。

有些测向方法需要在一定的时间间隔上对接收器、RF 分配器和天线进行校准。为了这个目的，一个预先定义的信号将被平行注入接收路径，在对每个路径的振幅和相位进行测量后，采取校正步骤将每个信道还原到相同特性，如果有必要的话。一个非常重要的功能是可以在任何距离对设备进行远程控制。常见的接口有 RS-232、ISDN、LAN WAN 和蜂窝电话。

测向系统可以有一个单通道接收器，双通道接收器，三通道接收器，或有与天线单元数量一样多的通道的接收器。至少有两个但比天线数量少的接收器通道的系统，被称为多通道系统。接收机通道数量与天线数量相等的系统被称为 N 通道系统，其中 N 是接收器通道和天线的数目。

● **单通道测向系统**

单通道测向系统可以分为两种：简单的单一通道测向系统，其中每个天线单元依次用一个接收器通道来采样；和干涉仪或复用的单信道系统，其中参考天线单元与其他的每一个天线单元一道被采样，两个信号相结合并传送到一个接收器通道。

在任一情况下，每次切换后，在对电压进行采样之前，接收机中的 IF 滤波器必须能够被稳定。总的采样时间取决于过滤器的稳定时间，它受到其带宽和天线单元数量的约束。在单通道系统中该采样时间要比有一个以上的接收器通道的系统长很多。

在单通道系统的采样周期期间，信号的波形状态可以因信号内部调制的变化或传播媒介效应（如阵列单元的顺序采样过程中出现的衰落、多路径和反射）而变化。这些顺序切换过程中的波形状态的变化会在单通道系统中引入误差，因为他们可能无法区分于由于具有不同的主波束模式或方向的顺序采样天线带来的信号变化。单通道系统只能通过在足够长的时间上的信号测量，将这种效应平均掉来，来处理由该机制引入的误差。在不能应用足够的平均时间的情况下，如在短时间信号的情况下，单通道系统会被混淆。然而，可以建立符合 10 ms 的响应时间要求的单通道测向系统。

简单单通道测向系统对每个天线单元进行顺序采样。与使用复用电路的干涉仪单通道测向系统相反,只测量和处理幅度。不测量相位。没有利用到达波的相位信息的系统从本质上准确性不如利用到达波所有可用信息的系统。

干涉仪单通道测向系统使用正交复用技术。由于相位参考元素总是与所有其他天线元素一道测量,它能够实现振幅和相位的测量。

在测量过程中,其中所有天线单元依次被采样,信号振幅可能会由于信号内部调制的变化或如衰减,多径和反射等传播介质效应而发生变化。为避免准确度下降,需要额外的平均。此外,两个天线单元之间的幅度差别不能同时测量,只能通过在时间上的平均来获得,会将采用定向天线单元的系统中的有用信息丢失。

在天线单元之间进行切换后,在正交多路分解器中,在对电压采样前,接收机中的 IF 滤波器必须能够进行平抑。的总采样时间依赖于过滤器,它被连接到它的带宽,和天线元件的数量的稳定时间。干涉仪单通道系统的采样时间要比简单单信道系统长很多。

- **多通道测向系统**

多通道系统有多个接收器通道,但接收机通道数量少于天线数量;它们有一个参考通道和一个或多个切换采样通道。他们只有一个本地振荡器,因为所有的通道都由同一个振荡源驱动。通道不需要与具有完全相同的滤波器形状的滤波器进行相同的匹配,而是,不匹配的接收机可以使用相同的振荡器驱动。这些接收器提供两个通道中的信号的相干检测,并在从天线到数字模拟转换器的整个 RF 路径上对任何相位延迟、滤波器形状的差异等进行校准,同时考虑到测向单元和采样电路之间的馈电线路的差异。该校准也是此类系统的内置测试和诊断的基础。

为避免匹配单元和/或校准源,并简化测量,但没有端至端校准和内置测试,在两个接收器通道的情况下,可以使用双平均法,对两个通道之间振幅和相位差进行测量,然后切换反转天线的连接,测量另一个振幅和相位,并将结果进行平均,无需单独的校准就消除了任何振幅和相位失配。这种双平均方法的一个缺点是增加了测量时间。

由于这里讨论的系统有一个参考天线和接收机通道,可以作为一个参考相位,采样和参考通道之间的相位差可以被精确测量到十分之一或更高的准确度。采样和参考通道之间的振幅差也可以精确同时测量,使得系统能够区分由于天线的方向性带来的振幅变化,而单信道系统如果不在长时间段进行平均以平均掉调制和传播的影响的话,就不能执行该任务。

每个采样天线上的电压测量值要与准确的同一时间在参考天线上测得的电压相比较。采样通道的测量通过参考通道进行标准化;采样通道上的电压要除以参考通道上的电压。

该标准化可以除去会引入误差的传播和调制变化的影响，如上面与单通道系统的相关讨论，因为在平面波的接收条件（通常假定的情况）下，调制和传播因素对每个天线都有同样的影响。这种标准化消除了所有可能会影响到相位和振幅测量准确度的外部因素。

● **N-通道测向系统**

每个天线带一个接收机通道的 N-通道系统是最快、性能最高的系统，因为到达波可在所有天线单元上同时采样，而不是像接收器通道较少的系统那样对天线进行顺序采样。所有的接收机通道由一个共有本地振荡器驱动。

由于接收器通道的数量和需要对通道进行匹配或者提供它们之间的实时校准，这些系统比接收机通道较少的系统成本更高。这些通道不需要被精确匹配，而是可以简单地进行实时校准。

N-通道系统测量每个单元相对于选作参考的单元的电压和相位，因此它们具有在前一小段中讨论的系统的所有优点，能够同时测量相对于参考单元的相位和振幅信息。

2. 无线电定位

《无线电规则》中针对无线电测定的定义是指利用无线电波的传播特性测定目标的位置、速度和/或其他特性，或获得有关这些参数的资料；无线电导航是指用于导航（包括障碍物告警）的无线电测定；无线电定位是指用于除无线电导航以外的无线电测定。

使用多个测向器（三角测量法）或者直接定位法，在以下情况下是必要的：定位处于危险境地的发射机；定位未经授权的发射机；定位其他方法不能识别的干扰发射机；确定接收到的有害干扰源的地点，例如电气设备、电力线上有缺陷的绝缘子等；识别发射机，包括已知的和未知的。

利用无线电测向可以确定辐射源的位置，根据定位使用台站的数量，可将定位分为单站定位、双站交会定位和多站交会定位。单站定位利用测向结果和来波方位角确定信号源位置，多站交会定位利用多站测向结果交会确定信号源位置。

(1) TDOA

到达时间差（TDOA）方法是利用多个接收机的相对的信号到达时间来确定发射机的位置。由于 TDOA 准确度受附近反射物影响的程度最低，且天线和电缆对于 TDOA 接收机来说通常不是主要的，TDOA 系统提供了在天线选择和安置方面的灵活性，这种灵活性使得可以对其他的因素加以考虑，例如：天线尺寸、站点复杂度、坚固性和频率范围。能够利用简单、易安装的天线，这使得 TDOA 地理位置系统能够容易地建立，尤其对于临时安装。

通常认为：对于带宽较窄的信号，TDOA 的准确度比对于带宽较宽的信号要低，然而全面地说,这个说法只考虑了信号带宽,带宽较宽的信号具有更短的时间特性,这能提高 TDOA 的准确度,尤其是在严重多径的情况下。然而,定位准确度还会受到接收信噪比的影响,窄带信号在较低的频率上信噪比通常会比较高,TDOA 方法适合于大多数调制信号,但不能用于定位一个没有调制的连续信号(因为它不包含时间基准)。

TDOA 基于一个简单的概念,即电磁信号源到定位系统中任何两个接收机之间的距离差可以直接作为到达那些接收机的时间差来观测。距离差为时间差和信号速度的乘积,可以容易地由观测到的时间差计算得到。两条直接信号路径之间的距离差每改变一米,TDOA 大约变化 3.3 ns。

(2) POA

POA(Power of Arrival),即功率到达法。接收设备所接收到的目标信号强度(信道功率值,或称为 RSSI 值)会随着目标信号源与接收设备之间的距离的减小而增大,POA 基于这一原理进行辐射源定位。

POA 算法在车载移动定位应用过程中,需要考虑环境的复杂性,以密集城区为例,实际环境中存在"多径效应、阴影效应、多反射"等,POA 需要通过一些特定算法来消除/降低这些城区效应影响。另外,POA 算法在实际应用中应具备环境适应性,以适配包括农村、郊区、城区等各种环境。

2.3 无线电检测业务

2.3.1 无线电检测规则

无线电检查检测工作一般涉及无线电发射设备检测、重大台站预选址电磁环境测试、重大活动无线电检测技术服务等方面内容。

1. 国家规定

《中华人民共和国无线电管理条例》对无线电检查检测工作提出了明确要求:

- 第五十六条 无线电管理机构应当定期对无线电频率的使用情况和在用的无线电台(站)进行检查和检测,保障无线电台(站)的正常使用,维护正常的无线电波秩序。
- 第六十八条 省、自治区、直辖市无线电管理机构应当加强对生产、销售无线电发射设备的监督检查,依法查处违法行为。县级以上地方人民政府产品质量监督部门、工商行政管理部门应当配合监督检查,并及时向无线电管理机构通报其在产品质量监督、市场监管执法过程中发现的违法生产、销售无线电发射设备的行为。

2. 国际准则

《频谱监测手册》在“监测业务的任务和结构”章节对无线电检查检测工作作了描述：

(1) 指派给无线电监测机构的任务

下列任务通常指派给无线电检查业务而不是监测业务：

■ 在现场检查无线电设备；

■ 测量无线电设备来排除电磁辐射对健康的危害；

■ 处理与非无线电设备有关的电磁兼容(EMC)案例；

■ 当无线电设备或其他电子设备投入市场时，实施市场监督。

关于市场监督，在世界范围内使用的无线电和通信设备需要遵守地区的或国家的要求，以便保证他们符合相关的规定和限制(如频段、功率电平等等)。

违反这些规定和限制，其设备会有产生有害干扰的风险。因此，用“市场监督”来控制产品是主管部门的任务之一。典型的例子，在零售店随机抽取产品样品并在主管部门的实验室或在一个独立的私营测试实验室根据其与主管部门的协议进行测试。

(2) 无线电监测业务和检查业务的合作

无线电监测业务和检查业务应密切合作，而且，如有可能，互相进入一个共同的数据库。例如，在搜索有害干扰源时，监测业务同时掌握由检查业务发现的违规无线电设备的详细情况，是非常有益的。反之，监测业务能通过记录下在检查期间所要记录的同样的参数，来触发检查业务。以这种方式获得的监测结果，可以用来确定现场检查的候选对象。这会真正减少需要现场检查的次数。

监测业务能通过测定一个不完善的无线电台站是否已被修好来进一步支持无线电检查业务，而不需要检查业务机构重新进行现场检查。

与检查业务相比，监测业务的测量设备成本更高。因此，很多主管部门设置监测业务的场所比设置检查业务的场所少。由于检查业务通常离用户比较近，检查业务机构对那些最初被使用固定测向仪进行调查的干扰案件进行最终的调查。

在这两种业务之间不需要有严格的划分。出于经济原因，不把无线电监测业务从无线电检查业务中分离出来(特别在比较小的国家)，也许是有意义的。事实上，监测业务和检查业务整合或合并到同一个机构能够整体上简化机构。

3. 与其他机构的合作

大多数国家的监测业务机构没有警察力量。因此，在没收非法发射机和对违反频率条件的行为进行处罚时，与警方及法院的合作是必不可少的。过去的经验证明，如果警方和法院提前介入并熟知电信法律的主要条款是非常有益的。

2.3.2 检测技术设施建设概览

本书从无线电检测技术设施建设情况入手，概要介绍省无线电技术设施建设思路。

1. 前 言

省无线电监测站设备检测科主要承担省内无线电发射设备检测、重大台站预选址电磁环境测试、重大活动无线电检测技术服务和微波频段无线电信号分析工作。作为全省无线电管理系统的重要技术支撑部门，该团队保障着全省各类无线电业务的正常运行，为维护正常电波秩序提供了坚强的检测渠道支撑。

2. 建设概况

(1) 建设依据

无线电发射设备检测能力建设根据省无线电管理规划要求和省监测站和州市无线电管理职能机构的职责分工和业务需要，计划申报采购配置了相应等级、功能完善的检测系统仪器仪表，充分适应和满足了我省当前一个阶段日常无线电发射设备检测、重要台站预选址电磁环境检测、在用设备监督检查、无线电发射设备事中事后市场抽检、干扰源及非法设台物证技术鉴定等工作的需要。

(2) 检测实验室建设

目前，省监测站取得并保留省级质量认证CMA资质。资质涉及两项检测内容，分别为无线电台站站址电磁环境测试和调频发射机射频指标测试。检测实验室办公区总面积面积300 m^2，检测室面积：100 m^2，温恒面积：25m^2。

(3) 建设情况汇总(见表2.3.1)

表2.3.1 省无线电监测站设备检测科无线电检测设施建设概况

单 位	建设概况
省无线电监测站、地市监测站	包括实验室模拟无线电设备、数字对讲机、数字集群移动台、蓝牙以及WLAN设备测试 模拟数字广播电视发射机、雷达设备现场测试、2G/3G/4G公众蜂窝通信基站测试、设台预选址电磁环境测试等

3. 建设回顾与展望

从2009年我省建立第一套模拟无线电发射设备实验室检测系统开始，我省检测

技术设施建设工作循序渐进，逐步在全省各地扩展建设了可搬移电磁环境测试系统、便携式电磁环境测试系统、公众蜂窝通信基站现场自动检测系统。

随着无线技术设备应用的不断深入，2016 年以来陆续在多地市建设了模拟/数字无线电发射设备实验室检测系统。2017 年先后在省站试点建设了车载移动式是无线电发射设备实验室检测系统和车载移动式电磁环境测试系统。为了应对突发机动的检测工作需要，从 2017 年起，通过三期建设建成了覆盖省会及周边县市的无线电管理应急通信指挥网，从 2018 年起在全省各地扩展配置了便携式无线电发射设备检测系统。为了适应对黑广播等非法台站物证检测工作需要，近年来还试点探索“黑广播”等非法设备检测手段能力建设。随着新兴技术的兴起，如 5G、物联网的发展，未来我省的无线电设备检测测试能力的建设将继续在国家局和省政府的领导下，紧紧跟随无线通信技术发展，不断为地方经济和社会的发展发挥应有的作用。

2.3.3　无线电检测实验室能力验证方案

随着实验室认可活动的迅速发展及其在经济建设和社会发展中的作用日益增强，作为实验室认可重要内容的能力验证活动，被越来越多的实验室认可机构和实验室管理部门所重视。能力验证活动已日益成为补充实验室认可现场评审技术、评价和监督实验室能力维持状况的有效手段。积极参加能力验证计划，可以使实验室更及时、清晰地了解行业能力验证的政策和要求，相互交流专业技能，促进和推动区域内实验室检测能力和水平的稳步提升。

1. 能力验证基本概念

(1) 定　义

能力验证是利用实验室间比对确定实验室的校准/检测能力的活动。它是为确定某个实验室进行某项特定校准/检测的能力以及监控其持续能力而进行的一种实验室间比对。参加能力验证活动为实验室提供了一个评估和证明其出具数据可靠性的客观手段。

(2) 目的和用途

进行能力验证的目的和用途主要有：一是确定某个实验室是否具有胜任其所从事的某些特定检测或测量的能力，以及监控实验室的持续能力，包括由实验室自身、实验室客户，以及认可权威机构等所进行的评价；二是作为实验室校准/检测能力的外部措施，识别实验室中的问题并补充实验室内部的质量控制程序；三是确定新的检测和测量方法的有效性和可比性，并对这些方法进行相应的监控；四是用以增加实验室客户对实验室能力的信任度；五是识别实验室间的差异；六是确定某种方法的性能特征——通常称为协作试验；七是为标准物质赋值，并评估它们在特定检测或测量程序中使用的适用性。八是对技术专家进行实验室现场评审的补充。

(3) 能力验证计划的类型

能力验证技术根据检测物品的性质、使用的方法和参加实验室的数目而变化一般有以下6种类型：

① 测量比对计划；② 实验室间检测计划；③ 分割样品检测计划；④ 定性计划；⑤ 已知值计划；⑥ 部分过程计划。

2. 能力验证计划的运作和评价

(1) 人员和计划构架

对能力验证计划进行策划时，应配备相关专业专家、统计学专家以及计划协调者，以确保计划成功和地运作，并制定适用于具体能力验证的计划(计划议定书)。

(2) 检测物品

能力验证计划中分发的检测物品或材料，在性质上通常应与参加实验室的日常检测物品或材料相类似。分发前组织者应负责对待检测物品进行均匀性和稳定性检验。

(3) 方法、程序的选择

通常由参加者自行选用检测方法(组织者有必要要求参加者提供他们所用方法的详细操作步骤，以便利用参加者的结果进行比对，并对该方法进行评议)，且方法最好与他们日常使用的程序相一致。在某些情况下组织者也可以指示参加者采用特定的国家标准或国际标准方法。

(4) 比对路径的选择

根据被测物品稳定性的好坏，量值比对的线路可选择圆环式、星形式、花瓣式。在参加实验室不多，被测物品结构简单、便于搬运、稳定性非常好的情况下，适用圆环式比对、如被测物品稳定性比较好，可采用花瓣式；否则只能采取星形式。

(5) 作业指导书

组织者应以作业指导书的形式向预期的参加者提供详细的信息。作业指导书应详细阐述可能影响样品检测的因素，检测和校准结果的记录和报告的格式等。应告知参加者如同日常检测那样来处理验证物品。

(6) 能力评价

能力评价包括三方面内容：一是指定值的确定；二是能力统计量的计算；三是能力评定。

● **指定值的确定**

按不确定度递增，分别使用下列各值：

① 已知值——由专门的检测物品配方决定的结果。

② 有证参考值——由定义法确定(用于定量检测)。

③ 参考值——与一个可溯源到一个国家或国际标准的标准物质或标准并行分析,测量或比对检测物品所确定的值。

④ 从专家实验室得到的公议值——专家实验室利用已知的具有高精密度和高准确度的,并可与通常使用的方法相比较的有效方法,确定试验中的被测量。在某些情况下,这些实验室可以是参考实验室。

⑤ 从参加实验室得到的公议值——采用参加实验室检测结果的统计量(加权平均值、几何平均值、中位值或其他稳健度量等定量值或一个预定的多数百分比公议值即定性值等)来作为公议值。

● **能力统计量的计算**

常用的统计量计算方法:

① 差($x-X$)

在国际标准 ISO5725-4 中被称为“实验室偏移的估计值”。

② Z 比分数

$$Z=\frac{x-X}{S}$$

其中:x 为参加实验室的测定值;X 为参考指定值;S 是满足计划要求变动性的合适估计值/度量,常用不确定度、标准偏差。

③ 比率值 E_N 数

$$E_N=\frac{x-X}{\sqrt{U_{\mathrm{LAB}}^2+U_{\mathrm{REF}}^2}}$$

其中:x 为参加实验室的测定值;X 为参考指定值;U_{LAB} 是检测实验室的不确定度,U_{REF} 参考指定值的不确定度[3]。

● **能力评定**

① Z 比分数评定

当反馈的结果的 Z 值绝对值大于或等于 3 时,则被评为离群值,当一个结果的 Z 值的绝对值大于 2 而小于 3 时,表明结果可疑,应引起实验室的注意,并鼓励实验室对测试程序进行复查,当一个结果的 Z 值的绝对值小于 2 时,表明结果满意。若一个结果的 Z 值的绝对值越接近于 0,则表示该结果与其他实验室的结果符合性越好。即:$|Z|>3$ 离群结果,要求实验室开展纠正措施。$2<|Z|<3$ 可疑结果,鼓励实验室复查结果 $|Z|<2$ 满意结果。

② 比率值 E_N 数评定

E_N 数常用于校准实验室的能力验证评定,当 E_N 数绝对值小于或等于 1 时为满意结果,当大于 1 时为不满意结果。

● **能力验证报告**

报告的内容应包含:所检物品的说明;参加实验室的代码和检测结果;统计数据和汇总表,包括指定值和可接受结果的范围;用于确定指定值的程序;关于指定值的溯源性和不确定度的细节;为其他参加实验室所用的检测方法/程序确定的指定值和总计统计量(若不同的实验室使用不同的方法);组织者和技术顾问对实验室能力的评论;用于设计和实施计划的程序;用于对数据作统计分析的程序。必要时,提出解释统计分析的建议。

3. CNAS对实验室开展能力验证的要求

中国合格评定国家认可委员会(CNAS)《能力验证规则》(CNAS-RL02:2006)规定:"CNAS要求申请认可和获准认可的实验室必须通过参加能力验证活动(包括CNAS组织实施或承认的能力验证计划、实验室间比对和测量审核)证明其技术能力。只有在能力验证活动中表现满意,或对于不满意结果能证明已开展了有效纠正措施的实验室,CNAS方受理或予以认可。""只要存在可获得的能力验证活动,凡申请CNAS认可的实验室,在获得认可之前,至少有一个主要子领域参加过一次能力验证活动。只要存在可获得的能力验证活动,已获准认可的实验室,其获得认可领域的主要子领域每4年至少参加一次能力验证活动。"同时CNAS承诺"对于我国各行业组织的能力验证和实验室间比对计划,只要计划组织方能够证明其运作符合ISO/IEC指南43-1或ILAC-G13要求,CNAS也予以承认"。

4. 无线电设备检测实验室能力验证方案——测试调频无线电发射机指标

(1) 方案设计

① 检测样品:

经过出厂检定的某型超短波调频车载台检测样机,验证前经过均匀性和稳定性检验,符合声明的相关技术指标要求。

② 检测设备:

为便于测量设备不确定度的计算和获得,各参检实验室均使用同批次同型号的检测设备。

③ 检测项目:

频率容差、输出载波功率、最大频偏、邻道功率、杂散发射、占用带宽,共六项。

④ 比对路径:

设计参考实验室1个,参检实验室为6个,选择圆环式。

⑤ 检测方法:

依据GB12192-90移动通信调频无线电话发射机测量方法。

⑥ 指定值：

来源于指定专家实验室得到的公议值。

⑦ 能力统计量计算：

采用比率值 E_N 数法。

⑧ 能力评定：

依照比率值 E_N 数法对应的评定准则进行评定。

(2) 实施步骤

检测样品经过专家实验室检测得到参考指定值，检测样机妥善发放至参检实验室，由第一个参检实验室测试完毕后传递到下一个参检实验室，最后一个参检实验室测试完毕后将样品交回组织者，各参检实验室将 6 项指标测定值反馈回组织者，组织者利用专家实验室参考值和对应检测设备不确定度、各参检实验室测试结果和对应检测设备不确定度计算每项指标的比率值 E_N 数，最后利用各自统计量评价法得出每一项测试指标是满意、可疑还是离群的结论。

(3) 测试结果及分析

从各参检实验室测试调频发射机射频指标能力验证结果统计来看，频差、输出载波功率、最大频偏三项指标，各参检实验室的比率值 E_N 数均小于 1，结果符合预期测试要求。而占用带宽、指标有 E、F 实验室的比率值 E_N 数超过 1，经对测试样机再次进行稳定性检验后发回有关实验室复测，排除了人为测量误差因素，结果仍然大于 1，经自查自纠发现参检 E 实验室测量占用带宽时，未有效加载单音信号，F 实验室在音频加载上违规操作，整改后，测试结果小于 1。而对于邻道和杂散两项指标，邻道功率、杂散两项指标 F 实验室的比率值 E_N 数超过 1，经排除人为误差和反复查找原因之后复测，结果仍大于 1，测试活动结束后，组织方对 F 实验室提出了限期校准、维修检测设备的要求。从总体上说，该方案基本实现了检验实验室测试水平和能力，监控实验室现有检测方法的有效性，甄别发现实验室内部存在的质量问题的预期目的。

(4) 需要注意的其他事项

能力验证的实施方案还需要组织者和专家进行周密严谨的规划，对参检实验室数量、实验完成时限、测试环境条件和采用的测试设备以及争议和申诉处理做出细致的规定。方案的严谨与否直接影响能力验证活动的效果。同时还需要考虑为参检实验室的身份进行保密，在设计框架中我们建议用字母代替参检实验室的真实身份，其真实身份仅为组织者所知，这一点应延伸到为以后显示不良能力的实验室提出补救性建议或措施时，另外要避免检验人员相互串通，以至不能提交真正独立的数据，应采取一定的措施防止欺骗。

2.4 无线电监测热点探讨与案例分析

2.4.1 监测热点问题研究

本书结合实际开展的打击治理工作，概要介绍了省市无线电管理针对“伪基站”、“黑广播”、“考试作弊”等热点问题的工作情况。

1. “伪基站”问题

(1) 关于打击治理“伪基站”违法设台工作的思考与展望

本文从“伪基站”工作原理、设台特点、侦测定位“伪基站”采用的技术手段等方面结合开展的打击治理工作，对“伪基站”及其打击治理进行了详细介绍。同时结合当前“伪基站”的特点指出打击治理中存在的问题与难点，对未来打击治理“伪基站”工作进行了展望。

● 引　言

2013年9月，有单位和个人向省无管办举报投诉称，在省会市区内疑似存在非法设置移动通信短消息群发器(即“伪基站”)播发信息的现象。举报称，G网手机终端在省会市区内多个地段短时间内脱网并收到大量垃圾短信。无线运营商反映在用的GSM公众移动通信网部分小区频繁出现干扰掉线和其他指标异常，怀疑是系统外存在无线电干扰移动G网运行，请求排查解决。对此，省无管办高度重视，经过多方调查核实，确认了上述违法行为并迅速上报地方政府和国家有关部门。随后，在国家的统一安排部署下，一系列治理打击“伪基站”非法设台专项行动迅速开展，并取得了丰硕成果，严厉打击了不法分子设置使用“伪基站”的嚣张气焰。

● “伪基站”工作原理

“伪基站”，就是假基站。它往往选择设置在某个合法GSM移动基站附近，伪装成该基站的邻小区基站，通过一系列技术手段获取合法基站的一些射频参数后，“伪基站”即可将邻小区基站下通信的用户手机终端吸附过来。此后，便可以向手机终端发送任意内容、任意主叫号码的短消息。“伪基站”推送完信息后，为了避免引起用户警觉，立即将终端踢出，迫使其重选回运营商正常网络。因此，绝大部分移动终端的用户都无法感知这一被“劫持”的过程。

“伪基站”之所以轻而易举实现这一过程，原因在于其利用了我国GSM移动通信网络的两个技术漏洞：一是系统鉴权流程仅能完成网络对终端的单向鉴权，而终端无法对基站的真伪进行验证；二是没有采用完整性保护机制对空口信令进行保护，手机终端无法对基站信令进行鉴权。

● **“伪基站”违法设台的特点**

◇ **“伪基站”设备来源**

通过查获的设备来看，“伪基站”设备加工工艺较为粗糙，属于“三无”产品，无产品名称、型号和生产厂家，使用者的购买渠道来自于网络，如图 2.4.1 所示。网络上的“伪基站”设备常常被冠以貌似合法的名称，诸如“手机信号放大器”进行销售。

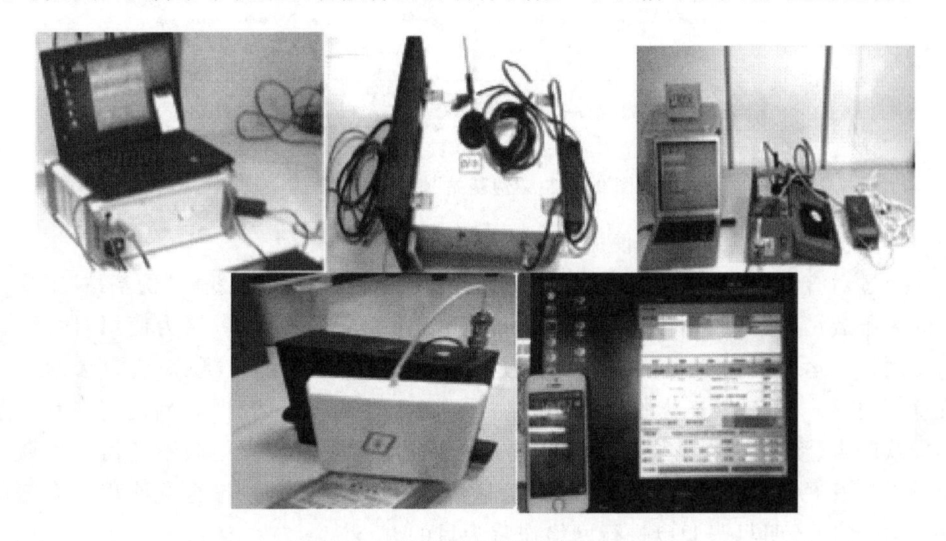

图 2.4.1　查获的“伪基站”设备

◇ **“伪基站”设备的技术演进特点**

“伪基站”设备在硬件上主要由四部分组成：主机机箱、天线、控制用终端以及一部工程定制手机，流动使用方式需要配置笨重的电池和逆变单元。早期的“伪基站”机箱体积较大，天线使用较为醒目的鞭状吸盘天线，控制终端使用安装 Linux 系统软件的笔记本电脑，整个系统连接复杂，易识别发现。随着技术的不断发展，“伪基站”设备在技术上不断升级换代，除供电单元变化不大外，主机和天线的体积重量不断减小，智能手机取代了早期的笔记本控制终端设置控制设备。近期发现的“伪基站”设备在软件上更是改进明显，首先是控制时无须在智能手机内安装控制软件，而是采用远程登录的方式进行遥控操作，同时还增加了销毁证据的功能。紧急情况下，可以一键格式化主机里的存储单元硬盘，销毁发送短消息内容和条数。

◇ **“伪基站”射频信号的频谱特征**

从现有统计结果来看，目前查获的所有“伪基站”下行均使用第二代移动通信 GSM 制式的频段，主要针对某通信运营商公众移动网络，由于受生产成本的限制，“伪基站”射频输出对带外发射和滤波指标控制得很差，从监测的频谱图来看，工作中的“伪基站”发射一个约 200 kHz 的窄带单载波信号，并左右两侧同时伴有 2～3 个带外信号，发射功率一般为 45 dBm 左右，如图 2.4.2 所示。

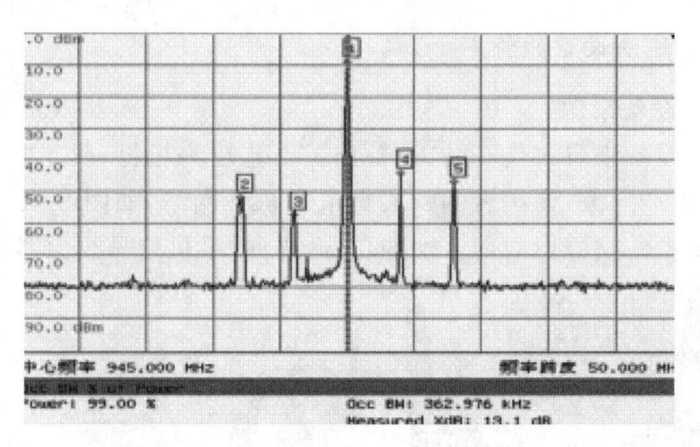

图 2.4.2 “伪基站”信号频谱图

◇ **“伪基站”播发内容与使用动机**

经过对查获“伪基站”播发信息的统计分析，其中 2014 年查获的“伪基站”主要播发的为服装销售、房屋销售、涉医涉药和教育培训类广告，使用者认为使用“伪基站”比使用移动运营商增值短信服务价格便宜，表现为法律意识淡薄，知法犯法的主观故意不明显。2015 年查获的“伪基站”除了播发上述商业广告外，开始出现涉及金融类贷款广告、涉黄涉赌广告、二手车交易广告内容，播发内容开始向不良信息和欺诈钱财方向发展。而在 2016 年查获的“伪基站”播发内容更是以银行兑换积分诈骗信息为主，使用者明目张胆以进行网络诈骗为目的。

● **“伪基站”侦测定位技术手段**

由于“伪基站”使用邻近小区的广播信道进行广播，其工作频率很难与周边合法基站相区分，因此无线电管理部门难以通过单独监测“伪基站”一般的射频指标参数，如频率、功率，将其捕获。一般采用的方法是运营商网管监控加无线射频解码软件监测分析相结合的定位搜索法，首先由移动运营商在网管监测观察网络中出现位置异常更新的基站小区号。由小区号确定“伪基站”设台的大致区域，其次由无线电监测技术人员携带安装了基站无线射频参数解码软件的监测嗅探系统前往疑似区域进行逼近式搜索，无线射频参数解码软件能够解码获得“伪基站”小区 ID、LAC 位置区码、C1、C2 和 CRO 等射频参数网络信息。一旦监测嗅探系统捕获到符合“伪基站”射频特征的信息，立即发出报警，指示无线电监测技术人员“伪基站”设备即在附近。

● **“伪基站”设置方式及使用规律**

在省会市区，“伪基站”的设置方式呈现以下规律：在打击整治初期，不法分子主要将“伪基站”设置在商业发达、人口密集地区的出租房内进行固定式发射。之后，为了增强发送针对性与机动性，发展成将设备设置在轿车等机动车辆内，停放在城市内交通流量较大的丁字路口或十字路口进行半固定式发射。随着打击工作的推进，不法分子反侦察意识逐渐增强，为了逃避无线电监测技术人员的定位追捕，又发展成为采取不停车方式在市内各商业繁华区域进行移动式发射。随着公安交警部门参与配合力度的加大，以机动车辆作为载具的移动“伪基站”发射方式越来越难以逃避无线电技术侦测，不法分子又改用电瓶车或摩托车携带“伪基站”设备进行机动性更强的流动发射作案。为进一步规避被监管和追捕定位的危险，自 2016 年年中起甚至发展到由个人背负“伪基站”设备进行徒步流窜播发的方式。

“伪基站”使用时间呈现以下规律：早期的“伪基站”由于目的是播发短消息广告，因此为了提高播发效率，本地不法分子经常在午后至傍晚开启使用“伪基站”。中后期的“伪基站”使用播发没有明显的时间规律性，车辆或个人可以在任何时间进行随走随发。

● 打击治理成果与难点问题

◇ 打击治理成果

省无线电管理部门高度重视“伪基站”非法设台问题，从维护地区社会稳定和民族团结的高度将打击治理工作放在更加突出的位置。在三年多的时间里，省无线电管理机构顺应形势，着力加强打击治理“伪基站”技术设施建设，投资数百万元购置了专门用于捕捉“伪基站”设备的便携式监测系统数十套，建设了覆盖省会各主要繁华街区的“伪基站”监测专网，全省出动监测和执法人员 200 余人次，开展了 20 余轮次的打击“伪基站”非法设台行动。2014 年年初至 2016 年年底的三年时间里，在省会共查处“伪基站”非法设台 32 台(套)，协助公安部门抓获犯罪嫌疑人 59 人。其中 2014 年全年查获 13 台(套)，协助公安部门抓获犯罪嫌疑人 40 人，2015 年全年查获“伪基站”设备 11 套，协助公安部门抓获嫌疑人 18 人，2016 年全年查获“伪基站”设备 8 套，协助公安部门抓获嫌疑人 1 人。

经过三年的持续整治，全省每年查获数量均呈递减趋势。2017 年第一季度，“伪基站”联合监测和群众投诉数量为零。同时打击治理局面也开始趋稳向好，国内移动通信运营商加快了现有 2G 网向 4G 网的升级迁移速度，同时通过采用积极为用户更换 4G 手机卡等方式弥补原有 2G 网络存在的技术缺陷。

◇ 打击治理存在的问题与难点

“伪基站”属于技术含量较高的一类非法设台，在打击治理过程中网络监控数据的滞后性可能影响打击治理效果。由于在技术侦测方面，需要移动运营商通过网络监控数据提供“伪基站”活动的大致区域，然而这一数据在技术层面往往存在着迟滞，也就是说无线电管理部门接到的“伪基站”活动线索是 5～10 分钟前的。这对于固定式“伪基站”的打击效果影响不大。但是对于车载移动式流窜发射的“伪基站”，由于监控数据的滞后性，往往导致无线电管理部门的逼近式监测定位失败。

● **未来工作展望**

《中华人民共和国无线电管理条例》加大了针对非法设台的处罚力度和追究刑事责任的力度，营造了高度震慑“伪基站”非法设台的法律环境。从技术和法律层面对今后的打击治理工作起到了强大的促进作用。因此，对于无线电管理工作者来说，以高度的政治责任感和使命感继续抓好当前和今后一个时期打击治理“伪基站”非法设台工作十分重要。

对未来打击治理“伪基站”非法设台工作，无线电管理工作者仍需保持高度警惕。原因有二：一是非法使用“伪基站”进行商业和非商业信息传播需求并未减少或消失；二是任何技术的发展都不是完美无缺的，无线通信技术发展在任何阶段亦不例外，甚至在一些方面，永远上演着魔高一尺道高一丈的发展模式。因此，评估未来的“伪基站”非法设台形势，一方面可能会呈现死灰复燃的情况，非法设台向当前无线电管理部门监测覆盖盲区蔓延；另一方面，随着技术演进升级换代，现有的“伪基站”设备会改头换面以另一种面貌出现。万变不离其宗，其本质是利用未来无线通信技术的不足钻空子、做文章。

为应对可能变化发展的“伪基站”非法设台形势，无线电管理部门需要在两个方面下功夫：一是广开信息接收渠道，高度重视人民群众的投诉举报线索，加强与公安、通信管理等部门的沟通联系，密切注意“伪基站”违法设台的最新发展动向，做好应对策略。二是要跟进“伪基站”技术发展趋势，加快创新，完善现有“伪基站”侦测定位技术手段，做好技术储备，做到早监测、早发现、早查处。

(2) 夜间查找车载式“伪基站”案例分析

省无管办经过连夜追踪，在省会城东区八一路附近某小区查获一起车载式“伪基站”。截至查获时，该“伪基站”设备已发送非法短信7万余条。案件后移交市公安部门调查处理。

● **监测查找**

省无管办接到通信运营商网监中心报告，反映省会城中区体育馆附近某基站A扇区出现大量异常位置更新，疑似有“伪基站”信号出现，请求协助查处。

接到干扰申诉后，省无线电监测站立即派出4名技术人员携带2套便携式伪基站侦测设备，乘坐2辆移动监测车前往可疑地点进行监测跟踪。

当日16时30分，当监测人员抵达可疑地点时接到移动网监反映，可疑地点异常位置更新影响数下降到个位数，监测车辆随即沿体育馆周边道路搜索，除能正常基站信号和公安电子围栏设备发出的信号，没有收到可以伪基站信号。由于移动网监采集的信息存在5～10 min左右的延迟，监测技术人员判断伪基站信号可能转移或关闭。

当日晚10时45分，监测技术人员再次接到移动网监中心报告，体育馆附近某基站A扇区又出现大量异常位置更新，监测技术人员随机再次沿体育馆周边道路开展扫街监测，当监测车辆由东向西行至西关桥至西关大街附近时，便携式伪基站侦测设备手持终端发出急促报警音，电平值急速飙升。当监测人员密切注视车外同向和逆向行驶的车辆时，电平值又迅速回落。此时，监测技术人员果断判定：监测车与搭载伪基站设备车辆迎面而过。此时夜幕降临，逆向车道行驶的车辆不能清晰辨别，监测技术人员一面在最近的路口调转车头反方向由西向东急速追赶，一面联系移动网监中心可疑伪基站信号的位置。3 min 后网监中心回复，可疑伪基站信号没有改变方向，继续沿西关桥至西大街由西向东缓慢行驶。于是监测人员指挥监测车辆继续急速沿着西大街行驶，同时不断密切注视侦测设备手持终端的反应。从西大街，东大街，东关大街一直到大众街，由西向东行驶过了四条大街。半个小时过去了，侦测设备手持终端依旧保持沉默。这时监测技术人员再次联系移动网监，网监中心技术人员很快答复，可疑伪基站信号影响的区域的方向依旧由西向东，此时监测车辆驶入了车流量较小的八一路。夜幕中，依稀辨别在由街道旁的路灯衬出的橘色背景中点缀着前方车辆的红色尾灯。就在这时，侦测设备手持终端再次发出急促报警音，功率读数缓慢上升，监测车驾驶员心领神会，一脚油门，超过了第一辆车，监测人员一面观察手持终端，一面辨别窗外的可疑车辆，第一辆车并无异常。超过了第二辆车，功率值－54 dBm，这辆车也无异常。正当超过第三辆车的时候，功率值上升到了－27 dBm，这时，并排行驶的第四辆可疑的黑色轿车进入监测人员视线，其后备箱吸附着一副鞭状天线。疑似“伪基站”就在这辆车里，在将车辆型号颜色和牌照进行简单记录后，监测人员当机立断，向后方跟进的公安车辆进行了报告。次日凌晨 15 分，公安干警果断在城东区八一路陆军第四医院附近将可疑车辆逼停，并在车内查获“伪基站”发射主机、笔记本，蓄电池和其他作案工具。

● **案例分析**

在这次打击行动中省无线电管理人员采用的方法是：首先由通信运营商网监提供异常位置更新活动线索，监测技术人员随后驱车赶往可疑地区进行摸排，伪基站侦测设备获取分析可疑 GSM 基站信号中系统和信令消息中的关键参数后甄别伪基站信号，监测人员最终根据侦测终端显示的功率值逼近和定位伪基站。

在以往的打击活动中，监测技术人员发现，作案人员均采用将伪基站设备安装在机动车辆内，在发射伪基站信号时，几乎都将车辆停放在闹市区丁字路口。在此次打击活动中，作案分子警觉性愈发提高，通过流窜作案、降低功率、移动发射、晚间出动等方法逃避打击。因此，给后期打击活动带来了不小的难度。经对此次查获的伪基站设备进行研究后发现：发送的信息内容为：医院、地产、教育培训和服饰类商业广告，伪基站设备最大发射功率达到 25 W。

(3) 鞋盒式“伪基站”查找案例

在打击非法设台专项行动中，无线电管理执法人员一举查获伪基站三部，涉案内容为冒用某银行客服短信，发送含假冒银行网站链接积分兑奖的诈骗短信。在行动过程中，执法人员发现不法分子有的驾驶机动车辆流窜作案，有的驾驶电瓶车流动作案，有的甚至假扮背包客徒步走街串巷作案，他们的反侦察和警觉性不断提高，给搜索定位伪基站带来了不小的难度。

经过一整天的摸排、搜索和跟踪，无线电执法人员截停了一辆可疑黑色轿车。通过对嫌疑车辆驾驶室和后备厢的检查，执法人员发现除了一个笔记本电脑和球鞋盒外别无他物。从表面上看，车主似乎正在使用插在笔记本电脑上的U盘听音乐。然而，伪基站侦测设备发出的急促蜂鸣音在靠近车辆后始终没有停止。

当无线电执法人员伸手取出放置的鞋盒时，一段相互缠绕在一起并且连接到后备厢深处的电源线和天线暴露了鞋盒的“秘密”。执法人员果断拆开鞋盒，结果令人大吃一惊，一只看似普通的球鞋盒内竟然隐藏着一整套伪基站发射设备。经检查，执法人员发现，鞋盒内紧凑地配置电源转换器、风扇、功放散热板、天线双工器和伪基站功能主板五个功能模块，天线目测仅有十几厘米，隐蔽性更强。而伪基站操作终端软件则被安装在U盘内，而不是电脑里，便于犯罪分子隐藏和销毁证据。

无独有偶，几天后，省无线电执法人员又在某宾馆旁查获一背包式伪基站。当时，不法分子正背着包在人行道旁的长凳上休息，执法人员接近他时，侦测设备强度指示爆表。执法人员进一步检查后，发现背包内藏匿一整套伪基站设备和一块锂电池。次日，又在附近地区另一男子驾驶的电瓶车车筐内查获同样的背包式伪基站一套，其使用电瓶车电源取电。据执法人员介绍，这两部背包式伪基站体积较小，长宽仅比A4纸稍大，采用板状壁挂天线，利用智能手机的蓝牙功能控制设备主机。其操作不需要单独安装App软件，只需通过网页登录用户名和密码，就可控制伪基站设备。

无论是鞋盒式伪基站还是背包式伪基站，其攻击的目标手机范围都更大。以往无管部门查获的伪基站主要攻击对象为使用2G未升级的SIM卡用户手机，而无管办此次行动查获的伪基站对于已更换了运营商升级后的4G SIM手机卡用户手机也能够成功攻击。同时，它们均使用锂电池供电，持续供电时间能达到4个小时，设计的发射功率峰值最大竟然能达到近50 W。

无线通信技术发展迅猛，而伪基站设备与技术的发展也在与时俱进。目前伪基站设备已经在模仿和借鉴伪基站侦测设备的一些设计方案，呈现体积小型化、控制终端智能化、攻击扩大化等特点。

2. “黑广播”问题

(1) 黑广播违法设台打击治理对策

● **黑广播违法设台的主要线索**

无线电监测技术部门在日常监测中发现，在超短波调频广播频段内的个别频点出现了占用度异常偏高的现象，由于其接收电平峰值低于正常调频广播信号，占用带宽也远小于正常调频广播信号带宽，监测技术人员误认为是由于广电部门调频广播发射机年久失修，引起增加的超标带外发射信号。随后，监测技术部门陆续接到有私家车主在利用车载收音机接收调频广播电台节目时，发现能够接收到一些未在无线电管机构办理审批手续的无线电频点，播放的内容为非法医药的广告。由于正常的广播节目也有播放类似药品保健品广告的情况，初期并没有怀疑是黑广播非法设台引起，因此低估了问题的严重性。

● **主要查处流程步骤**

首先监测技术人员根据初步掌握的黑广播违法设台技术线索，如使用频率、播出内容、播出时间等，启动各所在辖区内所有的无线电监测固定站，对疑似非法调频广播信号进行有针对性的监测测向；其次为了进一步缩小目标区域，派出移动监测车辆在城市内各大区域进行扫街监测；第三，在基本掌握了疑似设置非法设置调频广播的设台地理位置区域后，派出监测技术人员利用便携式监测接收机进行定位捕获。

● **治理黑广播违法设台的特点**

◇ **播发内容**

在查获的黑广播设备中，其中有涉及播发涉药涉医广告，有用于播发其他非商业内容。在查获的黑广播设备中，涉及播发涉药涉医广告的黑广播全部使用与市区内常用调频广播相似的频点，在频率率设置上具有很强的迷惑性，范围在 88～108 MHz 内。而涉及播发非商业内容的黑广播中，有设备使用频率下边界值达到了 70 MHz。在查处中发现，为确保收听效果，不法分子还配套使用专用广播接收机。

◇ **播出时间**

经过监测发现，在查获的涉及播发涉药涉医广告的黑广播中，有部分黑广播仅在晚间 18:00 至 24 时播发广告，有部分黑广播因采取定时遥控方式，自行选取播发时间，如周一至周五部分时段发，节假日全天发，更有少数黑广播明目张胆地进行 24 小时全天播发。

◇ **设台地理位置分布**

在查获的黑广播设备中，对于涉及播发涉药涉医广告的黑广播，有设置在人口稠密的省会城市房屋或住宅楼，有设置在邻省交界地区高山制高点。不法分子主要利用虚假身份租用农户房屋或住宅楼，提前支付租金。租用农户房屋的，设备置于农户家中，天线基本设置在农房屋屋顶，不做任何伪装。租用高层商住楼的，使用金属焊接的 T 型偶极天线，天线经过伪装后置于天台顶，设备置于出租房内，设备体积较为庞大笨重，智能化程度不高。中期期查获的涉药涉医黑广播，不法分子提高了反侦察能力，使用的黑广播设备体积越来越小，设备智能化程度大幅提高，通过使用定时遥控电源开关装置，可以远程对黑广播进行遥控开关机，而且对发射频点、功率均可以实现远程控制。而且，对于承租房屋也采取了各种安全防范措施，如安装防盗窃的 C 级锁芯，红外线报警装置等措施。而对于后期查获的涉药涉医黑广播，不法分子甚至采用不租用房屋，直接将更加小型化的设备和天线置于高层建筑楼顶，从高层建筑电梯房盗用市电，更加降低了违法犯罪的成本。对于查获的非商业黑广播,地点均设置在无线电管理监测难以覆盖的邻省交界地区高山制高点,设备为可置于机柜的2U高中等大小发射机,天线为玻璃钢鞭状天线。

◇ **设备来源**

经过摸排了解,对于查获的涉药涉医黑广播,全部属于三无产品,无产品名称、型号和生产厂家,渠道来自于网络。对于查获的非商业黑广播,有的属于三无产品,有的有正规生产厂家。属于生产校园或农村调频广播的生产单位生产,据反映有专门提供出售、运输、安装一条龙的私营企业主开车逐乡逐村主动上门兜售的情况。

● **主要查处工作经验**

首先是领导重视,确保打击治理氛围浓厚。二是无线电管理机构内部各处、站与派出机构之间的联系协作紧密,监测定位精准高效。三是与公安、广电、民航、工商、民宗等外部单位协调沟通顺畅,收网行动迅速有力。四是加强同报纸、广播、电视以及新媒体的交流联系,宣传报道厚重翔实。

● **展　望**

未来为应对好可能进一步变化发展的黑广播违法设台,无线电管理部门需要在两个方面下功夫:一是广开信息接收渠道,高度重视人民群众的投诉举报线索,加大与公安、广电、民宗、民航、工商等部门的沟通联系,密切注意黑广播违法设台的最新发展动向,做好应对策略。另一方面要加快全省的无线电网格化监测技术设施建设,织密适用于监测低功率发射设备的无线电监测网络,作好技术储备,做到早监测、早发现、早查处。

(2)“黑广播”查找案例分析

2016年,无线电管理部门技术人员在会同公安民宗部门进行检查时,发现在部分偏远农村地区宗教场所存在一种新形态违规使用广播发射机的现象。使用者不仅擅自使用广播发射机,而且竟然还向有关人员出售接收喇叭。

经过检查发现,违规使用的广播发射机属于无生产厂家,技术指标和使用说明书的三无产品,使用84～88 MHz校园广播频段,经测算发射功率在25 W左右,覆盖范围为2～3 km。发射天线使用普通超短波鞭状天线。接收喇叭标注名称为:调频接收音箱,设备标有生产厂家、设备型号和技术指标,其说明书标注为用于农村广播和校园广播系统。值得注意的是该喇叭还具有抗同频插播功能。

此次检查发现的情况与以往有所不同,以往发现的违规广播发射机使用87～108 MHz频段,模拟合法广播电台播发一些低俗药品广告等内容,普通听众使用家用收音机就可进行接收。而此次检查发现的违规广播发射机竟然使用76～87 MHz频段,接收者必须使用专用校园广播接收机或购买专用接收喇叭才可收听,播发的非商业活动信息却与农村广播、校园广播以及以往发现的低俗广告无关。

由于违规使用的广播发射机发射频段超出了普通家用收音机的接收范围,违规行为较为隐蔽,监管部门对其播发的内容难以掌握。另外其接收设备由于具有抗同频插播功能,无线电管理部门依法进行管制的效果可能有限。

3. “考试作弊”问题

近几年,利用无线电设备进行有组织的考试作弊的事件屡有发生,造成了恶劣的社会影响。为切实维护各类考试的公平、公正和良好秩序,各级无线电管理机构积极参与各类考试的无线电保障工作,有效防范和打击了利用无线电设备进行考试作弊的非法行为。

考试过程中进行无线电安全保障保障,对于维护考试秩序、治理打击“考试作弊”问题具有重要的意义。

本文概要介绍了“护航高考”过程中,省高考无线电保障工作的实情实景之“多一天保障多一份担当”。

6 月 7 日至 9 日,全省几万名考生迎来决定人生命运的时刻。此次高考,全省共设 33 个考区、45 个考点、1 349 个考场。为防范和打击利用无线电高科技设备考试作弊行为,省无线电管理办公室提前准备,精心谋划 ,周密部署,统筹全省技术力量,全力以赴做好高考期间无线电安全保障工作 ,努力为全省考生打造公平、公正的考试环境。

在考前一个月,省无管办就成立了由省办及各市州管理处组成的高考无线电安全保障工作领导小组,负责统筹协调全省高考无线电安全保障工作。省无管办召开专题会议研究全省及各市州高考无线电安全保障工作方案及应急预案制订工作 ,划定了重点保障的地市和区域 ,明确了考前电测、无线电压制、信号源查找、技术装备配备等程序和措施,并就信息通报、协作协调、监测力量调配、人员职责及分工等事宜进行了讨论。

根据领导小组的统一部署,全省各市州派出机构管理处加紧开展了针对保障活动的技术练兵工作及相关管制设备联调联测工作,对保障用车进行了检修保养。省无线电监测站一方面着重组织技术力量为一些较为薄弱的市州补充配齐了一批无线电监测和管制装备,为相关市州技术人员开展了设备操作培训;另一方面还抽调技术骨干对用于保障期间指挥调度的数字对讲机通信网中继站和终端设备进行了检修调测。

考前一周,省无管办召开高考无线电安全保障工作动员大会。为重点做好全省考生较为集中的省城地区和重点地市各考点无线电安全保障工作,会议成立指挥组、协调组、后勤保障组和监测压制组等几个大组,监测压制组下设 17 个分组分赴各考点开展工作。搭建监测压制试验网一个,并指派一个压制分组专司可疑信号的查找以强化对重点地区考点的保障管制效果。动员会上,全体参保人员均表示会以专业严谨认真的态度投入本次高考保障工作中。

高考倒计时最后一天下午,省高考无线电安全保障团队分赴各考点进行考场及周边区域电磁环境监测。各组通过严谨细致的工作,提取了各考点考前电磁环境背景噪声信息,对合法在用频点信号进行了认真细致的提取和甄别。通过监测,全面掌握了各考点频谱占用情况,为在考试期间快速识别提取不明信号,及时进行干扰压制和阻断可疑无线电信号奠定了坚实的技术基础。

高考第一天一早,各保障组按照预案要求,准时到达各保障考点。对于一些设置考场较多、考生较为密集的重点考点,为将安检入场工作对考生的影响降到最小,一些保障分组提前一小时进驻考点待命,完成无线电监测和管制设备架设与调测工作,受到了考务部门和考生及家长的赞扬。考试期间,监测压制组利用专业装备全程严密监测监听各考点及周边区域的电磁频谱和无线电信号 ,在考点开启全频段无线电管制设备并待命,时刻防范用于考试作弊的可疑信号。每场考试结束后,各保障分组认真做好保障监测日志撰写工作并及时整理汇总。

6 月 9 日,随着全省考区少数民族考生汉语文科目考试结束铃声响起,省高考无线电安全保障工作圆满落下帷幕。此次保障,全省安排了 30 余辆无线电监测业务用车,抽调了 90 余名无线电专业技术人员,调集 40 余台(套)移动、可搬移、便携式无线电监测和管制设备,启用省及市州的全部监测固定站,规模为历年全省高考保障之最。由于部署及时、准备充分、措施得力,有力地震慑和打击了可能的考试无线电作弊企图,维护了本身高考的公平公正。

2.4.2 干扰查找案例

调查干扰案例、识别和制止未经核准的发射等是《无线电规则》赋予无线电监测的任务。

本文摘要介绍了省市无线电管理处理的一些典型干扰查找案例。

1. 微波传输设备干扰排查案例

干扰申诉:机场高速沿线某微波传输设备受干扰。

接函后,省监测站、业务处组成工作组会同该公司技术人员对干扰开展实地监测排查。

12 日,省监测站技术人员就干扰情况详细询问了联系人王先生,据该工程师反映:受干扰设备为设置在两处基站铁塔的微波传输设备,受干扰频率为 13.017～13.073 GHz,干扰导致两个微波传输设备组成的传输链路误码率高,承载的移动通信话音数据业务传输不畅。经查干扰申请表显示受干扰电台已取得执照,工作组即前往受干扰设备处开展排查。由于受干扰信号使用为微波频段,信号传播方向性极强,在偏离传输链路通道的地面和其他方向均无法收测,工作组选取了传输链路通道内附近两处制高点(测试点 1、2)、传输通道延长线一处制高点(测试点 3)进行收测,结果显示在传输通道内监测到 13.015 GHz～13.030 GHz 带宽为 15 MHz 幅度稳定的宽带信号，强度最强方向指向受干扰的两个微波传输设备鼓形天线，除此外未收测到其他干扰信号。

13 日，工作组要求该公司对受干扰两处微波设备进行断电关站。关站后，在传输链路通道内附近两处制高点（测试点 5、6）、传输通道延长线一处制高点（测试点 4）再次进行收测，结果显示传输链路通道内和延长线上未接收到任何 13 GHz 频段宽带信号，电磁环境背景噪声恢复正常。随后，工作组走访了链路通道下方单位，实地勘察中未发现通道有障碍物和其他无线电发射设备对通道造成阻挡。当日，该公司承认受干扰申请表设备与受干扰微波设备不符，实际设备并未在省无管办取得电台执照。

鉴于关站前后测试比对结果和对链路通道环境的观察，受干扰设备不存在外界信号干扰申诉微波 13 GHz 传输设备信号，传输误码率高为设备自身问题，省无管办要求申诉方应联系微波生产厂家自行解决并补办相关设台手续。

2. 地面电视受干扰排查案例

干扰申诉：某地州设置的地面电视疑似受基站干扰。

根据站领导安排，省监测站会同业务处、地州管理处组成工作组，对电视受干扰情况进行了排查。

（1）走访调查与监测情况简介

本次干扰排查，工作组使用了移动监测车一台，便携式信号分仪 2 台、便携式接收机 2 台和频谱分析仪 1 台，以及高灵敏度监测接收天线、手持式对数周期天线和抛物面扇形天线若干。工作组先后对函中所述 13 个地点进行了实地点测；对地州沿线公路进行了移动路测；在点测和路测间隙，工作组对地州下属十四个乡镇基层农牧民进行了走访调查；在重点地区多个农牧民家中了开展了基站开关机技术比对测试。

（2）测试和调查结果

测试和调查结果分以下几点阐述：

■ 在 12 处地点中，存在 738～758 MHz 频段带宽为 20 MHz 的不明信号，且该不明信号为某通信运营商基站信号问题属实。

■ 在某通信运营商 738～758 MHz 基站信号与广电 D41 频道 734～742 MHz 信号在七处地点存在 4 MHz 重叠，经测试和调查属实。但在 5 处地点由于未监测到广电 D41、D42 和 D43 频道信号，因此不存在频谱上发生重叠的情况，故在上述 5 处地点及周边地区地区不能认定存在移动信号影响和干扰广电 41、42、43 频道之情况。

■ 地州下辖某县户户通用户无法正常收看电视节目问题，走访和调查的结果是：

经调查结果显示，县广大农牧民广泛使用小口径 KU 频段抛物面天线和卫星接收电视解码器用于接收户户通中央广播及各省卫星电视节目，对于中央广播及各省上星电视节目并未发现存在无法正常收看的问题；

经调查结果显示，对无法正常收看自办节目的农牧民用户，存在以下四种情况：一是较多农牧民家中没有上述接收自办电视节目的接收天线；二是农牧民收到了用于接收地面电视节目的接收天线，但是有关部门未予安装，天线及附件全新未开封放置在家中，原因不明；三是仅在少数农牧民家中有广电部门安装好的八木天线。四是广电部门虽安装好相关硬件设备，但用户不会在遥控器上操作；

对在有广电部门安装好八木天线的农牧民家中开展的调查结果显示，存在两种情况：一是在农牧民家附近可以监测到738～758 MHz基站信号，但家中正常接收自办节目不受影响；二是在农牧民家附近可以监测到738～758 MHz基站信号，对附近基站进行开关机操作，经频谱分析仪测试和确认基站信号消失，但农牧民家中仍然无法接收自办节目信号，且第二种情况较普遍。

(3) 结　论

根据测试结果，在十二处地点监测到的738～758 MHz频段不明信号为某通信运营商基站发出，存在七处地点发生41频道信号和某通信运营商信号频谱部分重叠，上述情况属实。但相关频谱发生部分重叠的信号功率有强有弱，不足以由信号间发生部分频谱重叠判定是否导致干扰。经对有关台站进行客观中立的开关站比对实验显示，不能由此判定是否导致干扰及干扰程度是否为允许干扰、可接受干扰还是有害干扰，故无法认定某通信运营商有关基站信号的出现和消失与刚察县部分户户通用户无法收看电视节目存在因果关系。

3. 排查全球卫星搜救系统受干扰分析案例

干扰申诉：COSPAS-SARSAT全球卫星搜救系统受到国内不明信号干扰，不明信号长期占用全球卫星搜救系统专用频段406～406.1 MHz。

省无管办立即责成省监测站研究制定排查方案，着手部署排查行动。

(1) COSPAS-SARSAT系统介绍

COSPAS-SARSAT(全球卫星搜救系统)，是国际低极轨道搜救卫星系统(COSPAS/SARSAT)的简称。它是由美国、苏联、法国和加拿大四国在1981年联合开发的在全球范围内，利用卫星进行搜索救援信息服务的系统。全球卫星搜救系统以其反应迅速、准确可靠、使用方便等优点，不仅广泛地应用于航海和航空的遇险救助行动中，而且还越来越多地为陆地个人用户的遇险救助提供定位信息。该系统由遇险示位标、卫星空间段和地面处理分系统三大部分组成，遇险示位标是一个独立的小型专用发信机，根据其使用载体的不同分为三种类型：第一类是航空机载示位标(ELT)，工作频率为121.X和243 MHz；第二类是航海船载示位标(EPIRB)，频率为406 MHz；第三类是个人用示位标(PLB)，频率也是406 MHz。

从 2009 年 2 月 1 日起全球所有船舶、航空器和陆地用户统一装备和使用的 406 MHz 频率示位标，121. X 和 243 MHz 频率的示位标业务停止使用。系统的空间段部分目前是由美国提供的 5 颗 SARSAT 和俄罗斯提供的 3 颗 COSPAS 低高度极地轨道卫星（轨道高度为 850～1 000 km），以及美国和印度提供的 3 颗静止轨道卫星组成。另外，还有 2 颗美国的静止轨道卫星，在轨道上处于备用状态。地面处理分系统包括本地用户接收终端（LUT）和搜救任务控制中心（MCC）两部分。

(2) COSPAS-SARSAT 系统的工作原理

COSPAS-SARSAT 系统的工作原理是：当用户遇险后，遇险示位信标可以通过人工或者自动由遇险时的撞击、水浸而激活（信标激活后可以存活 48 小时），发出 406 MHz 的遇险报警信号，经 COSPAS-SARSAT 卫星转发后，由遍布全球的本地用户终端（LUT）接收并计算出遇险目标的位置，随后经国际通信网络通知遇险地区的相关搜救部门进行搜救。

(3) COSPAS-SARSAT 系统受干扰的特点和 ITU 的排查要求

此次 COSPAS-SARSAT 系统受干扰主要表现为，申诉的干扰地点存在不明信号长期占用全球卫星搜救系统专用频段 406～406. 1 MHz，使系统误判为紧急求救信号造成系统误告警。根据国际电联电传稿，COSPAS-SARSAT 全球卫星搜救系统在省内遭受干扰的特点有以下三个方面：

一、干扰时间长，跨度大，申诉方观测时间跨越 2 个年份；

二、境内干扰地点较多，同时申诉的有 7 个干扰地点；

三、初步定位到的干扰地点呈带状分布，且绝大部分位于市郊和农村地区，干扰地点点与点之间距离较为分散。

ITU 要求：根据保护分配给卫星移动业务的 401～406. 1 MHz 频段的有关决议，对处于无线电管理当局管辖范围内未授权的发射源，应立即采取必要的补救措施以消除非授权发射。

(4) 干扰排查的过程和步骤

从干扰现象的三个特点，推断可能是规模部署的大型无线电台站非法或异常发射造成：首先，非授权发射数月、干扰长时间说明无线电台站可能为功率较高且发射持续的大型台站；其次，干扰地点较多且呈带状分布说明可能不止一个干扰源在发射干扰信号；第三，绝大部分干扰地点位于市郊和农村地区说明该类台站可能与某种农村无线电业务有关。

从证实上述推断入手，首先从大型台站在全省境内规模部署的行业部门逐个排查。通过查找台站管理数据库，某通信运营商的可能性比较大。原因有两点：一是某通信运营商使用 400 MHz 规模部署的 SCDMA 村村通基站符合上述三个特点，且国家分配给村村通无线接入的频段为（406. 5～409. 5 MHz），频率接近受干扰的频点；二是根据国际电联提供的有关信息，发生类似干扰的除了本省之外，其余干扰排查涉及的省市与通信运营商在国内 SCDMA 村村通基站的部署地区相吻合。

为了通过实地监测数据验证之前的判断:在第一天的外场测试中,监测人员分四组在其中的四个干扰申诉地点进行监测接收,均发现了在 406.250 MHz 及其附近存在一 500 KHz 宽带信号,电平值从 16 dBuv～48 dBuv 不等。信号虽较为微弱,但十分稳定,与 SCDMA 信号波形十分接近,并排除了无线、有线广播电视信号及其谐波的可能。在四个干扰地点的信号均有一定的指向性。在第二天的测试中,监测人员集中在收到信号较强的两个地点,在通信运营商的配合下于网管终端做开关机实验。试验中,确认了有两座 SCDMA 村村通基站发射 406.250 MHz 频点的信号,但其基站所在位置并没有位于七个申诉点正中,而是一座在在正西方向的地点 A,另一座在东北方向的地点 B,两座基站均位于两座山顶处,周围视线较为开阔(说明:图中干扰地点呈东北-西南带状分布最远的干扰地点相距约 80 km,海拔高度在 2 600～2 700 m 之间)。

在第三天外场测试,监测人员分组来到各申诉的干扰地点,在运营商的配合下,在基站地点 A 处进行了现场开关机试验。关机前,各点均能收到 406.250 MHz、500 kHz 带宽信号,关机后,各点信号全部消失。由于 B 点基站在首次发现使用 406.250 MHz 之后运营商即进行了改频,没有监测到发射 406.250 MHz 频点信号。至此通过实测验证了某通信运营商两座 SCDMA 村村通基站非授权发射 406.250 MHz 频点、500 kHz 宽频带信号占用了 406～406.1 MHz 专用频段的判断,极有可能因为这一宽带信号的占用造成了 COSPAS-SARSAT 全球卫星搜救系统卫星受到干扰。

(5) 干扰可能的产生原因

那么如果是因为 SCDMA 村村通基站干扰了 COSPAS-SARSAT 卫星,那么是什么原因使得 COSPAS-SARSAT 卫星收到了村村通信号。经过查阅了众多有关 SCDMA 村村通基站和 COSPAS-SARSAT 卫星的技术资料。笔者分析原因可能有以下两点:

- 第一,基站发射功率较大,且塔放放大了基站发出的射频信号。SCDMA 村村通基站标称发射功率是 20 W(43 dBm),另一说法是 48 W(6 W×8 根栅状天线 46.8 dBm),SCDMA 村村通基站在系统结构方面的一个特点是:其射频端有一个叫塔顶放大器的组件,其除了能将天线接收到的射频信号进行低噪声放大,还有将基站送上来的射频信号进行滤波放大的功能。
- 第二,COSPAS-SARSAT 卫星灵敏度较高,微弱信号即可被卫星接收判作紧急求救源。经过查阅技术资料,COSPAS-SARSAT 全球卫星搜救系统紧急示位标(求救源)标称发射功率是 5 W(37 dBm),COSPAS-SARSAT 卫星比静止轨道卫星的接收灵敏度高约 20 dB,按(−160 dBm)来算,卫星离地高度轨道高度按 1 000 km 算,利用自由空间传播损耗公式:

$$L = 32.45 + 20\log(d) + 20\log(f)(\text{dB})$$

可以得出理论上信号到达卫星的衰减大约是：

$$L = 32.45 + 20\log 1\,000 + 20\log 406 = 144.62(\text{dB})$$

那么卫星能收到信号要求基站发出的最小功率为 $P = -160 + 144.62 = -15.38$ dBm，设 SCDMA 发射功率为 43 dBm，那么只要基站辐射的最小功率比标称功率小 43－(－15.38)＝58.38 dBm 就可以满足。若有一定下倾角的定向天线其指向天空的旁瓣理论上只要能辐射大于－15.38 dBm 的功率，就可以超过卫星的接收阈值。

(6) 需要进一步探讨的问题

尽管外场实地测试确定了某通信运营商两座 SCDMA 基站非授权发射 406.025 MHz 频点的事实，且其基站关闭后，在七个干扰申诉地点都不能收到 406.025 MHz 信号，同时 406～406.1 MHz 频段恢复背景低噪。但是从国际电联提供的干扰申诉地点来看，两座基站所处位置却离干扰申诉地点有一定距离，基站信号源却不是申诉干扰地点，这引起了我们的注意。

- 问题一：SCDMA 无线农话的终端有没有参与对卫星的干扰？理由是所有申诉干扰地基本都在发现的两座基站的服务区内(经查阅技术资料 SCDMA 基站的理论覆盖半径在 30 公里，极限覆盖半径 55 km)。而 SCDMA 无线农话终端标称发射功率 0.5 W(26 dBm)，其终端有室外型天线。
- 问题二：监测前非授权发射的基站会不会不止 2 个？若农话终端没有参与干扰，而是 ITU 提供的地理坐标存在一定误差(注意到 ITU 电传中使用了 Approximate geo-coordinates 一词)，那么会不会存在一定误差的每个干扰地点就代表一个发射基站，以上两个问题值得我们进一步分析探讨。

4. 环湖赛卫星电视转播设备受干扰案例

干扰申诉：负责环湖赛卫星电视转播任务的 QHTV 技术人员申诉其第 A、B、C、D 频道受到不明信号干扰，正在调试中用于赛事卫星电视转播的图像造成不良影响。因次日环湖赛第三赛段开赛在即，请求无线电管理部门给予技术支援，协助排查干扰。

接到申诉后，省无管办派出了省监测站和相关地州管理处组成的干扰排查小组，前往事发地点环湖赛第三赛段起点 151 景区处理排查。

(1) 基本情况

据干扰申诉方反映：下午 2 时 30 分到 4 时，发现在 700～800 MHz 频段100 MHz 带宽内疑似出现跳频宽带脉冲信号，信号频繁落在 A、B、C、D 频道 4 个频道的带内和附近，电平值较大，其中 D 频道受干扰较为严重，干扰信号出现时，电视图像呈现雪花状干扰，并已排除电视转播设备系统自干扰的可能。

(2) 排查过程

排查小组在确认除赛事组委会外没有其他单位申请使用700～800 MHz频段后,随即果断开启便携式无线电监测接收机和全向天线,在发生干扰地点对700～800 MHz频段实时监测扫描。与此同时,干扰申诉方还配合排查小组实施了三次电视转播发射机开关机试验。经过扫描后,排查小组成员发现,频段内除在用信号外,700～800 MHz频段周围底噪平坦,附近极个别频点鼓起的瞬时噪声尖峰比在用信号小很多,并没有出现同频或邻频的干扰信号。排查小组队员又利用定向天线在干扰发生地点及其附近实施全方位测向查找,没有发现任何方位角、仰角上有不明信号。

在对便携式监测设备充电的过程中,排查小组对员不经意发现,电视D频道边缘7XX MHz频点突然跳起一个不明信号,电平达42 dBuV,驻留3 s后立即消失。经过一段时间后,可疑信号再次出现。经过使用秒表掐算,验证了这个可疑信号是一个为周期1分50秒的间歇信号,并很可能就在附近。于是排查小组队员携带两部便携式设备分头查找。在餐厅后院停车场内,首先锁定两部驮着无线电发射设备和1米多长玻璃钢鞭状天线的摩托车,当测向天线指向玻璃钢鞭状天线时,显示电平只有60 dBuV,排除了鞭状天线是干扰源的可能。当转动测向天线至相反方向,显示信号电平值增大,队员随即锁定一辆外表普通的越野车,该车车身并没有天线装置,但是在夜幕中车的前挡风玻璃右下角有一个东西闪闪发光,据了解确认这是汽车防盗报警装置。队员们立刻将天线对准该装置等待着下一个1分50秒,很快接收机不仅屏幕上红色的小太阳开始跃动,而且啸叫声更尖锐了,电平值猛增到了80 dBuV。这样可以确定监测接收机收到的周期性脉冲信号来自该越野车的防盗报警装置。在之后的查找中,队员们还发现附近其他两部车辆也在700～800 MHz频段内的另外两个频点发射同样的周期性间歇信号,驻留时间约3 s,但电平值较第一辆车小20 dB。排查小组成员登记了以上三辆车的车牌后,重新回到申诉方反映的干扰发生地点测试7XX MHz频点干扰信号电平值,测试结果表明接收机收到的周期信号电平超过了最初电视转播设备发射信号值。于是队员们初步判断干扰电视转播的脉冲信号极有可能是安有防盗报警装置的车辆发射的周期信号。

为了进一步验证队员们的判断,第二天早晨6时,在筹备环湖赛第三赛段的人员车辆开始不断增多、申诉方电视转播车停放到预定位置后,排查小组成员回到干扰发生地。队员们在赛段起点附近100 m长的车道巡回监测,排除了LED电子屏、气象部门和其他部门应急通信车辆产生干扰的可能。而在距电视转播车约25 m的地方,接收机再一次接收到前一天晚上在电视D频道附近7XX MHz频点出没的周期信号。经过查找,前一天晚间发现的第一辆越野车就停在不远处,该车电子防盗装置依然开启,关注频点最近处电平仍为80 dbuV。排查小组队员来到距越野车和电视转播车同为30 m的地方开启便携式接收机,频谱图显示测到得干扰信号超过了正在调试的电视转播信号14 dB,而在电视转播车附近,干扰信号与电视转播信号电平大小相当,同时干扰申诉方也证实了同样的干扰现象再次出现。排查小组随后立即通知该车车主关闭防盗报警装置,并排查周围所有疑似车辆,待装置关闭后干扰现象消失。据此,可以肯定车辆防盗报警装置发射的周期性信号即是前一天干扰赛事电视转播的干扰源。至此,干扰排查小组在环湖自行车赛第三赛段开赛前 1 个小时,将干扰电视转播频道的信号成功排查,有效保障了环湖赛第三赛段的无线电安全。

(3) 干扰分析

经过分析和讨论认为:造成卫星转播车 700～800 MHz 频段 100 MHz 带宽内频繁出现起伏的跳频信号是若干辆装有同一类汽车防盗报警装置的车辆集中在赛区较小的空间内并距电视转播车距离很近引起的,每辆车的防盗报警装置发射的周期信号频率分布在 700～800 MHz 内的不同频点,而发射功率最强的 7XX MHz 频点信号落到了 D 频道窗口,并远远高过 D 频道电视信号,其他信号也分布到了 A、B、C 三个电视频道的窗口内和附近。虽然干扰信号发射驻留时间都是 3 s,间隔 1 分 50 秒,但是由于不是同步发射,所以从频谱图看来,信号此起彼伏,从整体上看疑似 100 MHz 内产生了宽带跳频信号,这种不同频且不同步的周期信号在频域上的叠加给人一种宽带跳频信号的错觉,在干扰排查时容易对干扰排查人员产生误导。

5. 基站受干扰排查案例分析

干扰申诉:某地市火车站站前广场出现大范围电话掉线,手机打不通现象。

接到投诉后,省站随即派出由携带专业设备的三名技术人员组成排查小组,会同当地无线电管理派出机构赶往事发地点进行排查。

抵达干扰事发地后,经与当地三家运营商了解,其设置在广场上的基站设备运行正常,能够排除由于设备自身原因造成的干扰。但当接近广场周边区域时,技术人员自身携带的手机却显示无信号,同时无法拨出和接听。根据观察,干扰发生地点站前广场呈长方形,东西两侧均有建筑物包围,西侧建有 30 层高楼一栋。经测试,在整个广场区域 30 000 m^2 区域,移动和联通的手机均存在脱网现象。据此,技术人员根据经验怀疑有两种可能:一是附近有单位和个人违规安装了手机信号干扰器;二是附近可能存在活动的伪基站。

依照上述排查思路,排查小组派出一名技术人员利用便携式频谱分析仪在广场周边建筑附近监测是否存在手机信号干扰器发出的宽带信号;而由两名技术人员利用便携式伪基站侦测设备进行伪基站信号侦测。

经过近一个小时的排查侦测,由于便携式频谱分析仪上没有收测到手机信号干扰器发出的宽带频谱,因此排除了附近使用手机信号干扰器的可能。但是在伪基站侦测设备上收测到疑似伪基站信号(CI＝8,LAC＝13 958,C2L＝126)。经分析,信号分别占用 59 和 113 两个频点(946.8 MHz 和 957.6 MHz),在位置 A 处功率在 30 dBuV 以上。利用场强逼近法,最终锁定广场东南侧中国银行二楼外墙的银色金属盒子为疑似干扰源，当利用定向天线指向干扰源时，59和113两频点信号强度分别达到了85和87 dBuV，而在广场其他区域，并没有发现伪基站设备。

经调查，银色金属盒子为当地公安部门安装的电子围栏信息采集系统，在与公安部门取得联系后，技术人员对设备进行了开关机测试。关机后，所有现场人员的手机均恢复畅通，移动通信运营商也反馈各项无线链路数据参数均恢复正常，最终确认该系统即是干扰站前广场手机信号的干扰源。排查小组当即向当地公安部门进行了通报。在接到排查结果后，市公安部门表示将尽快拆下故障设备并联系生产厂家进行维修。

本次排查案例发现的电子围栏系统，工作原理和“伪基站”设备功能相似。正常情况下电子围栏系统对公众移动通信用户产生的影响几乎察觉不到，但是设备如发生硬软件故障，其对周边公众移动通信用户手机“俘获”后长时间不能给予“释放”，就会影响在其附近的用户手机的正常使用，严重的甚至导致手机脱网。

6. 专用电台受干扰排查案例分析

干扰申诉：2015年7月以来，某部门专用超短波甚高频业务频率多次、多地受到干扰，受扰部门请求无线电管理部门对干扰原因进行排查分析。

(1) 分析初判

经过调查，对上述干扰发生的初判结果：

- 一是鉴于受扰部门频率的使用具有专用性与排他性的特征，通过受扰部门内部自查排除专用台站发生自扰的可能；
- 二是通过无线电管理部门日常监测工作，确定干扰信号来自外界，排除外界信号产生同频、邻频与阻塞干扰的可能；
- 三是通过实地勘察，未发现在机场及周边航路发现高频炉、热合机等非大功率无线电设备，排除在站址附近存在非无线电设备辐射干扰的可能；
- 四是在干扰发生时段，无线电管理部门对“黑广播”“伪基站”进行了全面摸排与清缴，排除受扰部门专用台站台址及覆盖区域存在黑广播等非法台站的可能；
- 五是由于受扰部门专用台站在建站选址阶段即对电磁环境和净空要求较高，在建站后有相关法规与制度保护受扰部门相关台站及周围环境，经过勘察排除相关台站周边保护区内存在高压输电线路和有线电视信号放大设备的情况；
- 六是根据受扰部门部门提供的对多数干扰的内容描述提到了调频广播语音，干扰内容中有“在遭受干扰的频率上出现地方广播电台声音，部分广播电台降低发射功率，无线电干扰情况较有所改善，关闭XXXX广播电台，无线电干扰情况消失”的描述，以及对广电部门设台情况的综合考虑。综上，对干扰源性质的前期初判为：广电部门大功率调频广播发射机所发出的带外或互调有害干扰。

因此在研究中,课题组将广电 C 山台址、相关地市邻近 D 区窑房南山在用的调频广播发射机所发出的信号列为重点监测对象。

(2) 排查过程

首先利用城区固定监测站进行监测测试结果:

- 监测站 1 除监测到广电及受扰部门专用频段正常在用频点外,未在广电专用频段 88～108 MHz 监测发现不明信号,在受扰部门超短波专用频段 108～112 MHz 内,监测到 109. X MHz 频点存在不明信号占用,强度约为20 dbuv,经解调为噪音和广播语音信号,台标及呼号不明;
- 监测站 2 未在广电专用频段 88～108 MHz 监测发现不明信号,在受扰部门专用频段 108～112 MHz 内,监测到 109. X MHz 和 111. 0X5 MHz 频点存在不明信号占用,强度分别为 10 dbuv 和 17 dbuv,经解调为噪音和广播语音信号,台标及呼号不明;
- 监测站 3 未在广电专用频段 88～108 MHz 和受扰部门专用频段 108～137 MHz 监测发现不明信号;
- 监测站 4 未在广电专用频段 88～108 MHz 和受扰部门专用频段 108～137 MHz 监测发现不明信号。通过比对分析,上述固定监测站监测到的不明信号与受扰部门申诉干扰频点并不相符或相近。

其次利用移动监测车开展监测,利用移动监测车在四处测试点能收测到 109. Y MHz 信号,峡口以东 109. Y MHz 信号逐渐微弱消失。从其他几个路段能够收测到 110. C MHz 和 108. C MHz 频点信号,信号场强、电平功率值由西向东逐渐增大。通过比对受扰部门干扰申诉资料,能够监测到部分申诉频点受扰部门在用信号,但未监测到受扰部门申诉频点出现不明占用。

第三选取典型航路投影点开展监测,三处投影点选址为:南山公园东北瞭望台、峡口受扰部门发射台和省会受扰部门办公楼顶。选址缘由:在航路地面投影点测试更为接近受扰部门干扰申诉时所反映的地理空间区域,其测试比利用固定监测站进一步提高了针对性。首先这三处地点大致位于受扰部门专用频段受干扰航路的起点、中点与结点位置的地面投影区域;其次这三处地点地理位置较高且周围视野较开阔;第三是便于便携式监测设备架设与测量。测试结果显示在上述三处投影点测试受扰部门频段,监测到 110. C MHz 频点解调后叠加有广播语音信号,内容为调频广播 100. 6 MHz 及 90. 3 MHz 频点语音。110. C MHz 频点为机场公司 ILS 东航向台合法在用频点,从对 110. C MHz 频点的功率监测数据显示,该频点沿航路地面投影由西南向东北方向测试,监测功率强度依次为－98. 1 dBm、－77 dBm、－75. 8 dBm 逐渐增大,这与 ILS 东航向台呈由东向西波束方向的发射一致。在三处投影点还监测到广播互调信号,在直通测试状态下:落入受扰部门频段的信号有:南山点二个(109. 168 MHz 强度－76. 2 dBm、113. 1 MHz 强度－99. 4 dBm);小峡点无、办公楼点二个(108.825 MHz 强度－62.7 dBm、112.353 MHz 强度－96.8 dBm)。上述频点均能在便携式接收机中解调出广播语音。但在对上述接收的互调信号经过射频盒处理后,除 109.168 MHz 外,其他频点已无法在频谱仪界面观察到,因此这些频点信号性质极有可能为接收互调。除以上频点外,未监测解调出受扰部门合法在用频点附加广播语音信号的情况,也未监测到与受扰部门干扰申诉频点一致的不明信号或干扰信号。

第四逐步缩小监测范围进行重点区域监测,选取三处受扰部门甚高频专用台址分别为:C 山受扰部门无人值守站(甚高频固定台)、自动通波站和 VHF 遥控台台址)、周边机场跑道延长线西侧(近 ILS 西航向台)、周边机场跑道延长线东侧(近 ILS 东航向台)。选址缘由:由于受扰部门干扰申诉报告显示,实际干扰发生地是在飞机飞行在对应航路上空间某点,由飞机制式电台接收,并由飞行员向塔台管制员报告。之所以定义为与干扰活动相关联,表明选择的三处测试点为地面受扰部门甚高频专用台台址附近,而这些台址仅为与干扰活动有关联的受扰部门地面信号源所在地。测试结果显示:首先,在三处测试点能够监测到多个广播互调信号,能够在便携式接收机中解调出广播语音。但在对接收的互调信号通过射频盒进行滤波和衰减处理后,除 109.131 MHz 呈等值衰减外,其他频点功率呈等值衰减的倍数衰落并已无法在频谱仪界面观察到,因此这些频点信号性质为接收互调。C 山 109.131 MHz 频点强度为－66.9 dBm 与之前南山测试点监测到 109.168 MHz 强度－76.2 dBm 频点及其靠近,疑似可能为同一信号源发出。其次,在跑道西侧延长线与东侧延长线测试点受扰部门干扰申诉频点 110.C MHz(ILS 东航向台合法使用频点)能够监测解调到广播语音信号,内容为:与调频广播 100.6 MHz、105.6 MHz、91.6 MHz、98.9 MHz 及同步播出的语音,监测功率强度为－76.6 dBm(跑道延长线西侧);与调频广播 105.6 MHz、90.3 MHz 同步的语音,监测功率强度为－74.8 dBm(跑道延长线东侧);监测 110.C MHz 功率由西向东逐渐增大,这与 ILS 东航向台射频波束呈由东向西的发射方向一致。再次,在跑道东侧延长线测试点能够监测解调出受扰部门干扰申诉频点 108.C MHz(ILS 西航向台合法使用频点)存在广播语音信号,其内容为与调频广播 100.6 MHz、99.7 MHz 同步播出的语音,跑道西侧延长线能监测到 108.C MHz 频点信号,但解调监听不到广播语音信号。最后在以上三处测试点,除监测提及的频点之外,未监测解调出受扰部门合法在用频点附加广播语音信号的情况,也未监测到与受扰部门干扰申诉频点一致的不明信号或干扰信号。

第五进一步细化进行同频干扰信号分离识别检测,在跑道西侧延长线和东侧延长线测试点,利用实时荧光频谱分析仪对 110.C MHz 和 108.C MHz 信号进行同频干扰分离识别检测,未发现有同频干扰信号叠加的情况。

第六对疑似干扰源开展近场辐射测试,为了进一步确认落入 110.C MHz 和 108.C MHz 频点的信号性质及与 C 山广电台设置调频广播发射机的联系,课题组在距 C 山广电台发射塔直线距离为 100 m 处的一处地点(某单位无人值守站院内)进行了近距离开场辐射测试，以对 C 山广电台设置的 8 台调频发射机进行逐台开关机的方式进一步确认干扰信号的性质与来源。同时考虑到距周边机场直线距离仅 6 km 处 D 区窑房南山设置有 95.2 MHz 调频广播发射机可能产生的影响，课题组在距 D 区窑房南山广播发射塔直线距离为 100 m 处的一处地点进行了近距离开场辐射测试。选点缘由：由于受扰部门地面专用电台的发射功率一般都较小（不超过为 50 W 左右），而调频广播发射机发射功率一般都较大（最大达到 10 kW），两者功率相差约 23 dB，在靠近调频广播发射台址位置，利用空间距离的衰减，能够减小受扰部门电台信号在专用频段的影响，而放大调频广播信号对受扰部门专用频段的影响。测试结果显示：

① 在 C 山广电台近场测试点，测试发现主频 105.6 MHz 的调频发射机工作时同步产生 110.C MHz 频点的残波辐射（带外）信号，对某市区至机场上空航路的飞机制式电台接收 ILS 东航向台主频信号 110.C MHz 产生同频干扰。而在 D 区窑房南山近场测试点，测试发现 95.2 MHz 调频发射机工作时，仅在近场 108～114 MHz 频段产生了 10 dB 的底噪起伏和衰落，并没有监测发现在受扰部门频段产生 108.C MHz 频点和其他频点的带外信号，故 95.2 MHz 调频机与受扰部门频点干扰并无直接关联。

② 在 C 山广电台近场测试点，均未监测到调频广播发射机组合开关机产生 110.C MHz 或 108.C MHz 频点的发射互调信号，开关机实验中，近场所有频点发射机关机后，受扰部门频段信号均恢复底噪。

③ 根据将 C 山所有在用的 8 个频点带入互调分析软件，得出：理论上产生对 110.C MHz 造成三阶互调邻频干扰的组合有 2 种，五阶互调同频干扰的组合有 3 种，造成五阶互调邻频干扰的组合有 18 种。理论上产生对 108.C MHz 造成三阶互调同频干扰的组合有 2 种，造成三阶互调邻频干扰的组合有 2 种，造成五阶互调同频干扰的组合有 4 种，造成五阶互调邻频干扰的组合有 18 种。

④ 在 C 山近场测试中监测到的多个落入受扰部门频段的发射互调信号与受扰部门申诉干扰频点接近或一致，这些信号确有对受扰部门在用频点造成事实同频与邻频干扰的风险。近场测试中，当 C 山台广电台全部调频广播开机后，能够监测到在 100 m 处近场产生多达 20 个落入受扰部门专用频段的垂直极化发射互调信号，9 个水平极化发射互调信号，实时监测功率最大为－71.6 dBm。

⑤ 最后对疑似干扰源开展传导检测测试，通过对 99.7 MHz 调频广播发射机射频输出端进行发射机功率和杂散传导测试发现：该发射机在工作时，除在主频点 99.7 MHz 发射功率外，还在 109.114 MHz、118.469 MHz 和 125.150 MHz 三个频点辐射带外信号（监测到 90.3 MHz 为另一台发射机在测试过程中未停机灌入 99.7 MHz 发射机所致），其中影响较大的为 109.114 MHz，监测到频点的峰值功率达到了约 23dBm（频谱仪实测值为：－51.21 dBm，测试系统加入约 74 dB 衰减），99.7 MHz 主频峰值功率达到了 62 dBm（频谱仪实测值为：－12.61 dBm，测试系统

加入约 74 dB 衰减)。传导测试解释了之前测量步骤中发现的 109.1 MHz 的来源,测试发现发射机射频输出存在 109.114 MHz 残波辐射信号。

(3) 排查结论

- 110.C MHz 干扰原因:C 山广电台 105.6 MHz 调频广播发射机在 110.C MHz 所发出的残波辐射信号产生同频干扰,并伴有 100.6 MHz、98.9 MHz、90.3 MHz、91.6 MHz 四台调频发射机工作主频信号在进入受扰部门机载电台后在 110.C MHz 频点形成的接收互调干扰;
- 108.C MHz 干扰原因:C 山广电台 100.6 MHz 和 99.7 MHz 二台调频发射机工作主频信号在进入受扰部门机载电台后在 108.C MHz 频点形成接收互调干扰;
- 118.X MHz、121.X MHz、119.Z MHz、119.A MHz、120.B MHz、121.C MHz、123.D MHz、124.E MHz、124.F MHz、134.G MHz 十个频点干扰原因:C 山广电台八套调频广播各工作主频在受扰部门申诉频点随机和偶发产生的接收互调干扰。

2.5 无线电检测方法研究和案例分析

2.5.1 无线电检测方法研究

1. 发射机检测方法研究

本文研究了超短波无线电发射机常规电性能指标的检测方法。

随着无线通信技术的飞速发展,超短波无线电台在各行各业的应用迅速增加,与此同时,由于超短波无线电台技术指标不过关而在使用中造成相互间干扰和对其他台站造成干扰的情况时有发生,因此为了加强超短波无线电台站的管理,有效维护无线电波秩序,无线电检测工程师需要对超短波无线电台发射机常规电性能指标进行检测,这种检测对防范和杜绝不合格超短波无线电台投入使用时极其必要的,因此深入透彻的理解和掌握超短波无线电台发射机常规电性能指标测试方法,对于完成超短波无线电台设备检测工作是十分重要的。

下面从测试设备、射频指标及要求、测试方法和测试需要注意的问题四个方面对完成超短波无线电发射机常规电性能指标检测进行一下分析。

- **测试仪表和工具**

完成超短波无线电发射机常规电性能指标测试需要的仪表有综合参数测试仪、

频谱分析仪。测试还需要用到直交流稳压电源，射频电缆，衰减器和射频连接器。交流稳压电源为测试仪表提供纯净的市电电源，直流稳压电源在测试时给被测超短波无线电发射机提供标准的直流电源。

● **测试项目及指标要求**

依据 GBT15844．1—1995《移动通信调频无线电话机通用技术条件》、GB 12192—1990《移动通信调频无线电话发射机测量方法》等标准文件进行测试。

◇ **输出载波功率**

定义：发射机在未加调制信号下，发射机在一个射频周期内加给传输线的平均功率；指标要求：对于基地台要求小于等于 50 W，固定台和车船载台小于等于 25 W，便携台和手持台小于等于 5 W。

◇ **频率误差**

定义：发射机在未加调制信号下，发射机的载波频率与指配频率（标称频率）之差，如表 2.5.1 所列。

表 2.5.1　频率误差要求

频段/MHz	35	80	160		300		450	900
信道间隔/kHz	25	25	25	12.5	25	12.5	25	25
频差（基地、固定、车\船载台）/10^{-6}	20	20	10	8	7	5	5	3
频差（便携、手持台）/10^{-6}	30	30	15	10	10	7	7	5

◇ **调制灵敏度**

定义：发射机的标准输入信号电压。即在产生标准试验调制时（1 kHz 调制频率，一定的调制信号电平使发射机频偏达到最大频偏的 60%）的调制信号电平。

指标要求：符合产品标准。

◇ **音频失真**

定义：发射机除基波分量的失真正弦信号的均方根值与全信号的均方根值之比。

指标要求：基地台要求小于等于 7%，固定、车\船载台、便携、手持台要求小于等于 10%。

◇ **调制限制**

定义：发射机音频电路防止调制超过最大允许偏移的能力。

指标要求：25 kHz 信道间隔小于等于 5 kHz，12.5 kHz 信道间隔小于等于 2.5 kHz。

◇ **邻道功率**

定义：在按信道划分的系统中工作的发射机，在规定的调制条件下总输出功率中落在任何一个相邻信道的规定带宽内的那一部分功率。

指标要求：25 kHz 信道间隔的情况下在 25～500 MHz 频段大于等于 65 dB，

500～1 000 MHz 频段大于等于 60 dB,12.5 kHz 信道间隔的情况下,大于等于 55 dB。

● 测试方法与步骤

◇ 输出载波功率测试方法和步骤

首先将无线电发射机综测仪切换到发射测试模式下,发射机的射频端口连接到综测仪的射频端口（注意:一般综测仪仪表最大承受功率为 125 W 或 150 W,如果功率大于最大承受功率,必须先通过衰减器后再连接到仪表,即使在小于 125 W 或 150 W 的情况下,要特别注意仪表可能无法承受长时间发射,一般仪表会注明可长时间承受最大功率的限值,稳妥起见,应在高于该限值即加衰减器）;其次发射机不加调制并开启发射机,打开综测仪自动调谐功能,记录综测仪上显示的功率值(注意:有些综测仪仪表有路径补偿功能,设置了路径损耗的补偿之后,显示的功率值才为修正后的发射机的输出载波功率)。

◇ 频率误差测试方法和步骤

首先将无线电发射机综测仪切换到发射测试模式下,发射机的射频端口连接到综测仪的射频口,然后将发射机不加调制并开启发射机,关闭综测仪自动调谐功能,最后手动输入发射机标称频率,读取综测仪上 OFFSET 值即标称频率与实测频率误差(Hz 或 ppm)。

◇ 调制灵敏度测试方法和步骤

首先将无线电发射机综测仪切换到发射测试模式下,发射机的射频端口连接到综测仪的射频口。将综测仪的音频输出端(Audio OUT)连接到发射机的音频输入端(MIC)。然后设置综测仪音频信号发生器的调制频率为 1 kHz,开启发射机,调整音频信号发生器输出电平值,使综测仪显示的频偏值逐步变化为 3 kHz,最后调整音频信号发生器输出电平值即为调制灵敏度。

◇ 音频失真测试方法和步骤

首先测试出调制灵敏度;用发射机综测仪的失真测量套件(调制仪)测试其失真系数。

◇ 调制限值测试方法和步骤

首先测试出调制灵敏度;然后增加音频发生器输出电平 10 dB,记录显示的频偏数值;将音频发生器的输出电平保持不变,调整调制频率,使其从 300 Hz 变化到 3 kHz(300 Hz、500 Hz、1 kHz、2 kHz、3 kHz),分别记录综测仪上显示的频偏数值;最后比较结果,取最大值为调制限制。

◇ 邻道功率

首先将无线电发射机综测仪切换到发射测试模式下,发射机的射频端口连接到综测仪的射频口。将综测仪的音频输出端(Audio OUT)连接到发射机的音频输入端(MIC)。其次设置综测仪音频信号发生器的调制频率为 1 250±2 Hz,开启发射机,调整音频信号发生器输出电平值,使综测仪显示的频偏值为 3 kHz,记录此时的音频信号电平。然后增加音频信号电平 10 dB，将发射机的发射端口连接到频谱仪的射频口（如果功率大于 1 W，必须先通过衰减器后再连接到频谱仪上）。最后设置频谱仪，进入邻道功率测试菜单，设置好相应的参数（开启两个信道、设置信道带宽 16 kHz、设置信道间隔 25 kHz 等参数），测量其上、下邻道功率比值。并记录结果。

● **测试中的其他注意事项**

◇ **综测仪功能要求**

超短波无线电发射机常规电性能指标测试中对综测仪功能要求较高，需要综测仪提供射频频率计、功率计、频谱分析仪、调制度仪、失真度仪、音频频率计、音频电压表、射频信号源和音频信号源等功能的测量选件，如果综测仪不能提供如上测试选件，测试工作的开展会受到影响。

◇ **射频功率的输入**

测试中要注意不同仪表有不同的功率承受限值，就综测仪来说，一般能承受的最大功率可以达到 125 W 或 150 W，而频谱分析仪一般只有 1 W，因此被测设备射频功率输出端口接入不同仪表前一定要确认是否超过该仪表的最大功率限值。另外，还需注意的是综测仪一般声明的最大承受功率一般适用于短时发射，在测试时如果长时间输入该功率值，仪表仍然无法承受，因此需注意仪表一般还会声明一个长时发射的承受功率，该功率要比最大承受功率要小，如果被测设备的功率超过该功率值，加装衰减器还是更为稳妥。

◇ **对外界信号的屏蔽**

一些射频指标对于电磁环境比较敏感，因此在测试时，需要注意一定要做好测试环境的电磁屏蔽，在屏蔽室内测试时要关好屏蔽式的门，最好不要打开换气扇，以免外界信号耦合进入测试仪表对测试结果产生不良影响。

2. 基站测试方法研究

本文研究了无线电检查检测中的基站测试方法。

基站测试的方法根据连接方式不同可以分为两种，一种是传导测试（Conductive），即待测设备与测量仪器之间通过射频电缆等连接，如图 2.5.1 所示；一种是 OTA 测试（Over the Air），待测设备和测量仪器之间通过天线，以空间辐射/接收的形式实现“连接”。

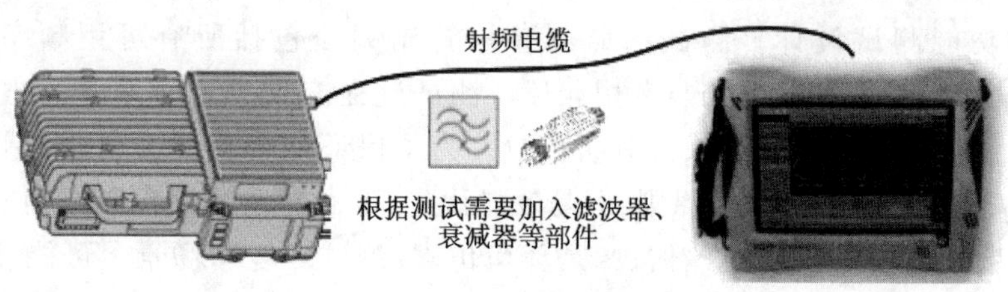

图 2.5.1　传导测试示意图

在无线电检查检测工作中，针对移动通信基站的测量，传导测试方法和 OTA 测试方法都会用到，根据测试需要，在待测设备与测量仪表之间会加入滤波器、衰减器等部件，如图 2.5.2 所示。

5G NR 由于采用了新技术，基站中将大量部署阵列天线（称为 Massive MI-MO），在这种场景下，OTA 测量将更适用，因为传导测试的复杂性大大增加，包括射频电缆的数量、测试时间、测试连接等因素。

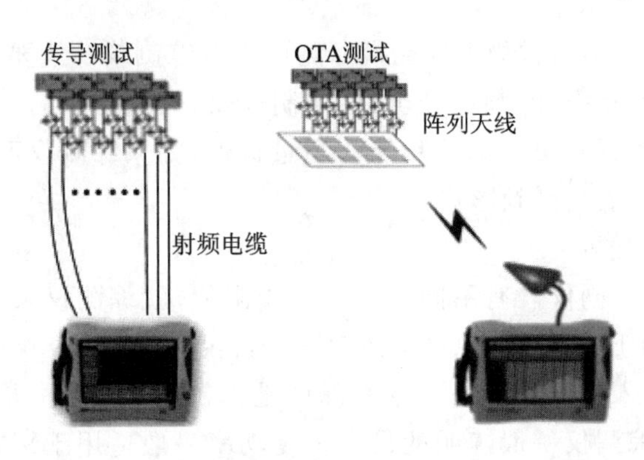

图 2.5.2　5G NR 传导测试与 OTA 测试对比示意图

2.5.2　无线电信号监测警示管制系统功能验证测试方法及案例

为适应防范打击利用无线电手段进行考试作弊形势需要，近年来各地无线电管理机构对于无线电信号监测警示管制系统的采购配置需求强劲。该系统主要由中央控制单元、监测接收机单元、信号发生器单元、警示单元和数传信号收发处理单元以及监测发射天线组成。通过无线信号警示管制技术，能够实现对在考试中利用无线电手段作弊行为的管制与威慑。由于无线电警示管制属于较为特殊的一类专业技术系统，目前尚没有国家标准对系统功能性能指标进行规范。

1. 测试遵循的原则

该测试方法是根据系统基本功能要求，通过对无线电警示管制系统的各个功能模块进行功能测试设计。测试的监测警示管制频段包括所有可用频率范围从 100 MHz 到 6 GHz 的专用及非专用频段。测试过程按照功能划分分步进行，从而得出直观清晰明确的测试结果共分析评价。为了保证整个测试过程的公平公正公开，本测试方案遵循以下两条原则：一是效能优先：重点对系统反作弊原理的验证和对系统阻断作弊信号能力的评估；二是环境仿真：测试环境和场景尽可能接近真实的考试过程，防控对象尽可能采用实际的作弊器材。

2. 测试仪器工具

测试过程中，投标单位除了需要提供无线电信号警示管制系统外，还需准备相应套数的各型语音通信设备、数传通信设备用于模拟作弊源进行测试。另外第三方测试机构需配置频谱分析仪、信号发生器用于支撑仿真环境并检测和验证监测管制效果，如表 2.5.2 所列。

表 2.5.2　无线电信号监测警示管制系统功能验证测试仪器工具列表

设备名称	设备型号或要求	备　注
无线电信号警示管制系统 1 套		功能验证目标对象
频谱仪 1 台	KEYSIGHT N991X\ANRITSU MS272X	用于测试环境及设备发射情况检测
语音设备 2 套	可调频对讲机 1 对 语音作弊器材 TK3	传送语音作弊信息
数传设备 4 套	数字传输设备包含发射端接收端 制式：云 5、云 6、云 8、TK3	传送文字作弊信息
信号发生器 1 台	Agilent E4421B	用于发射信号

3. 测试组织程序

(1) 人员组成

现场测试工作由采购单位组织，聘请与采购工作无利益关系的第三方测试机构为技术顾问。成立测试小组，成员由采购单位代表、第三方技术人员、纪检监督人员和招标代理机构工作人员组成，根据测试功能项目列表依次逐项开展测试工作。

(2) 人员分工

测试设备系统布局主要分三个测试区域。第一区为场外作弊设备工作区。该区由业主单位技术人员模拟作弊团伙在考场外利用模拟和数传弊设备发射作弊信息。第二区为监测警示管制工作区，该区由投标方技术人员通过操作各自提供的无线电监测警示管制系统，实现对考场区域电磁频谱的管控。第三区是模拟作弊考生工作区。该区由业主单位技术人员在教室里模拟作弊考生利用作弊接收器材接收考场外传来的作弊和管制信息，以验证监测警示管制效果。为确保测试公正公开透明，每个工作区同时安排第三方技术人员、纪检人员和投标单位技术人员驻守。每区的第三方技术人员依照测试方案指定的项目对测试结果提供技术分析研判指导，第一区和第三区的第三方技术人员还负责携带频谱分析仪开展现场信号监测工作，采购代理机构工作人员在场外作弊设备组处负责联络。

(3) 场地选择

测试工作须提前选定真实的学校作为测试场地,划定学校外特定区域作为第一组工作区,划定学校内教学楼外特定区域为第二组工作区,划定教学楼内某间教室为第三组工作区。在测试工作开始前预留半天作为测试准备工作用,供测试小组和投标单位查看场地,部署调试设备之用。待所有设备调试完成后,所有制造商的设备断电并离开现场。

(4) 测试主要流程

测试活动由抽签决定测试用作弊器材和各投标单位测试顺序,测试前由各投标单位提供的作弊器材中随机抽取组合成一套作为测试用器材,并对器材的型号及可用性进行鉴定。每家投标单位以抽签决定的顺序依次接受采购代理机构通知响应开展测试活动。根据采购代理机构工作人员指示进入相应测试区域,对参加测试的设备系统进行开机调试,调试时间为15分钟,在调试期间不得触碰其他制造商的设备。正式测试时,给予每个投标单位的测试时间限定在1小时30分钟之内,测试工作结束后,由测试小组成员共同在测试结果表单上签字,同时测试结果由参与测试的投标单位人员进行书面确认。

4. 测试主要功能项目

对无线电监测警示管制系统开展验证测试主要考虑以下四方面内容:一是系统对专业作弊设备的监测性能测试;二是系统对捕获的作弊信号进行引导阻断性能测试;三是系统对数传作弊信号的实时还原及清除功能测试;四是绿色阻断功能测试。

(1) 监测性能测试

该项测试主要考查系统监测单元实现对系统所在区域内出现的无线电作弊信号实施有效的监测的能力。考查对语音、数传无线电作弊信号监测行为的速度,准确度,监测距离以及灵敏度指标要求。测试方法及流程如下:首先将信号源置于一区,将信号源调至100～3 000 MHz范围内任一频点发射信号,参考信号强度－50 dBm;将监测警示管制系统置于二区,确认监测警示管制系统监测接收机是否监测到对应信号源信号;同时一区内的第三方技术人员利用便携频谱分析仪复核信号源功率的输出。

(2) 引导阻断性能测试

该项测试主要考查系统警示单元能够对语音、数传无线电作弊信号进行精确捕捉并有效实施引导警示阻断的速度、功率和带宽等指标。测试方法及流程如下:首先将可调频对讲机及语音作弊器材TK3、云5、云6、云8数传作弊设备发送端置于一区,约定在常用固定频点发送模拟语音和数传作弊信号。将监测警示管制系统置于二区开启,确认监测警示管制系统是否能够在捕捉到对应作弊信号的同时进行引导警示阻断。通过是否能在语音作弊器材收到作弊信号和在数传接收器上接收到作弊信号判断作弊信号。同时分别由一区和三区内的第三方技术人员利用便携频谱分析仪分别复核信号源功率和管制信号功率的输出。

(3) 实时还原及清除功能测试

该项测试主要考查系统在搜寻捕捉数传信号的同时实时解调还原信号内容的能力,测试系统对主流的数传作弊信号是否具有多样化阻断策略,比如在功率对抗方式之外具备对接收器答案的清除能力。测试方法及流程如下:首先将可调频对讲机及语音作弊器材 TK3、云 5、云 6、云 8 数传作弊设备发送端置于一区,约定在常用固定频点发送模拟语音和数传作弊信号。将监测警示管制系统置于二区开启,确认监测警示管制系统是否除功率警示管制外拥有多样化的阻断策略,是否能够自动对数传作弊信息进行捕捉储存,是否能够快速清除数传接收器上接收到作弊信号。

(4) 绿色阻断功能测试

该项测试主要考查对于无须进行全时压制的频段,无作弊信号时,不发射阻断信号;当作弊信号出现时,自动发射阻断信号,从而将给合法台站带来的影响降到最低的能力。全部功能测试项目(见表 2.5.2)测试方法及流程如下:首先在一区通过信号发生器任意发射一个作弊信号,在二区通过警示管制系统监测捕获作弊信号,确认系统是否能够在作弊信号出现时自动发射警示管制信号;而当作弊信号消失后,能够自动停止发射警示管制信号。

表 2.5.2　无线电信号监测警示管制系统功能验证测试项目列表

项目分类	测试项目	技术指标	备　注
警示管制系统监测、阻断及实时还原性能测试	1. 监测及管制范围测试	防控设备应满足 100～3 000 MHz(可扩展)范围内无缝监测及管制	输出作弊信号及管制信号通过监测平台观察
	2. 数传信号引导阻断能力测试	警示单元在 100～1 300 MHz 范围拥有数传作弊信号精确阻断的能力	通过数传作弊设备实测
	3. 数传信号实时还原及清除能力测试	应满足 100～1 300 MHz 以内的数传频点还原效果,并具备数传作弊接收设备数据清除功能	阻断数传信号的同时,系统可展示实时解调还原内容,并对屏蔽终端接收器内容进行清除
环保性能测试	4. 绿色阻断方式测试	对于无须进行全时压制的频段,无作弊信号时,不发射阻断信号;当作弊信号出现时,自动发射阻断信号;作弊信号消失后,阻断信号停止发射	通过频谱仪观察

5. 其他注意事项

为了有效应对测试活动中出现的各类突发状况,需要提前对以下问题进行明确:

(1) 为保障每个待测无线电信号监测警示管制系统正常工作,须要求非当前投标单位不得在测试期间发射和监测无线电信号。各投标单位须在指定区域等候通知,非接到通知不得进入测试区域;测试时间超时则当前投标单位技术人员须立即撤出各测试区域。

(2) 如出现非组织方原因的设备故障或调试不到位等异常情况,且造成规定时间内未完成的测试项目视为测试超时。

(3) 测试活动联络须由组织方提供通信联络用的无线对讲设备。为了使无线对讲设备和测试系统不发生相互干扰,须提前由组织方告知各投标单位将联络用对讲机频点列入系统白名单中不予阻断;同时为了使联络信息不被非法截获,需提前对信道进行加密。

(4) 投标单位的测试设备须将民航、公安、武警等重要单位在用频率列入白名单,避免实效发射时产生有害干扰。

(5) 各方工作人员须严格遵守中华人民共和国招投标法和政府采购法的相关规定,根据岗位职责,严格按照测试工作程序规范操作,遵守保密纪律,未经授权不得将测试结果告知无关人员。

6. 实际案例

针对某省无线电专业设备采购项目,采购单位邀请第三方测试机构对参与投标的三家供应商无线电信号监测警示管制系统进行了系统功能性验证测试。综合招标技术文件要求对测试主要功能项目进行了量化判分,如表2.5.3所列,从测试结果来看,供应商A提供的系统完全响应招标技术文件要求,供应商B提供的系统有一项偏离,供应商C提供的系统有三项偏离,测试方案能够较为显著地区分不同供应商响应招标技术文件技术能力的差异。

表2.5.3 无线电信号监测警示管制系统功能验证打分表

<table>
<tr><th>项目分类</th><th>测试项目</th><th>供应商A系统</th><th>供应商B系统</th><th>供应商C系统</th></tr>
<tr><td rowspan="3">警示管制系统监测、阻断及实时还原性能测试</td><td>1.监测及管制范围测试</td><td>0</td><td>0</td><td>—</td></tr>
<tr><td>2.数传信号引导阻断能力测试</td><td>0</td><td>—</td><td>0</td></tr>
<tr><td>3.数传信号实时还原及清除能力测试</td><td>0</td><td>0</td><td>—</td></tr>
<tr><td>环保性能测试</td><td>4.绿色阻断方式测试</td><td>0</td><td>0</td><td>—</td></tr>
<tr><td colspan="2">合计负偏离个数</td><td>0</td><td>1</td><td>3</td></tr>
</table>

2.5.3　调频广播发射机测试方法及案例

1. 测试工作背景

无线电管理部门接到民航空管部门申诉，民航甚高频电台在空中某区域受到干扰，通过监测接收机在地面的监测结果，在民航超短波专用频段收到疑似调频广播的干扰信号，为了判断监测收到的干扰信号的类型及确定干扰发射的源头，无线电管理技术人员怀疑干扰区域附近地面的三台调频广播发射机为干扰源，然而经联系相关部门机房的工作人员，均声称这三台发射机每台的性能均良好，工作正常。技术人员的怀疑是否准确，调频广播发射机是否发出了干扰信号，为了解决以上问题，无线电管理技术人员拟对三台发射机的射频指标进行在线测试。

2. 被测设备基本情况

疑似为干扰源的三台调频广播发射机设置在某机房内通过共用一台合路器经硬馈转馈线连接到本地广电发射塔上的天线后发射。其基本参数分别为：F103S 型标称最大输出功率为 10 kW 发射机一台，其载波中心频率为 91.6 MHz；FM-5000-2 型标称最大输出功率为 5 kW 发射机一台，载波中心频率为 97.2 MHz；KFT2 型标称最大输出功率为 5 kW 发射机一台，载波中心频率为 107.5 MHz；共用的合路器未标识设备名称及型号。

3. 测试设备基本情况

完成此次测试的设备为某型功率杂散测试系统，该系统包括：功率测量单元；频谱测量单元；显示单元、功率计、笔记本测试终端、MS2724B 便携式频谱分析仪、功率探头、射频电缆和直流通信电缆等附件。

4. 测试内容、方法和依据

测试内容的主要有发射机正向输出功率、反射功率、VSWR（驻波比）、载波频率及频率误差等射频指标以及发射机产生的谐波、互调、杂散信号及相关信号的强度。

测试方法为将测试设备串接到发射机工作通路中，依测试内容对被测设备的射频和杂散指标，确定是否有干扰信号发出及测量干扰信号的电平值。根据被测设备的基本情况，为了将测试过程最简化，我们选择三台发射机共用合路器的射频输出口作为测试点，将测试设备串接到合路器后的输出硬馈内，这样在测试每台发射机时不需要反复拆装设备，而只需按开启单台发射机、同时开启两台发射机、同时开启三台发射机的顺序进行在线测试，就可以得出被测设备在各种可能的情况下的射频输出结果。

测试标准及对测试结果的判定参照国标 GB/T4311—2000《米波调频广播技术规范》和国标 GY/T169—2001《米波调频广播发射机技术要求和测量方法》。

5. 测试设备的连接

(1) 测量单元的接入

选择调频广播发射机合路器输出端口，卸下调频广播发射系统合路器输出端连接的硬馈一段，用螺丝刀卸下固定硬馈的抱箍，根据卸下馈管口径尺寸接入匹配的3-1/8" EIA Flg 规格的功率测量单元和频谱测量单元。卸下馈管的长度与功率和频谱测量单元不能保证等长，为了使测量单元顺利接入被测设备天馈系统，采用将测量单元一端采用法兰加直馈的方式接入合路器输出端一侧断开的一端硬馈接头，将测量单元另一端采用法兰加同轴转法兰加直馈的方式接入天馈线一侧断开的另一端硬馈接头，在接入同轴电缆时注意同轴电缆的功率容量要与被测设备发射功率相匹配，否则会烧坏同轴电缆。

(2) 功率探头的安装

将功率探头装入功率测量单元探头座，注意功率探头属于精密器件，不可摔磕碰。首先拆除正向和反向探头座上保护塞：将探头座的探头保护塞向上提起约 1～2 mm，将锁定簧片拨向右侧，即可取出保护塞。接着在系统附件盒中选择频率和功率相匹配的两个探头，小心放入正向和反向探头座，将锁定簧片拨向左侧将探头锁住。

(3) 系统其他组件的连接

将射频电缆一端接位置 3，另一头接位置 4，直流电缆 A 一端接位置 1，另一端接位置 5，直流电缆 B 一端接位置 2，另一端接位置 6，将显示单元的射频输出端 2(Full Band)连接到便携式频谱分析仪 MS2724B；输出调节衰减器置于 10 dB 位置。将射频输出端 1(w/FM BSF)接负载。用网线连接频谱分析仪 MS2724B 和笔记本终端。注意连接时测试系统各仪表要尽量远离被测发射机，系统生产厂家推荐要大于 6 m。分别用直流、射频电缆、网线连接取样单元、功率计、频谱分析仪、笔记本。按开启单台发射机、同时开启两台发射机、同时开启三台发射机三种方式，依测试内容分别进行测试，记录测试结果。上述系统连接完毕并检查无误后，就可以接通被测设备负载冷却系统的电源，然后接通发射机，打开测试系统频谱仪、笔记本终端电源开始测试。

6. 测试数据及结果

(1) 开启单台发射机测试结果

最大输出功率标称 10 kW 的 F103S 型发射机，实测输出功率为 4.1 kW，反射功率为 1 W，VSWR 驻波比 1.03，载频及频差合格，落入民航频段的 108～137 MHz 杂散辐射指标合格，2 谐和 3 谐指标不合格。最大输出功率标称 5 kW 的 FM-5000-2 型发射机，实测输出功率为 3.4 kW，反射功率为 8 W，VSWR 驻波比 1.1，载频及频差合格，落入民航频段的 108～137 MHz 杂散辐射指标合格，2 谐和 3 谐指标不合格。最大输出功率标称 5 kW 的 KFT2 型发射机，实测输出功率为 0.95 kW，反射功率为 1 W，VSWR 驻波比 1.07，载频及频差合格，落入民航频段的 108～137 MHz 杂散辐射指标合格，各项谐波指标均合格。

(2) 开启两台发射机测试结果

同时开启 FM-5000-2 型和 KFT2 型调频广播发射机，测试结果显示落入民航频段的 108～137 MHz 杂散辐射指标不合格，产生了三阶一型互调信号 117.8 MHz，落入该频段杂散辐射最高达到了 1.15 dBm。同时开启 F103S 型和 KFT2 型发射机，测试结果显示落入民航频段的 108～137 MHz 杂散辐射指标不合格，产生了三阶一型互调信号 123.4 MHz。

(3) 开启三台发射机测试结果

同时开启 F103S 型(91.6 MHz)、KFT2 型(107.5 MHz)、FM-5000-2 型发射机，测试结果显示除开启两台发射机产生的三阶一型互调信号 117.8 MHz 和 123.4 MHz 外，还产生了三阶二型互调信号 113.1 MHz，并且三阶一型互调信号 117.8 MHz 电平值达到了 21.15 dBm，三阶一型互调信号 123.4 MHz 电平值达到了 18.55 dBm，三阶二型互调信号 113.1 MHz 电平值竟高达到 33.5 dBm，对 113.1 MHz 进行解调，有微弱的 107.5 MHz 频点广播的语音。

7. 对测量结果的分析

从测试结果得出：

一是开启单台调频广播发射机时，在三台发射机中有两台(F103S 型、FM-5000-2 型)二谐和三谐指标不合格。其他射频指标基本符合国标 GB/T4311-2000 的要求。因此我们可以看出单台调频广播发射机在工作时除了有可能在二倍频 200 MHz 和三倍频 300 MHz 产生超标信号外，并没有在民航专用频段产生干扰信号。而解决谐波信号超标可以考虑更换发射设备设备滤波单元。

二是开启两台发射机时，测到两台发射机的二谐和三谐指标均不合格，同时在民航专用频段产生了两个三阶一型干扰信号，另外根据国标 GY/T169—2001，残波辐射指标超过了国标规定限值。

三是当三台发射机同时开启时，测到除二谐和三谐指标均不合格，在民航专用频段产生了两个三阶一型干扰信号外，还测到在民航频段产生了一个三阶二型干扰信号 113.1 MHz，且这个三阶二型的残波辐射的测试结果远远超过了国标规定的小于 1 mW 的限值。(注：根据国标 GB/T4311—2000《米波调频广播技术规范》中对残波辐射要求的规定，发射机功率大于或等于 25 W 时，残波辐射功率应小于 1 mW 并低于载波功率 60 dB,同台或同塔有多套发射机使用共用天线时,其三阶互调产物小于 1 mW 并低于各自射频主载波一 60 dB)。那么,这个三阶二型信号会不会是对民航甚高频电台造成干扰的信号呢?

首先对 113.1 MHz 残波功率是否会造成干扰进行一下理论推算:

利用自由空间传播损耗公式:$L=32.45+20\lg d+20\lg f$(不考虑甚高频电台接收天线的增益)可以得出理论上信号到达卫星的衰减大约是:$L=32.45+20\lg 10+20\lg 100=92.45$ dBm,那么在 10 km 高空飞机上的甚高频电台能收到的最小功率为 $P=33.5-92.45=-58.95$ dBm,设飞机上甚高频电台接收灵敏度阈值为 −85 dBm,−58.95 dBm 远远大于 −85 dBm,表明甚高频电台理论上完全可能接收到残波辐射出的信号。

其次将民航申诉的干扰信号播发的语音内容与对 113.1 MHz 互调信号解调的语音内容比对,比对结果显示基本吻合。

从测试结果来看,尽管如有关部门自己声明的那样,单台广播发射机可能确实没有老化和故障,因为每台调频广播发射机在单独发射时看不出什么问题。然而当两台发射机同时发射时,测试结果显示发射机发射时的确产生了落入民航频段的互调干扰信号,当三台发射机同时发射时,产生的互调信号不仅数量更多而且功率更大。而且经过理论推算和语音比对,产生的三阶二型互调残波信号的确造成了民航甚高频电台的干扰。因此,被测发射机作为民航干扰源的性质可以确定,干扰类型为发射互调也可以确定。被测三台发射机最终输出的合路器极有可能是产生干扰的原因,当然也不排除天馈系统的问题。对此应建议相关部门考虑检修或更换合路器,排查检修天馈系统。

2.5.4 超短波对讲机检测案例分析

1. 抽样检测过程

(1) 抽样方法

为了客观反映某市无线电通讯市场销售超短波对讲机射频指标和有关情况。抽检按销售价位高低,采用两批抽样,第一批抽检方法为从每个经销商正在销售的中高档对讲机里随机抽取两部样品,共抽检 17 家商户,样品总数 34 部。第二批抽检方法为在全部执法检查中登记到的各类低端机中按型号抽检,每个型号抽检一部,检查中共登记型号 15 种,因此样品总数 15 部。全部抽检样品总数为 49 部。

(2) 测试项目及依据

本次两批抽检的测试项目有:频率容差、载波输出功率、最大频偏、邻道功率、杂散发射、占用带宽,共六项。测试依据为 GB/T15844.1—1995《移动通信调频无线电话机通用技术条例》、GB/T12572—2008《无线电发射设备参数通用要求和测量方法》。

(3) 测试设备及环境设施

本次抽样检测采用室内检测，在检测屏蔽室内进行，检测仪器为 STABILOCK4032 型双模式综合参数测试仪，室内温度为 23 ℃，相对湿度：45%，检测用稳压电源电压为不超过 4.7 V。

(4) 样品描述

在第一批抽检的全部 34 部中高端样机中，国内品牌的样机数量为 26 部，占全部抽检对讲机数量的 76.5%，国外品牌为建伍、摩托罗拉。在国内品牌样机中，产地为福建的样机为 15 部，占国内品牌样机总数的 57.7%，其余产地为深圳和广东。在产地为福建的 15 部样机中，有 10 部标明为福建泉州市，占产地为福建样机总数的 66.7%，其余为厦门市、南安市和福州市。在第二批抽检的全部 15 部低端样机中，全部为国产机，产地为福建的为 9 部，占第二批抽检样机总数的 60%，其余产地为深圳和广州，占第二批抽检样机总数的 40%。

(5) 抽检结果及分析

如表 2.5.4 所列，经过测试和统计分析，在第一批抽检的的全部 34 部中高端样机中，全部 6 项射频指标全部样机均合格的有 4 个项目，分别是：载波输出功率、最大频偏、邻道功率、占用带宽。不合格的项目为频率容差和杂散发射。其中有 12 部样机频率容差指标不合格，占全部抽检样机数量的 35.3%，有一部样机杂散发射指标不合格，占全部抽检样机数量的 3%。有测试指标不合格的样机多为国产机。

如表 2.5.5 所列，在第二批抽检的全部 15 部低样机中，全部 6 项射频指标中，仅发现频率容差指标有样机不合格，其中有 5 部检出频率容差指标不合格，占全部抽检样机数量的 33.3%，其他指标载波输出功率、最大频偏、邻道功率、占用带宽、杂散发射，所有样机均符合有关标准规定的限值要求。

从抽检的结果来看，两个批次大多数样机的载波输出功率、最大频偏、邻道功率、占用带宽、杂散发射五项射频指标能够满足国标 GB/T15844.1—1995 规定的限值要求，不合格的指标项目集中在频率容差，两个批次不合格样机的数量为 35.3% 和 33.3%，两个批次样机中仅发现一部杂散发射指标不合格。从总体上看，经过两批次对讲机样机抽检结果表明，西宁地区无线通信市场所销售的超短波对讲机总体质量稳定，但检查发现的一些问题需引起无线电管理部门的高度重视，加大监管力度。

表 2.5.4　第一批抽检超短波对讲机射频指标结果统计表

序　号	测试项目	样品总数	不合格数	不合格比例
1	频率容差	34	12	35.3%
2	载波输出功率	34	0	100%
3	最大频偏	34	0	100%
4	邻道功率	34	0	100%
5	占用带宽	34	0	100%
6	杂散发射	34	1	97.1%

表 2.5.5　第二批抽检超短波对讲机射频指标结果统计表

序　号	测试项目	样品总数	不合格数	不合格比例
1	频率容差	15	5	33.3%
2	载波输出功率	15	0	100%
3	最大频偏	15	0	100%
4	邻道功率	15	0	100%
5	占用带宽	15	0	100%
6	杂散发射	15	1	100%

2. 问题及对策建议

(1) 问题(见表 2.5.6 和表 2.5.7)

● **测试样机经过国家型号核准的比例不高**

在第二批测试样机中,全部样机均未经国家型号核准,没有型号核准代码,检查还发现有 3 部竟然伪造和冒用其他厂家的型号核准代码进行标识。在第一批测试样机中,没有经过型号核准的样机有 6 部,数量占全部抽检对讲机数量达 17.6%。

● **部分测试样机缺少出厂序列号**

在第二批测试样机中,缺少出厂序列号的样机达 12 部,占全部抽检样机数量的 20%,既无型号核准且无出厂序列号的样机为 3 部,占全部抽检样机数量的 20%。在第一批测试样机中,缺少出产序列号的样机为 4 部,占全部抽检对讲机数量的 11.8%,据从有关部门了解,缺少标识出厂序列号一是说明生产厂家生产不规范,产品缺乏售后保障;二是说明这种机型既有可能是小作坊生产的"山寨机"。

● **部分低端机标称技术指标不符合国家有关规定**

在检查中,工作人员发现部分低端机标称技术指标不符合国家有关规定,擅自夸大产品功能和性能,误导消费者。比如,在第二批次抽检中,有 7 部样机没有附带说明书，有2部来自不同厂家和品牌的样机附带竟然相同的说明书；有四部样机在包装盒竟然标识发射功率为7 W和8 W，超过了我国对对讲机最大发射功率的有关规定；有四部标称发射频段为136～174 MHz和400～480 MHz，不仅超过了国家分配各超短波对讲机使用频率的上限，还占用了民航超短波专用频段。

● **相当数量的样机仍使用450～470 MHz频率**

在第一批抽检的全部样机中，写入非对讲机可指配频点的样机有11部，占全部样机数量的32.4%，其中以写入450～470 MHz频段占大多数，其次是写入423.5～450 MHz，和400～402.975 MHz，在第二批抽检的全部样机中，写入450～470 MHz频段的样机也达到11部，占全部样机数量的73.3%。

● **少数样机未按频道划分写入频点**

在抽检中，发现少数抽检样品占用带宽为25 kHz，但写入频点的小数点后第3位不为0或5，造成了一个理论上25 kHz信道占用了实际50 kHz宽的频率。

● **鲜有样机使用150 MHz频段**

尽管检查中发现有样机标称可以使用150 MHz频段，但实际使用150 MHz频段的样机极少。在第一批抽检的全部样机中，经检测发现，使用150 MHz频段的对讲机仅有1部，占全部抽检对讲机的2.9%，其余97.1%全部使用400 MHz频段。而在第二批抽检的全部样机中，经检测竟然没有发现一部样机使用150 MHz频段。

表2.5.6 第一批抽检超短波对讲机存在问题状况统计表

序 号	存在问题	样品总数	存在问题数	存在问题占比
1	无型号核准代码	34	6	17.6%
2	无出厂序列号	34	4	11.8%
3	伪造或盗用核准代码	34	0	0%
4	标称发射功率超标	34	0	0%
5	标称使用频率超标	34	0	0%
6	无产品说明书	34	0	0%
7	违规写频	34	11	32.4%
8	未按频道划分写频	34	2	5.9%

表2.5.7 第二批抽检超短波对讲机存在问题状况统计表

序 号	存在问题	样品总数	存在问题数	存在问题占比
1	无型号核准代码	15	15	100%
2	无出厂序列号	15	3	20%
3	伪造或盗用核准代码	15	3	20%

续表 2.5.7

序　号	存在问题	样品总数	存在问题数	存在问题占比
4	标称发射功率超标	15	4	26.7%
5	标称使用频率超标	15	4	26.7%
6	无产品说明书	15	7	46.7%
7	违规写频	15	11	73.3%
8	未按频道划分写频	15	0	0%

(2) 对策建议

● **进一步加强国家无线电型号核准制度**

凡是经过国家型号核准的抽检样品标称射频技术指标都较为规范，而存在标称射频指标不规范、擅自夸大产品功能性能问题的样品均为未经信号核准的低端机，检查中发现无线通信市场上经过型号核准的对讲机比例仍较低，而价位却普遍较高，销售并未形成规模，而价格低廉且未经型号核准的且的低端机却大量充斥市场，甚至有低端机编造、伪造和盗用其他厂家对讲机的信号核准代码改头换面明目张胆进行销售。因此有必要加强无线电型号核准制度，从生产源头堵住标称射频指标不规范的机型流入市场。

● **加大力度引导市场生产销售 137～167 MHz 频段对讲机和 400 MHz 低段对讲机**

抽检结果显示，目前市场上销售 137～167 MHz 频段超短波对讲机的比例较低，即便检查中发现有对讲机使用 150 MHz 频段，其标称起始频率为 136 MHz，不符合国家分配给 VHF 频段对讲机的使用频段的规定，甚至可能给民航地空通信带来干扰的风险和可能。而检查发现的 UHF 频段对讲机，从抽检结果看，写入和使用 450～470 MHz 频段较为普遍，使用国家分配给 UHF 对讲机的 403.975～423.975 MHz 频段的比例也不高，而众所周知，国家早已从 2002 年起就停止审批 UHF 对讲机使用 450～470 MHz，把 450～470 MHz 分配给了下一代移动通信系统，因此我们还需下大力气引导和促进 137～167 MHz 频段对讲机和 400 MHz 低段对讲机的生产和销售。

● **探索软件写参型对讲机的管理新模式**

抽检中我们还发现，全部抽检的低端样机实际射频参数指标基本符合国标规定的限制要求，但其中一些样机标称功率和频率使用范围超出了无线电管理的有关规定，如功率可以发射达到 7 W 甚至更高，同时这些样机近九成为软件写参型对讲机。因此我们认为，像这种软件写参型对讲机如果功率和频率等射频参数任由软件随意写入而不加强管控，会给无线电波秩序带来不小的风险和隐患。鉴于软件写参型对讲机在市场上的广泛销售，有必要从制度上探索软件写参型对讲机的管理新模式。

- **对讲机产地无线电管理部门应继续巩固现有管理成果，督促相关企业提高产品质量。**

在检查中我们发现，凡是产地为福建的对讲机产品说明书多数首页都印有当地无线电管理部门的告示，明确告知使用者使用对讲机需首先到无线电管理部门办理设台使用手续，这表明了对讲机产地无线电管理部门对制造商生产环节进行不断规范所取得的成果。而从抽检中我们看到，虽然绝大多数样品大部分射频指标合格，但仍有一定比例的样品在频率容限指标上达不到标准要求，这些样机均为国产品牌，因此国内对讲机生产企业在提高产品质量方面还有很大空间，对讲机产地无线电管理部门在督促相关企业提高产品质量方面责无旁贷。

2.5.5　GSM-R 专用无线通信基站预选址电磁环境测试方法及案例

伴随着我国铁路基础设施建设力度的不断加大，与现代化铁路运输指挥调度密切相关的铁路专用无线电通信技术在国内得到了广泛应用。新建铁路沿线建设专用 GSM-R 无线通信基站实现对列车进行控制指挥调度已成为我国铁路运营管理发展的必然趋势。为了合理规划新建铁路专用 GSM-R 无线通信基站建设布局，防止新建站和周边已建合法无线电台产生相互干扰，铁路建设单位需要委托相关无线电技术测试部门对新建专用 GSM-R 基站预选址进行电磁环境测试，以出具的测试报告结论评估在预选址建设 GSM-R 基站和使用铁路专用移动通信频率的可行性。随着我国铁路基础设施建设新一轮高潮的到来，对铁路专用 GSM-R 基站进行全面细致的电磁环境测试工作引起了铁路建设单位和无线电管理部门的高度重视。可以预见 GSM-R 铁路专用移动通信系统将会在我国各类列车运行和通信指挥调度工作中将发挥更为重要的作用，并为列车畅通运行和铁路旅客生命财产安全承担更为重大的责任。因此做好 GSM-R 基站预选址电磁环境测试工作对于确保新建 GSM-R 铁路专用移动通信基站正常工作，防止产生和受到有害干扰十分重要。

1. 系统组成及工作原理

开展空中无线电电磁环境测试系统的核心部分是接收天线和频谱分析仪，选用匹配频段的接收天线用来捕捉和获取空中接收到的电测背景噪声和无线电信号，频谱分析仪对经由连接测试天线的馈线线缆传输的噪声和信号进行测量和分析，安装了专用分析软件的笔记本控制终端可将由频谱分析仪得到的测量分析数据进行进一步的处理，得到直观的测试结果和结论。其他辅助硬件主要有伺服电机、三脚架、GPS 授时器、低噪放、电源线以及电源通信线缆，其主要实现辅助在俯仰和方位两个维度获取空间电磁噪声和无线电信号。测试系统硬件连接好后，利用笔记本控制终端上的系统控制软件，首先通过 488 线缆设置频谱仪和测量天线的相关参数，其次通过通讯电缆设置伺服电机的运行参数信息。参数设置完毕，系统就可以在伺服电机控制天线按所要求的方位角和俯仰角进行旋转的同时，控制频谱分析仪对预选址空间进行无线电电磁环境测试。测试完毕后，频谱分析仪将测试结果回传至笔记本控制终端，控制软件完成对监测数据的折算分析处理后最终后生成测试报告。笔记本控制软件还可以通过USB口控制GPS授时器，读取测试点的经纬度信息。另外该系统还支持多站远程组网控制模式，即多套该系统可以组成网络，笔记本控制终端可以远程对该网络进行遥控并下发指令和测试参数，网络内的单套系统在依照测试参数执行完指令后，将测试结果通过网络回传到笔记本控制终端。系统频谱仪和测试天线需满足一般无线电业务使用频段内的电磁环境测试需要。

2. 测试方法和注意事项

(1) 测试流程程序

测试前申请方需要向委托单位提交测试委托书，内容包括：新建GSM-R基站的目的和作用(在何条铁路线路使用)、拟建台站发射功率、工作频率、设备接收灵敏度、拟建台站地理位置图(或经纬度坐标)，以及对周边已建台站情况的描述等，另外建设项目有设计方案的也需要作为附件一并提交。在收到委托书后，受托无线电管理测试单位需进行技术审查，通过查询台站和监测数据库，调阅相关台站技术标准，确定拟建台站与已建台站在频率、功率、间距方面是否发生冲突。审核通过后，受托单位测试工作方可进行。测试中一般由委托单位派员随工，随工人员主要负责设计测试路线、协调测试过程中需要解决的接电、测试厂区出入、食宿等问题，同时也起到监督受托单位测试工作的目的。测试工作依预选址地点附近电磁环境复杂程度需要一到若干工作日完成，铁路沿线点多线长，因此测试路线的设计工作决定着测试工作的效率。测试工作结束后，受托方在规定的时限内完成测试数据的整理，分析，测试报告撰写，打印校对装订工作，完成后交付委托方。

(2) 测试方法概述

铁路专用GSM-R基站工作频段为885～889 MHz和930～934 MHz。在测试中，主要利用0.7～4 GHz扇面天线在预选址工作频段内0～360°方位角和0～40°俯仰角内对预选址空间电磁背景噪声和存在的无线电信号进行测试，测试时间一般选择早中晚三个时段，以不遗漏目标信号为原则。在电磁环境较为复杂的情况下，也可灵活选择测试时段，向GSM-R工作频段低段和高端延拓测试。测试低段频段主要观察数字集群851～866 MHz和中电信CDMA870～880 MHz上行信号，测试高段频段主要观察中移动和中联通GSM890～960 MHz上行和下行信号使用情况。测试要求频谱分析仪仪表接收灵敏度高于拟建站设备接收灵敏度。

测试中常见的无线电信号和干扰：同频干扰，主要来自于频率复用规划不周的已建铁路GSM-R基站；邻频干扰，主要来自中电信CDMA 2000基站信号越界，中移动 G 网信号越界。互调干扰，外界相关两个信号由于互调作用落在铁路专用通信频段引起；杂散干扰，外界无线电台由于滤波不良导致杂波落入铁路专用通信频段引起。在测试中对于测试到的信号需要判明信号的来源和方位，记录功率电平大小，同时测试时在每个预选址地点，测试人员还需要观察视距内是否存在其他已建无线电台站，记录台站的方位和距离。测试数据信息需要由测试人员在现场生成原始记录单，为测试结束后计算分析提供技术依据。

3. 实际测试案例分析

建设单位某省境内新建支线铁路，全长约 30 km，在终点会合于某主干铁路，支线每 5～6 km 处预选址拟建铁路专用 GSM-R 基站一座，共需新建四座 GSM-R 基站，分别为站 A、站 B、站 C 和站 D。整个新建支线铁路沿线为荒漠戈壁，地势平坦，没有高山高塔及其他建筑物阻挡。新建铁路会合的主干铁路沿线每约 6 km 已建设有 GSM-R 基站。

受托测试单位频谱仪仪表 MS2692A 接收灵敏度典型值为－140 dBm(在拟测频段频点归一化)，扇面天线在测试频段增益约为 11.4 dB，馈线损耗约为 0.8 dB，拟建基站设备接收灵敏度为－98 dBm，系统仪表满足测试要求。

测试人员通过在 4 个拟建站预选址对 885～889 MHz，930～934 MHz 频段进行长时间详细测试：在上行 885～889 MHz 频段，拟建所有四个站预选站址电磁环境良好，底噪平坦，频段内没有发现不明信号占用。在下行 930～934 MHz 频段，检测到有数个信号占用该频段，最大信号强度在站 A、站 B、站 C 和站 D 预选站址测到的结果分别为－87.02 dBm、－94.2 dBm、－104.3 dBm 和－109.3 dBm，随新建基站远离已建干线而依次减小。站 A 和站 B 部分信号强度已超过拟建基站设备接收灵敏度。通过观察和实际测量，在拟建站 A 预选站址，经观察测试和计算 11 点方向约 3.5 km 处存在一干线铁路的已建 GSM-R 基站 1-1，5 点方向 1 000 m 处存在一座中移动基站。

为了排除中移动基站下行邻频干扰，测试人员在该中移动基站站址附近，将测试频段进行展宽测试，测试发现该基站发出的信号在 935 MHz 频点边缘滚降十分明显，不存在滤波不良导致周边频段底噪带起的现象，故排除了移动基站邻频干扰的可能。测试人员将测试重点转移到已建干线铁路，以站 1-1 为中心，对沿干线铁路在两个方向由近及远在站 1-1、站 1-2、站 1-3、站 1-4 和站 1-5 台址进行测试。通过和四个拟建站预选站址测试图比对，并经向铁路通信调度部门证实，在拟建站 A、站 B、站 C 和站 D 收到的信号全部来自于干线铁路已建站 1-1、站 1-2、站 1-3、站 1-4、站 1-5 所发出的 BCCH 和 TCH 信号。由于在拟建站 C、站 D 预选址检测到信号全部低于拟建台站设备接收灵敏度，因此站 C、站 D 预选址符合电磁环境建站要求；由于在拟建站 A、站 B 预选址检测到部分信号高于拟建台站设备接收灵敏度，如在站 A、站 B 预选址建设 GSM-R 基站，其频率配置应考虑避开附近已建成干线铁路 GSM-R 基站使用频点，若无法实现避开配置，应择优另选站址。

2.5.6 校园广播检测方法及案例

低功率立体声调频广播发射机主要应用于学校、机关、企业等单位，其具有设备体积小、重量轻、结构简单，组网灵活的优点，对解决特定区域内的广播覆盖问题发挥了重要的作用，受到了设台用户的欢迎和青睐。

1. 低功率调频广播发射机使用现状

某地区登记持有执照的低功率调频广播发射机设台单位有五家，发射机数量共五套，分别属于四所省属高校 A 大学、B 大学、C 大学、D 学院和一家省属企业 E 集团。使用的频率均为 88.4 MHz，核准的发射功率分别为 5 W、5 W、5 W、5 W、10 W。上述单位使用广播发射机的主要用途为：校园自办电台广播、大学英语四六级考试英语听力广播和企业内部宣传和新闻广播。近年来，B 大学、C 大学、D 学院和 E 集团所属调频广播发射机使用正常，而 A 大学有向无线电管理部门申诉其广播受到干扰。

2. 发射机检测设备配置和检测方法

为了对各设台单位的发射机开展实地检测，我们准备以下检测设备：鸟牌(BIRD)通过式功率计一台；配套测量频率范围为超短波、匹配测量功率上限为 500 W 的功率探头一个；匹配负载一个；安捷伦 N9020A 信号分析仪一台；测量功率上限为 500 W 衰减值为 40 dB 的衰减器一块；低损耗射频电缆二根；测量电压的万用表一块。

测试方法如下，第一步：测量电压的符合性确认。由于各设台单位机房的电源环境参数未知，因此在对每一台发射机开展测试前，首先要使用万用表测量仪表接电电源电压在 220～240 V 之间。第二步：粗测发射机实际发射功率。功率计输入端通过射频电缆接发射机射频输出，功率计输出端接匹配负载。根据对各发射机实际发射功率的粗测结果，可为正式测试时在测试通路中接入衰减器做出正确选择。同时也为防止实际输出功率过大而烧坏测量仪表。第三步：正式接入测量设备，将衰减器输入端通过射频电缆接发射机射频输出，输出端接信号分析仪射频输入。在测量频率、频差时，被测发射机不加音频调制信号，测量信道功率、占用带宽时，在被测发射机加入音频调制信号。

3. 检测结果及分析

A 大学广播发射机基本信息为：型号 HCM-50；生产厂商：河南中科天 X 广播电视设备有限公司。测试结果：频差+0.640 kHz，信道功率为 41.71 dBm（衰减器及线缆补偿 41 dB，下同），占用带宽为 169.94 kHz。

B 大学广播发射机基本信息为：无标明型号和生产厂商。测试结果：频差为 +3.031 kHz，信道功率为 47.76 dBm，占用带宽为 328.79 kHz。

C 大学广播发射机基本信息为：型号 TTF-9620，生产厂商为丹东北 X 通讯。测试结果：频差为 −0.112 kHz，信道功率为 44.06 dBm，占用带宽为 98.115 kHz。

D 学院广播发射机基本信息为：型号 PREMIUM CZH-501，生产厂商为广州市汉 X 生物技术开发有限公司。测试结果：频差为 2.029 kHz，信道功率为 45.67 dBm，占用带宽为 173.97 kHz。

E 集团广播发射机基本信息为：型号 HX2000，生产厂商为北京恒 X 科通科技发展有限公司。测试结果：频差为 +2.93 kHz，信道功率为 45.67 dBm，占用带宽为 125.60 kHz。

从测试结果我们发现，所有发射机的功率均超过了无线电管理机构核准的数值，B 大学和 E 集团所属发射机频差超过相关国标规定的限值。B 大学发射机占用带宽超过相关国标规定的限值。同时检测还发现 D 学院发射机工作时的驻波比较高，反射功率过大。

4. 问题及对策

(1) 发射机功率超标问题

为了达到较好的覆盖与收听效果，受检发射机存在功率超标的问题。该行为违反了《中华人民共和国无线电管理条例》第二十条“无线电台（站）经批准使用后，应当按照核定的项目进行工作”的规定。设台单位应立即停止违规发射并恢复到无线电管理机构核准的限值内，确需变更发射功率参数的，应向无线电管理部门提出申请，待审批同意后方可变更。

(2) B 大学发射机占用带宽超过相关规定限值问题

经测试，B 大学调频广播发射机在网时间已长达 10 年之久，不久前还进行过检修。经测试，占用带宽指标已经超过了相关标准规定的限值。考虑到由于距机场最近，可能给民航超短波专用频率带来干扰隐患，因此受检单位应联系生产厂商对射频率滤波单元进行更换。如不具备检修价值，鉴于其在网服役时间太长，应向无线电管理部门报停现有设备，待更换新设备后申请续用。

(3) A 大学申诉发射机受干扰问题

近年来，A 大学向无线电管理部门申诉其校园广播经常受外界信号干扰。经过监测和检测确认，E 集团广播站与 A 大学校园广播播出时段重叠，均为 7:00～8:00，12:00～13:00，18:00～19:00。在 A 大学校园内能够收到 E 集团广播信号，同频干扰来自 E 集团。但是两家单位发射机的实际输出功率都超过了电台执照核定的数值。因此无线电检测工程师认为：无线电干扰申诉方在向有关部门提起申诉前一定要首先自查设备是否符合管理机构核定的参数，自查没有问题后才能向有关部门提起干扰申诉,如果经检查发现设备使用违反国家有关规定,无线电管理部门有权对申诉方的违规行为做出处罚。另外在排查中,无线电管理机构有权通过法律手段要求干扰方降低发射功率消除干扰,但受干扰方未经无线电管理部门允许切不可为改善接收效果而擅自提高发射功率,因为这样做同样是违法的。

(4) 受检发射机设备型号核准的问题

经检查发现,在受检的五台发射机中有四台设备标识有生产厂家、设备型号等信息,四台中只有一台经过了国家无线电发射型号核准,其余一台无任何标识。对此,无线电检测工程师认为:设台单位应当购买具有国家无线电发射设备信号核准的产品,绝不应当为了贪图便宜而采购发射指标不稳定、没有质量保证的三无设备,使用三无设备不仅违法,而且还会给自身安全和空中电波秩序带来隐患。

2.5.7 蜂窝移动通信基站在用设备检测方法

1. 测试设备类型和测试依据

目前在用设备测试涉及的基站类型主要有 4 种:分别是 GSM/WCDMA/CDMA2000 EVDO/TD-SCDMA。测试依据现行 6 个行业标准和 2 个文件:分别是:YD-T 883—2009《900/1800 MHz TDMA 数字蜂窝移动通信网基站子系统设备技术要求及无线指标测试方法》;YDC014—2008《800 MHz CDMA1×数字蜂窝移动通信网设备技术要求:基站子系统》;YDC 022—2008《800 MHz CDMA 1X 数字蜂窝移动通信网设备测试方法:基站子系统》;YD/T 1556—2007《2 GHz CDMA2000 数字蜂窝移动通信网设备技术要求:基站子系统》;YD-T 1573—2007《2 GHz CDMA2000 数字蜂窝移动通信网设备测试方法:基站子系统》;信部无[2002]65 号《关于800 MHz 频段 CDMA 系统基站和直放机杂散发射限值及与 900 MHz 频段 GSM 系统邻频共用设台要求的通知》;YD/T1553—2009《2 GHz WCDMA 数字蜂窝移动通信网无线接入网络设备测试方法(第三阶段)》;YD/T 1552—2009《2 GHz WCDMA 数字蜂窝移动通信网无线接入子系统设备技术要求 (第三阶段)》;信无函[2007]22 号关于发布《2 GHz 频段 TD-SCDMA 数字蜂窝移动通信网设备射频技术要求(试行)》的通知。

2. 测试项目及指标要求

(1) GSM900/DCS1800 基站

GSM900/DCS1800 基站测试项目为 6 项,根据有关标准对这些项目的技术指标要求为:

① RF 载波平均发射功率,技术指标要求:符合无线电管理机构核定的参数和技

术资料要求。

② RF 载波发射功率时间包络，技术指标要求符合标准模板。

③ 调制和宽带噪声产生的频谱，技术指标要求符合下表：

边带频率	±100 kHz	±200 kHz	±250 kHz	±400 kHz	±600 kHz	±800 kHz
判定标准	≤0.5	≤−30	≤−33	≤−60	≤−70	≤−70
边带频率	±1.0 MHz	±1.2 MHz	±1.4 MHz	±1.6 MHz	±1.8 MHz	
判定标准	≤−70	≤−73	≤−73	≤−73	≤−75	

④ 切换瞬态频谱，技术指标要求符合下表：

偏置频率	±400 kHz	±600 kHz	±1.2 MHz	±1.8 MHz
判定标准	≤−50	≤−58	≤−66	≤−66

⑤ 相位误差和平均频率误差，技术指标要求：相位误差不应超过：5°均方根值(RMS)，20°峰值；突发脉冲的平均频率误差不应超过：0.05×10^{-6}。

⑥ 杂散辐射，其技术指标要求符合下表：

测量频段	判定标准	分析带宽	测量频段	判定标准	分析带宽
100 kHz～50 MHz	≤−36	10 kHz	1 890 MHz～1 900 MHz	≤−30	1 MHz
50 MHz～500 MHz	≤−36	100 kHz	1 900 MHz～1 910 MHz	≤−30	3 MHz
500 MHz～1GHz	≤−36	3 MHz	1 910 MHz～1 920 MHz	≤−30	3 MHz
1 GHz～1 775 MHz	≤−30	1 MHz	1 920 MHz～2.65 GHz	≤−30	3 MHz
1 775 MHz～1 785 MHz	≤−30	300 kHz	2.65 GHz～12.75 GHz	≤−30	3 MHz
1 785 MHz～1 795 MHz	≤−30	100 kHz	890 MHz～915 MHz	≤−98	100 kHz
1 795 MHz～1 800 MHz	≤−30	30 kHz	1 710 MHz～1 785 MHz	≤−98	100 kHz
1 800 MHz～1 803 MHz	≤−30	30 kHz	925 MHz～960 MHz	≤−57	100 kHz
1 882 MHz～1 885 MHz	≤−30	100 kHz	1 805 MHz～1 880 MHz	≤−36	100 kHz
1 885 MHz～1 890 MHz	≤−30	300 kHz			

(2) CDMA2000 1xEVDO 基站

CDMA2000 1xEVDO 基站测试项目为 6 项，根据有关标准对这些项目的技术指标要求为：

① 总功率，技术指标要求：厂商指定的额定功率+2 dB 和−4 dB 之内。

② 占用带宽，技术指标要求：占用带宽不应超过 1.48 MHz。

③ 波形质量和频率容限，技术指标要求：归一化互相关系数 ρ 应大于 0.912。频率差异小于指定频率的$\pm5\times10^{-8}$(±0.05 ppm)。

④ 导频功率，技术指标要求导频信道功率与总功率之比应在配置值的±0.5 dB 范围内。

⑤ 蜂窝频带内抑制,其技术指标要求:偏离载波 750 kHz,≤−45 dBc/30 kHz;偏离载波 1.98 MHz,≤−60 dBc/30 kHz。

⑥ 蜂窝频带外抑制,其技术指标要求符合下表:

测量频段	判定标准	分析带宽	测量频段	判定标准	分析带宽
9 kHz~150 kHz	≤−36	1 kHz	2.65 GHz~12.75 GHz	≤−36	1 MHz
150 kHz~30 MHz	≤−36	10 kHz	3.4 GHz~3.53 GHz	≤−47	100 kHz
30 MHz~869 MHz	≤−36	100 kHz	806 MHz~821 MHz	≤−67	100 kHz
881 MHz~1 GHz	≤−36	100 kHz	885 MHz~915 MHz	≤−67	100 kHz
1 GHz~1.3 GHz	≤−36	1 MHz	930 MHz~960 MHz	≤−47	100 kHz
1.3 GHz~2.65 GHz	≤−36	1 MHz	1.7 GHz~1.92 GHz	≤−47	100 kHz

(3) 2 GHz WCDMA 基站

2 GHz WCDMA 基站测试项目为 6 项,根据有关标准对这些项目的技术指标要求为:

① 基站的最大输出功率,技术指标要求:正常条件下,保持在设备的额定输出功率±2 dB 范围内;极端条件下,保持在设备的额定输出功率±2.5 dB 范围内。

② 占用带宽,其技术指标要求:WCDMA 信道占用带宽应小于 5 MHz。

③ 邻道泄漏抑制比,其技术指标要求:BS 邻近信道的偏移载波频率 5 MHz,ACRL≥45 dB,BS 邻近信道的偏移载波频率 10 MHz,ACRL≥50 dB。

④ 频谱发射模板,技术指标要求符合标准模板。

⑤ 调制质量和频率容限,其技术指标要求:矢量误差幅度应低于 17.5%。峰值码域误差应不超过−33 dB,频率容限应该精确到≤$\pm 0.05\times 10^{-6}$。

⑥ 杂散辐射,其技术指标要求符合下表:

测量频段	判定标准	分析带宽	测量频段	判定标准	分析带宽
9 kHz~150 kHz	≤−36	1 kHz	1 805 MHz~1 850 MHz	≤−47	100 kHz
150 kHz~30 MHz	≤−36	10 kHz	1 710 MHz~1 755 MHz	≤−98	100 kHz
30 MHz~1 GHz	≤−36	100 kHz	1 755 MHz~1 785 MHz	≤−96	100 kHz
1 GHz~2.1 GHz	≤−30	1 MHz	1 850 MHz~1 880 MHz	≤−52	1 MHz
2.18 GHz~2.65 GHz	≤−30	1 MHz	1 893.5 MHz~1 919.6 MHz	≤−41	300 kHz
2.65 GHz~12.75 GHz	≤−30	1 MHz	1 880 MHz~1 920 MHz	≤−86	1 MHz
1 920 MHz~1 980 MHz	≤−96	100 kHz	2 010 MHz~2 025 MHz	≤−86	1 MHz
921 MHz~960 MHz	≤−57	100 kHz	2 300 MHz~2 400 MHz	≤−86	1 MHz
876 MHz~915 MHz	≤−98	100 kHz			

(4) 2 GHz TD-SCDMA 基站

2 GHz TD-SCDMA 基站测试项目为六项,根据有关标准对这些项目的技术指标要求为:

① 最大输出功率，其技术指标要求：功率变化容限，正常条件±2 dB，极限条件±2.5 dB。

② 占用带宽，其技术指标要求：1.6 MHz。

③ 邻道泄漏功率比，其技术指标要求：相邻信道频率偏移±1.6 MHz，限值要求40 dB，相邻信道频率偏移±3.2 MHz，限值要求40 dB。

④ 频谱发射模板，其技术指标要求符合标准模板。

⑤ 调制质量和载波频率误差，其技术指标要求：向量误差幅度低于12.5%。峰值码域误差不能大于−28 dB，载波频率误差小于$\pm 0.05\times10^{-6}$。

⑥ 杂散发射，技术指标要求符合下表：

测量频段	判定标准	分析带宽	测量频段	判定标准	分析带宽
9 kHz~150 kHz	≤−36	1 kHz	1 710 MHz~1 755 MHz	≤−61	100 kHz
150 kHz~30 MHz	≤−36	10 kHz	1 755 MHz~1 785 MHz	≤−49	1 MHz
30 MHz~1 000 MHz	≤−36	100 kHz	1 785 MHz~1 805 MHz	≤−61	100 kHz
1 000 MHz~2 006 MHz	≤−30	1 MHz	1 805 MHz~1 850 MHz	≤−47	100 kHz
2 029 MHz~2.65 GHz	≤−30	1 MHz	1 850 MHz~1 880 MHz	≤−58	1 MHz
2.65 GHz~12.75 GHz	≤−30	1 MHz	1 880 MHz~1 920 MHz	≤−52	1 MHz
806 MHz~821 MHz	≤−61	100 kHz	1 920 MHz~1 980 MHz	≤−49	1 MHz
825 MHz~835 MHz	≤−61	100 kHz	2 110 MHz~2 170 MHz	≤−52	1 MHz
851 MHz~866 MHz	≤−57	100 kHz	2 300 MHz~2 400 MHz	≤−52	1 MHz
870 MHz~880 MHz	≤−57	100 kHz	2 500 MHz~2 690 MHz	≤−52	1 MHz
885 MHz~915 MHz	≤−61	100 kHz	3 300 MHz~3 600 MHz	≤−52	1 MHz
930 MHz~960 MHz	≤−57	100 kHz			

3. 测试设备及工具

开展蜂窝移动通信基站在用设备测试需要准备好测试仪表和工具，测试仪表为DC1900ATS基站自动测试系统，包括安捷伦N9020A一台，控制箱一台，转接头箱一个。测试工具为：附件箱、大扳手（主要为拆卸基站射频接口连接端口使用）一个，射频线两根，仪表电源线一根，控制箱标配适配器、电源线、USB连接线一套，插线板两个或一个电源线盘线（方便将市电引入被测基站附近），万用表（测量基站测试系统所用市电电压）一个。

4. 测试方法与步骤

（1）测试设备的连接

首先检测工程师取出连接需要的线缆：电源线、USB线缆、射频线和电源适配器，建立测试仪表和控制箱之间的射频连接、USB通信连接，仪表和控制箱电源连接。建立射频连接时注意将射频电缆一端接信号分析仪N型射频口,另一端接控制箱RFOUT,建立USB通信连接时注意将USB线缆一端接信号分析仪后端USB口,另一端接控制箱USB口,并且控制箱端口处不能反插。在没有连接基站的情况下给仪表上电。建立控制箱电源连接时,注意控制箱的适配器端口与控制线电源接入口要对应插入(数字标号对应),否则无法拧紧。

(2) 测试系统与基站连接

对于在用设备测试涉及的五种类型的基站里,建立测试系统与基站连接较为方便的为GSM/WCDMA/CDMA2000/EVDO四种基站,因为这四种基站射频输出接口在机房内的基站控制机柜里就可以找到并进行连接,连接较困难的是TD-SCDMA基站,因为其结构与其他基站不同,其射频单元一般上移到与基站天线在一起,TD基站一般有三个扇区,每个扇区有八根天馈线,一根校准端口(CAL信道)。首先要求运营商维护人员关闭基站射频模块功率发射,断开基站天馈线接口和基站射频输出口,建立控制箱和基站射频输出口连接,注意在用射频电缆连接控制箱和基站射频口时,基本都会用到DIN头转接头进行转接,同时注意在进行此步操作时一定要打开控制箱电源。

(3) 测试过程中的注意事项

在连接好测试系统和基站后,首先要求运营商维护人员发射一个单一载频信号,先查看仪表是否收到信号:点击仪表Mode Preset→AutoTune观察是否收到载频,(注意在非单载频的情况下展开测试的结果可能不正确)。注意在对CDMA2000/EVDO基站测试时,由于其共用基站扇区,正常发射可能会收到多个载频,一般EVDO下行频段要比CDMA2000低,测试时注意双载频或多载频情况,测试时只保留一个载频。对于TD-SCDMA基站,检测工程师除了要求运营商维护人员打开一个载频外,还需要关闭基站自校准功能,否则无法继续开展测试。对于CDMA2000/1x EV-DO和TD-SCDMA基站,检测工程师还需要要求运营商维护人员提供所测基站扇区对应的PN码或扰码后方可测试,否则测试中某些测试项目是无法正确解调的。对于GSM\WCDMA基站,不需要其他操作,完成好前面的步骤就可以开启基站自动测试系统软件进行测试。测试完成后可以点击生成报告。

(4) 测试系统的拆除

测试完毕后,必须首先停止基站射频功率发射,其次断开基站射频口与控制箱连接电缆。接下来关闭基站测试系统控制箱及频谱仪电源,最后收撤基站测试系统各部分连线。在拆除搭建的系统前,注意一定要先断开控制箱和天馈线的连接,之后再关闭控制箱。报告也可以以后再生成,单机浏览测试记录,再点生成报告即可。

5. 测试结果分析

在四种类型的基站中, WCDMA基站由于投入运行时间较短,各项指标的测试

结果基本能够符合标准要求，只有极个别基站在个别指标超标。TD-SCDMA 基站除了建站时间晚，相对 WCDMA 基站建站数量少，还存在部分基站处于停机状态而无法开展测试情况，检测发现其各项指标的测试结果也基本能够符合要求。对于 GSM 基站，测试发现存在少部分基站杂散辐射和相位误差和平均频率误差超标，对于 CDMA2000/1xEVDO 基站，测试发现存在少部分蜂窝频带内外一致超标的情况。在检测中发现的问题主要为基站隐性故障，并没有引起设备告警。对于检测工程师来说，全部测试工作完成后，不能对测试结果盲目乐观，而是应对台站整体情况进行审慎的分析估计。

第3章　无线电信号分析与识别研究

无线电信号识别是最困难的监测任务之一。这个困难部分是因为呼号很少发射,部分是因为使用缩写的或未经注册的呼号,同时在相当程度上是由于越来越多地使用复杂的传输系统(即频率偏移、频率分裂和/或时分多路传输)造成的信号解码困难。此外,还有使用莫尔斯代码以外的各种代码的机器电报系统,传真系统,单一和独立边带系统和保密设备。现阶段,基于数字处理技术和微型计算机的多功能识别设备,已经能够解调和解码大多数信号。因此,监测站必须有用于接收和/或识别几种类型的模拟和数字调制的设备。

国家无线电办公室下发的《省级无线电监测设施建设规范和技术要求(试行)》,对主要监测站的信号识别功能有明确要求:

■ 基本监测功能:频率测量、电平测量、场强和功率通量密度测量、占用带宽测量、调制测量、脉冲测量、频率使用率测量、无用发射测量、信号分析和发射机类别识别等;

■ 调制测量能力: AM、FM、CW、ASK、PSK、DPSK、QAM、PSK、MSK 等。

3.1　前　言

3.1.1　背景介绍

无线电信号的自动识别, 广泛应用于军用和民用领域, 如监测、侦察、电子防卫等,对截获信号进行识别,是软件无线电、认知无线电、频谱感知等领域研究的基础。

伴随着无线电通信技术的迅速发展,信号环境日益复杂,新的调制方式不断出现,影响识别效率的因素越来越多,如何在现有自动识别技术方法基础上不断创新、提高仍然是一项颇具挑战性的课题。

近年来,为了提高信号识别技术的识别率、适应性以及可靠性,各种算法被深入研究,并取得了显著成果。

1. 数字调制信号调制识别

在数字信号调制类型识别技术方面,新型算法研究成果包括:

■ 采用蜂群算法提取信号的联合特征模块,并将快速支持、超级自适应误差反向传播、共轭梯度3种不同算法分别应用于多层感知器神经网络分类器,实现对通信信号的自动识别;

■ 采用小波与神经网络相结合的分类方法,按照样本距离最小的原则进行聚类,利用RBF(径向基函数)网络的快速收敛性和较好的自适应性,实现对无线电信号的识别;

■ 采用时频分析图像纹理特征,利用径向基函数神经网络分类器实现时频重叠信号调制方式的识别等。文献[32]所用方法针对"时频重叠"的认知无线电underlay模式取得了良好的研究效果,同样,针对无线电监测领域的"同频干扰"信号分析有良好的应用借鉴意义。

2. 专业信号及辐射源识别

针对专业信号以及辐射源的识别也涌现了一些效果良好的研究成果,包括:

■ 基于深度学习的未授权信号识别方法,在减小人员参与度的同时,可以对未授权广播信号得到很高的识别正确率;

■ 基于四阶累积量实现非合作通信系统中OFDM(Orthogonal Frequency Division Multiplexing 正交频分复用技术)信号的调制识别;

■ 采用平滑、微分的方法对包络进行处理,获得它的各项参数信息,从而达到对雷达信号识别;

■ 基于短时傅里叶(STFT)变换和Wigner-Ville分布(WVD)方法对信号特征的分析和提取,实现雷达辐射源信号识别;

■ 基于谐波模型的高阶累积量识别方法和基于混沌振子的识别方法,针对"信杂比低,生命信号完全淹没在强背景杂波中并且生命信号的频谱与杂波频谱重叠"的生命探测雷达微弱低速运动目标回波进行信号处理和识别,具有更高的有效性和稳定性。该方法对于复杂电磁环境下的信号识别有良好的借鉴意义。

■ 采用小波包变换法提取信号的时频谱特征,并引入支持向量机完成对辐射源的分类。该方法对于无线电监测中发射机分类识别应用具有良好的借鉴意义。

3.1.2 行业动态

目前,行业内的信号分析与识别技术大致可以分为三类:基于监测设备、基于设备检测以及基于数据处理。

1. 基于监测设备

基于监测设备的信号分析与识别技术,使用监测天线与监测接收机捕获空中的电磁波,对信号进行滤波、放大、变频、模数变换以及数据处理,进一步结合设备对应的软件,实现对信号的分析处理。

2. 基于设备检测

基于设备检测的信号分析与识别技术,硬件与软件结合一体,一般针对已知无线电设备发射信号的分析测量。

3. 基于数据处理

基于数据处理的信号分析与识别技术,以软件为主,对监测接收设备输出的 IQ 数据进行深度处理和分析,实现信号的调制参数测量和分析识别,如图 3.1.1 所示。

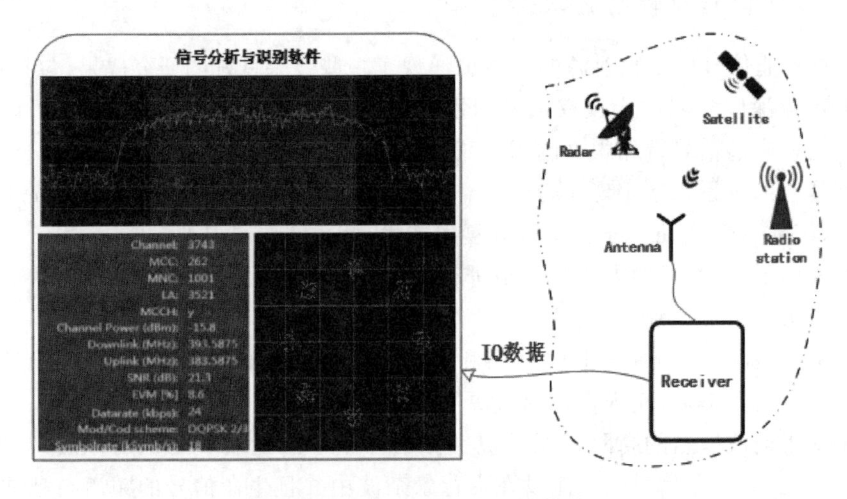

图 3.1.1 信号分析与识别软件

3.2 调制信号介绍

3.2.1 信号调制

通信系统中发送端的原始电信号通常具有频率很低的频谱分量,一般不适宜直接在信道中进行传输。因此,通常需要将原始信号变换成频带适合信道传输的高频信号，这一过程被称为调制。信号调制是使一种波形的某些特性按另一种波形或信号而变化的过程或处理方法。在无线电通信中，利用电磁波作为信息的载体。经过调制可以对原始信号进行频谱搬移，调制后的信号称为已调信号，已调信号携带有信息且适合在信道中进行传输。

调制的种类很多，按调制信号的形式可分为模拟调制和数字调制。用模拟信号调制称为模拟调制；用数据或数字信号调制称为数字调制。常用的数字调制信号主要包括幅度键控（ASK）、频移键控（FSK）、相移键控（PSK）和正交幅度调制（QAM）信号等。

相对于模拟信号调制，数字调制有很多优点，例如：抗噪声能力强；便于使用现代数字信号处理技术对数字信息进行处理，可以将来自不同信源的信号如声音、数据和图像融合在一起进行传输等。

3.2.2　模拟调制信号

1. 调幅（AM）

幅度调制（AM）技术的特点是调制信号会让载波的幅度会发生改变，如图 3.2.1 所示。载波幅度的变化称为调制系数 m，通常以百分比的形式表示。调幅信号有三个信号分量：

a）未调制信号；

b）上边带信号，频率为载波频率和调制信号频率之和；

c）下边带信号，频率为载波频率和调制信号频率之差。

调制系数 m，可以表示为：

$$m=\frac{E_{\max}-E_{\mathrm{C}}}{E_{\mathrm{C}}}$$

由于调制是对称的（调制信号是正弦信号时），$E_{\max}-E_{\mathrm{C}}=E_{\mathrm{C}}-E_{\min}$，所以：

$$E_{\mathrm{C}}=\frac{E_{\max}+E_{\min}}{E_2}$$

在频谱分析仪上以线性（电压）的模式来测量 AM 信号，如图 3.2.2 所示。

由图 3.2.2，可以计算出调制系数：

$$\%M=\frac{E_{\mathrm{SLSB}}+E_{\mathrm{SUSB}}}{E_{\mathrm{C}}}\times 100\%$$

上式中 E_{SLSB} 和 E_{SUSB} 是边带电压幅度，E_{C} 是载波电压幅度。

2. 调频（FM）

频率调制（FM），载波频率随调制信号的频率变化规律而变化，变化的程度和调

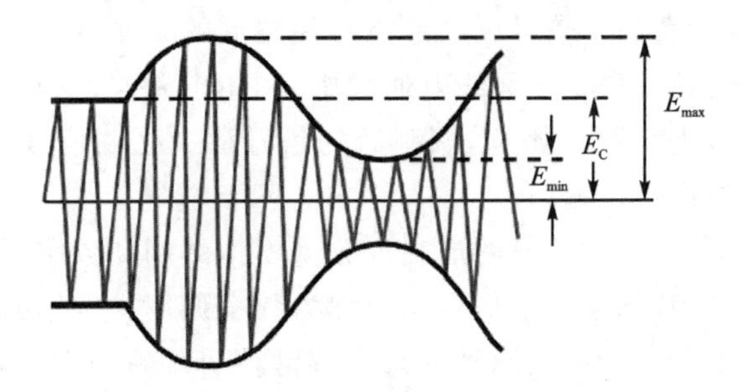

图 3.2.1 典型 AM 信号时域图

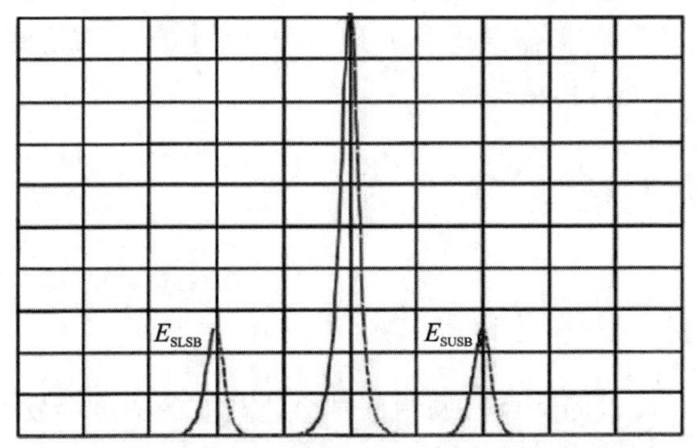

图 3.2.2 频谱分析仪线性(电压)的模式测量 AM 信号

制信号的频率成一定的比例关系，而载波的幅度保持不变。由于载波幅度没有变化，不管调制信号的幅度和频率，对 FM 信号，载波没有占用额外的功率；用正弦波调制载波，会产生无穷多的边带信号，各信号之间的间隔是调制频率 f_m；信号的峰峰值决定了最大频偏。

对一个正弦调制信号，波形由以下一般公式描述：

$$s(t)=a\cos[2\pi f_c t+m\sin(2\pi f_m t)]$$

式中，a 是调频信号的幅度，f_c 是载波的频率，f_m 是调制信号的频率，而 m 是调制指数。调制指数正比于频率偏移，且定义为：

$$m=\frac{\Delta f}{f_m}$$

式中，Δf 是频率偏移。

理论上，调频信号是由无限数量的边带对构成；实际地说，99％的能量包括在一个可以如下近似定义的有限带宽之内：对窄带调制（$m\leqslant 1$），带宽等于 $2f_m$；如果调制信号是一个连续或宽频谱，则 Carson 的带宽规则表示为 $2(\Delta f+f_m)$ 或 $2f_m(m+1)$。

在实际情况中，FM 信号的频谱不是无限的。离开载波较远的边带信号，根据 m，幅度可以忽略不计，如图 3.2.3 所示。通过计数重要边带的数目，我们可以计算低失真传输需要的带宽。重要边带指幅度上至少是未调制载波的 1%(−40 dB)。

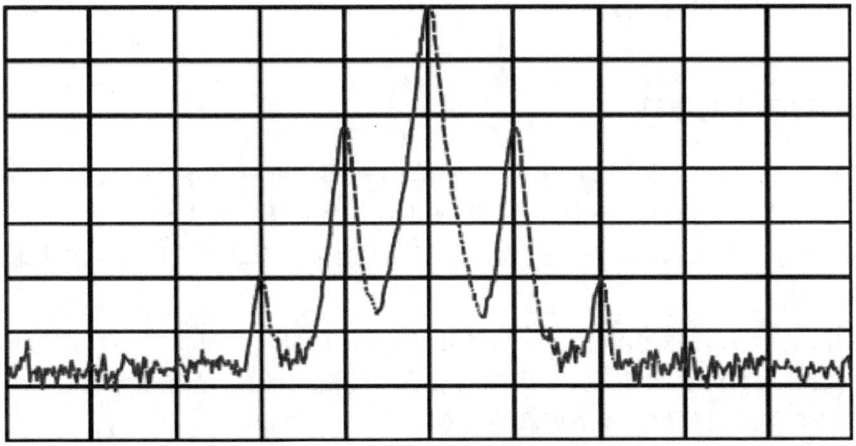

图 3.2.3　FM 信号频谱($m=0.2$)

3. 调相(PM)

调相(PM)和调频理论上相同:改变频率也改变了生成 RF 信号相对于未调制信号开始相位的瞬时相位,反之亦然。

因此,与对 FM 的相同公式也适用于 PM,而且生成频谱也相等。唯一的差别是接收机对信号进行解调制以恢复调制信息的方法。

但是,频域不适合于表征调相,因为只能看见频率和幅度。一个更为通用的表征调相的方法是采用极坐标图,在图中 RF 信号由一个矢量表示,它从中心开始。矢量的长度是 RF 的幅度;相对于水平线的角度是瞬时相位,如图 3.2.4 所示。

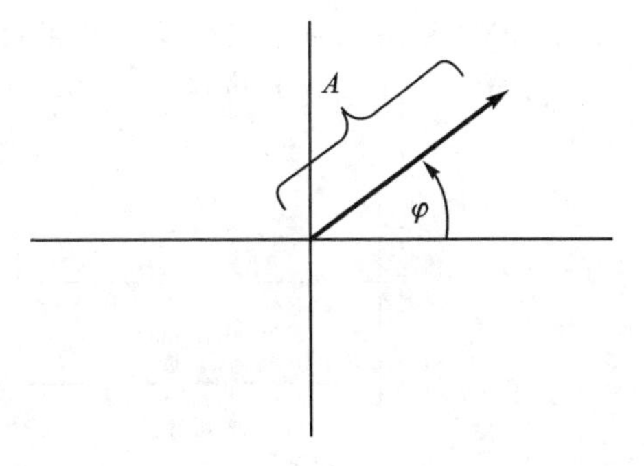

图 3.2.4　一个调相信号的瞬时极坐标图

一个未调制载波将由一个常数、稳定矢量表示。如果信号是调频的,矢量将向左或右旋转,取决于瞬时频率是低于还是高于未调制的载波。

同时,φ 也将持续地变化。所以调制频率事实上等于调制相位。

3.2.3 数字调制信号

1. 数字调制原理

数字通信中的信息是以量化格式传输的，即信号的幅度和/或相位只能具有离散值。要被传输的信息是一个由“1”和“0”组成的数据流。发射机以一个所谓的“时钟速率”的速度观看输入比特。接收机以相同的时钟速率观看 RF 信号的状态，并相应地解码源比特。

如同模拟信号，数字基带信号既没有一个适当的形状，也没有一个适当的频率通过天线发射。为了能够在一个无线电信道中传输，它们必须首先要通过调制一个正弦波 RF 载波来转化到一个更高的频率。

包含信息的数据信号以数据信号的时钟速率来影响 RF 载波的幅度、频率和/或相位。时钟速率也被称为符号速率。有些情况下，幅度和角度调制被同时使用。

在数字技术中，术语“调制”经常被术语“键控”替代。缩写 ASK、FSK 和 PSK 被用于幅移键控、频移键控和相移键控。

数字信号的优点是它们能够被存储而不会被一定环境下的噪声劣化。

2. ASK

采用数字基带信号调制载波的最简单方法是采用幅移键控(ASK)，如图 3.2.5 所示。例如，这是采用一个信号来实现的，它将载波接通或断开。如果要传输 1，载波被接通，对“0”，则载波被断开。

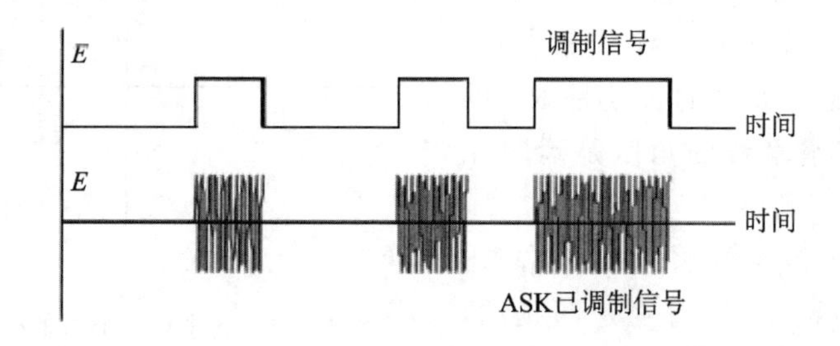

图 3.2.5 ASK 信号

这种调制的经典实例是莫尔斯码。如果一个载波仅仅以数据信号的脉冲速率接通或断开，就被称为通断键控(OOK)。

在某些情况下，例如，对标准时间信号，键控小于 100%。这具有一个优点，即当数据流由多个零构成时，仍有一些能量被发射，因而接收机不会丢失信号并保持同步。

3. FSK

采用 FSK，载波的频率按照调制信号改变：发射“1”时，载波频率 f_c 被升高到 f_1；而在一个 0 的传送期间，它被降低到 f_2，如图 3.2.6 所示。

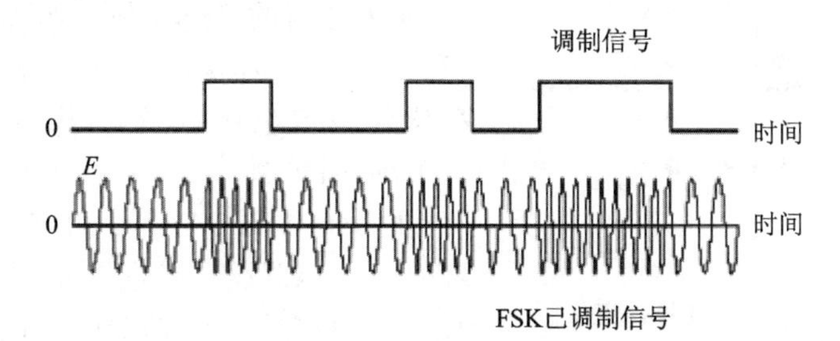

图 3.2.6　FSK 信号

载波的幅度保持恒定，而频率可以取两个值：

$$f_1 = f_C + \Delta f \quad 和 \quad f_2 = f_C - \Delta f$$

为了成功地解码，间隔 Δf 取决于时钟速率：时钟速率越高，间隔必须越大。

4. PSK

相移键控（PSK），如图 3.2.7 左图所示（2PSK），当调制信号从“0”变化到“1”时，被调制信号的电平保持恒定，但是相位被切换 180。

2PSK 信号为二进制相位键控信号，它是用数字基带信号控制载频信号的相位而得到的。

如同模拟调相，表征 PSK 的最好方法是一个极坐标图。但是，最通用的是仅仅在接收机试图解码该信号时的那些点画 R 矢量，所有在那一时刻的可能状态被画在相同的图中。为了改善解读，仅仅矢量的端点被画成点，结果图被称为“星座图”，如图 3.2.7 右图所示。

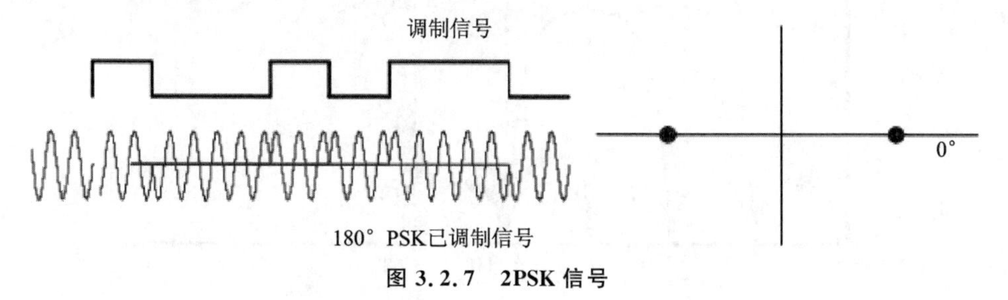

图 3.2.7　2PSK 信号

5. QAM

正交幅度调制（QAM，Quadrature Amplitude Modulation）是一种在两个正交载

波上进行幅度调制的调制方式。这两个载波通常是相位差为 90°(π/2)的正弦波,因此被称作正交载波。

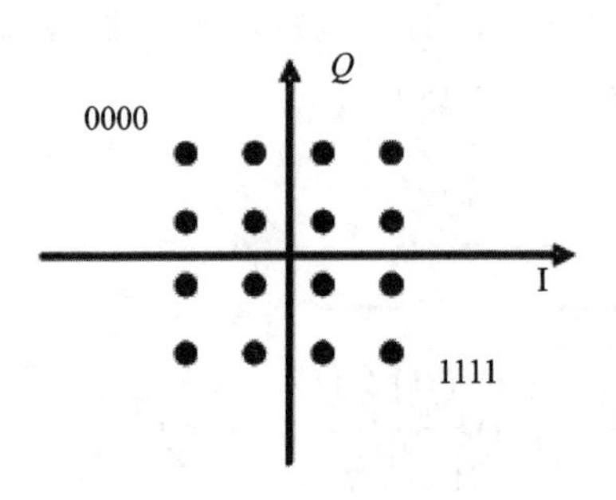

图 3.2.8 16QAM 信号星座图

当必须要把多于 3 bit 组合成一个符号时,PSK 不是理想的,因为星座点将太靠到一起,要求越来越高的 S/N。作为代替,星座点的幅度和相位以星座图都是一个正方形的方法来改变,均匀地被星座点填充,图 3.2.8 示出了 16-QAM 的实例。

在一个 16-QAM 中,4 bit 被组合成一个符号。如果可以假设足够的 S/N(例如在电缆传输中),具有每符号 8 bit 的 256-QAM 是普遍的,有时使用最高为 10 bit/符号的 1024-QAM。

6. OFDM

正交频分复用(OFDM)是一种将大量数字调制的载波结合起来形成一个信号群的方法。取决于其调制,对每个载波采用包含在多个比特(通常 4 或 6)中的信息来进行调制。输入数据流因此分裂成与 OFDM 载波数量一样多的组(最高达数百个)。因为所有载波在相同时间传输(一步),所以一个 OFDM 系统的符号大小极大(数千比特),实现了非常缓慢的符号速率而同时仍保持高的可用数据速率。

当相邻载波的参考相位有一个 90°偏离时,载波间隔可以像符号速率一样低。这样,被调制载波的频谱重叠而不会影响相邻载波的解码。图 3.2.9 显示了 OFDM 信号群的构成,该例采用了载波的 16-QAM 调制,因而每个载波是采用一组 4 bit 来调制的。

完整的 OFDM 信号是采用一个反向 FFT 来生成的,而解调制采用 FFT。

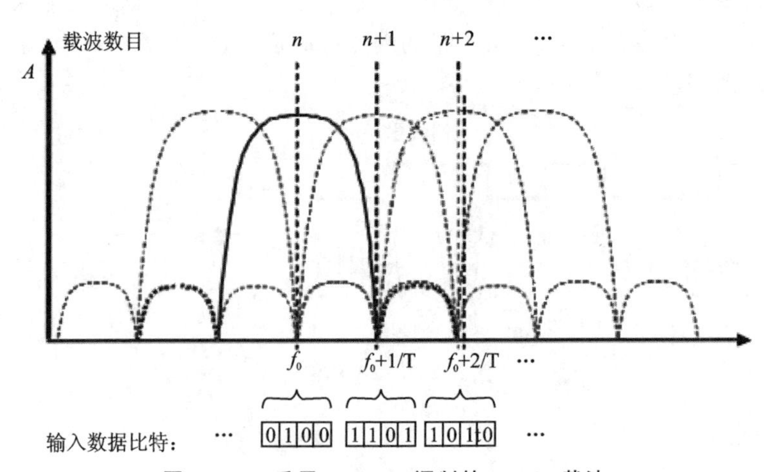

图 3.2.9 采用 16-QAM 调制的 OFDM 载波

3.3　信号调制参数测量与识别

3.3.1　术语和定义

1. 调制参数测量(measurement of modulated parameters)

通过技术手段获取信号波特率、载波频偏等调制参数的过程。

2. 调制类型识别(modulation identification)

通过技术手段获取信号的调制方式的过程。

3. 盲信号处理

盲信号处理,顾名思义,就是在没有先验信息条件下的信号处理。这种处理方式,在现实中有着巨大的需求,主要体现在以深空通信领域为代表的自主无线电技术,以及对非合作雷达、通信等目标信号进行接收和处理的电子侦察技术。

3.3.2　模拟调制信号

1. 调幅(AM)

模拟幅度调制(AM)中要测量的关键参数是调制深度:

$$m(\%)=\frac{E_{max}-E_{min}}{E_{max}+E_{min}}\times 100$$

正常情况下该数值在 0 到 100%之间,能够从标准量度的接收机直接读出。

当载波被过调制且 $m>100\%$时会出现临界状态,若 $E_{min}<0$ 也会出现临界状态,然而,测量接收机不会显示临界状态,而调制深度的另一个定义为:

$$m_{\pm}(\%)=\frac{E_{max}-E_{min}}{2E_{C}}\times 100$$

E_C 为能够使用的平均电平,例如,可以采用测量接收机和频谱分析仪测量得到 E_{max}、E_{min} 和 E_C。如 $m_{+}=m_{-}=m_{\pm}$,则认为调制是对称的(即载波幅度的数值($=E_C$)不会被调制改变),调制百分比 100%,不会出现过调制。

可以采用被称作调制计或者调制分析仪(如果它们装备了专用电路,能够更严格地检查已调制的信号,例如失真和 S/N 比)的专用仪器对调制参数进行更为彻底的调查。

通常,调制计还能显示载波频率的数值,因为当前技术发展水平的仪器能毫不费力地实现这一功能。

指示电路立刻计算调制深度,相应地,仪器显示 m_+、m_- 或 $m_\pm$,比较这些数值显示调制是否是非对称的或者是否出现了过调制($m_+>1$)。

有时候,检查不存在过调制只需要与调制峰值相对应的调制深度的瞬时值,在这种情况下,连接至接收机中频输出的示波器可能足以进行快速的检查,也可以使用零量程(时域)的频率分析仪或矢量信号分析仪。

另一方面,为了确保发射机被正确地使用,可能要关注于知道给定时间间隔上的平均调制深度,此外,在某些情况下,可能会关注调制质量,例如信噪比或者内容失真。在所有这些情况下,都有必要使用还包含了精密调制深度计的调制分析仪,这样的仪器能用任何要求的格式显示结果,例如在前面板上、在 PC 的屏幕上或者打印的或绘制的图形。

2. 频率调制和相位调制

频率调制和相位调制(FM/PM)大体上是相同的,会产生相同的 RF 信号,对于频率/相位调制的信号,要测量的关键参数是可以直接从标准测量接收机读出的频率偏差 Δf,调制指数为:

$$m=\frac{\Delta f}{f_{\mathrm{m}}}$$

可以从 Δf 的测量结果计算得到。

频率和相位偏差的所有特性均可以采用调制计进行测量,测量 FM 广播电台偏差的另一个可能是使用基于 IFM 的调制域分析仪,或者具有数字处理能力的现代监测接收机(或 VSA)。必须要根据调制来选择采样速率(例如,如果最大的调制频率为 15 kHz,则采样速率最小应为 40 ksps),测量重复时间(时间窗口)应与我们希望确定偏差的最低频率相对应,测量时间越长,在对这些样本进行处理之后能够看到的调制频率越低。

有用信号的相位和频率偏差的测量与峰值测量一样,因为根据定义,通信信号的相位和频率偏差是峰值偏差,然而,如果必须要测量噪声或信噪比或 SINAD,则必须要考虑各个偏差的 r. m. s. 值或者准峰值加权值,因此,PM 和 FM 计通常会装备检波器以便提供 r. m. s. 、SINAD 和准峰值(ITU-R BS. 468 建议书)结果。

3.3.3 单载波数字调制

单载波数字调制取决于特定的系统参数,被幅度、频率和/或相位调制的单载波,例如 ASK、FSK、PSK、MSK 和 QAM,具有即便不相等也很相似的频谱,使用扫频式频谱分析仪很难辨别它们。采用标准调制计或测量接收机测量调制深度和频率偏移通常是不可能的，取而代之的是，可能要关注下列调制特性：

- 调制和星座状态数的识别；
- 符号速率；
- 基带滤波；
- 调制误差。

1. 符号速率

为了解码数字信号，接收机必须与发射机在时间上同步，这意味着符号速率必须精确地匹配，如果使用的设备没有数字信号识别能力，监测接收机和矢量信号分析仪只有在操作员输入了正确的符号速率时才能工作。标准测量设备不能测量符号速率，如果符号速率未知，则进一步的分析和解码是不可能的。

由于基带滤波信号的幅度和/或相位的平滑变化，使用连接至监测接收机中频的示波器通常不可能测量符号速率。

2. 调制和星座状态数的识别

如前所述，采用标准测量接收机或者扫频式频谱分析仪不可能唯一地识别各个单载波。然而，通过测量峰值和 RMS 电平的差异可以获得某些“线索”(对于脉冲信号，峰值和平均猝发电平之间的差异)，这个差异被称作 CREST 因子，如果它为零(两个电平相等)，则调制只能是 FSK 或者 MSK，因为所有其他的单载波调制都具有固有的幅度调制。

对于 FSK 和 MSK 调制，频移测量能够采用连接至标准测量接收机中频的示波器。

对于 ASK 调制，调制深度测量能够采用零挡模式的频谱分析仪或者连接至标准测量接收机中频的示波器。

为了进一步识别所采用的调制，需要能够完成矢量信号分析仪或者 FFT 分析仪/接收机功能的设备，该设备能够保留调制信号的幅度、频率和相位。

第4章　5G NR与无线电监测

4.1　5G技术概况

4.1.1　概　述

5G,第五代移动通信网络技术,是最新一代蜂窝移动通信技术,也是即2G、3G和4G系统之后的延伸。国际电联无线电通信部门(ITU-R)正式确定了5G的法定名称是“IMT-2020”。

5G面向2020年以后的人类信息社会,其基本特征已经明确:高速率(峰值速率大于20 Gbps),低时延(网络时延从4G的50 ms缩减到1 ms),海量设备连接(满足1 000亿量级接)等。

中国高度重视5G产业的发展,为5G发展提供纲领性指导及全方位保障:

★ 2014年02月27日,中共中央总书记、国家主席、中央军委主席、中央网络安全和信息化领导小组组长习近平主持召开中央网络安全和信息化领导小组第一次会议并发表重要讲话,习近平总书记强调:网络安全和信息化是事关国家安全和国家发展、事关广大人民群众工作生活的重大战略问题,要从国际国内大势出发,总体布局,统筹各方,创新发展,努力把我国建设成为网络强国。要制定全面的信息技术、网络技术研究发展战略,下大气力解决科研成果转化问题。要出台支持企业发展的政策,让他们成为技术创新主体,成为信息产业发展主体。要抓紧制定立法规划,完善互联网信息内容管理、关键信息基础设施保护等法律法规,依法治理网络空间,维护公民合法权益。建设网络强国,要把人才资源汇聚起来,建设一支政治强、业务精、作风好的强大队伍。“千军易得,一将难求”,要培养造就世界水平的科学家、网络科技领军人才、卓越工程师、高水平创新团队;2018年和2019年的中央经济工作会议上,习近平总书记分别要求“加快5G商用步伐”“加强战略性、网络型基础设施建设”;2020年4月23日,习近平总书记在陕西考察时再次强调,要“推进5G、物联网、人工智能、工业互联网等新型基建投资”。习近平总书记的多次重要指示，为加快推进 5G 网络基础设施建设指明了方向，为实现新旧动能转换和产业转型升级提供了重要指引。

★ 2015 年 5 月，经国务院总理李克强签批，由国务院印发的《中国制造 2025》，指出要全面突破第五代移动通信(5G)技术；

★ 2016 年，中共中央办公厅、国务院办公厅印发《国家信息化发展战略纲要》，指出 5G 要在 2020 取得突破性进展；

★ 2018 年 12 月 11 日，工业和信息化部印发《3 000～5 000 MHz 频段第五代移动通信基站与卫星地球站等无线电台(站)干扰协调管理办法》，以保障我国第五代移动通信(5G)健康发展，充分、合理、有效利用无线电频谱资源，解决 5G 基站与卫星地球站等其他无线电台(站)的干扰问题，规范协调管理方法，优化 5G 基站设置审批程序，提高工作效率；

★ 2019 年 6 月，工信部正式向中国电信、中国移动、中国联通、中国广电发放 5G 商用牌照，拉开了 5G 大规模商用的序幕。

4.1.2　5G 技术特点

1. 密集组网和微基站

通过微基站加密部署提升空间复用的方式，有效解决 5G 网络数据流量 1 000 倍以及用户体验速率 10～100 倍提升的目标。

5G 微基站部署数量将大大超过 4G 基站的数量。

2. 多天线传输技术

多天线技术经历了从无源到有源，从二维(2D)到三维(3D)，从高阶 MIMO 到大规模阵列的发展，将有望实现频谱效率提升数十倍甚至更高。由于引入了有源天线阵列，基站侧可支持的协作天线数量可以达到 128 根。此外，原来的 2D 天线阵列拓展成为 3D 天线阵列，形成新颖的 3D-MIMO 技术，支持多用户波束智能赋型，减少用户间干扰，结合高频段毫米波技术，将进一步改善无线信号覆盖性能。

3. 高频段传输

传统移动通信工作频段主要集中在 3 GHz 以下，这使得频谱资源十分拥挤，而在高频段(如毫米波、厘米波频段)可用频谱资源丰富，能够有效缓解频谱资源紧张的现状，可以实现极高速短距离通信，支持 5G 容量和传输速率等方面的需求。高频段在移动通信中的应用是未来的发展趋势，足够量的可用带宽、小型化的天线和设备、较高的天线增益是高频段毫米波移动通信的主要优点。

5G 的工作频段分为 Sub 6 GHz 和＞6 GHz 的毫米波频段，其中毫米波频段优先实现 28 GHz、39 GHz 段。表 4.1.1 为 3GPP 规划的 5G 工作效率。

表 4.1.1　3GPP 规划的 5G 工作频率

频率范围	起止频率
FR1	410 MHz～7 125 MHz
FR2	24 250 MHz～52 600 MHz

4. 多带宽、高带宽

下行调制方式：

5G NR 支持 QPSK、16QAM、64QAM、256QAM。

信道带宽(BS channel bandwidth)：

■ Sub 6 GHz：5 MHz～100 MHz；

■ >6 GHz：50～400 MHz。

5. 灵活的双工模式

传统的双工方式：时分双工和频分双工，考虑到时分双工和频分双工各有优缺点，3GPP 标准开始了 FDD&TDD 双模融合的研究，即阶段 2 为标准中提出的 FDD/TDD 双模融合、FDD/TDD 载波聚合、FDD/TDD 多流聚合。

目前，同时同频全双工技术取得了突破性进展，理论上频谱利用率可提高一倍。随着其研究的深入，全双工很可能成为下一阶段双工方式。

4.2　无线电监测中的 5G NR

4.2.1　前　言

《国家无线电管理规划(2016—2020 年)》中要求“主动捕获新增信号的比率不低于 90%，不明信号的调制识别率不低于 60%”。《省级无线电管理“十三五”规划技术设施建设指导意见》中要求“优化提升本地无线电监测网，基本形成技术先进、布局合理、功能齐全、高效智能的无线电监测网络”、“能对本辖区内的无线电干扰信号快速发现并实施查处”。

5G NR(5G New Radio)，是基于 OFDM 全新空口设计的全球性 5G 标准，也是中国主导的、领先的以及采用的 5G 标准。5G NR 站点采用了全新技术体制，对其进行监测，不仅是无线电管理赋予的任务与权力，同样也关系到 5G 产业快速、有序以及良好的发展。另外，5G 基站与现有卫星地球站等其他无线电台(站)同频或接近，会对其造成一定影响，为此，工信部专门制定下发了《3 000～5 000 MH 频段第五代移动通信基站与卫星地球站等无线电台(站)干扰协调管理办法》来进行指导。

5G NR 采用了全新的技术体制，包括密集组网和微基站、新型多天线传输技术、高频段传输、灵活双工技术、高信号带宽等关键技术特征，使得现有设备无法进行 5G NR 信号的有效监测，包括信号解调识别以及辐射源定位。因此，在无线电监测针对"5G NR"的工作当中，配置适宜的 5G NR 信号分析与辐射源定位设备，在维护无线电波持序、保障 5G 繁荣应用以及 5G 与现有台站协调发展方面具有重要的意义。

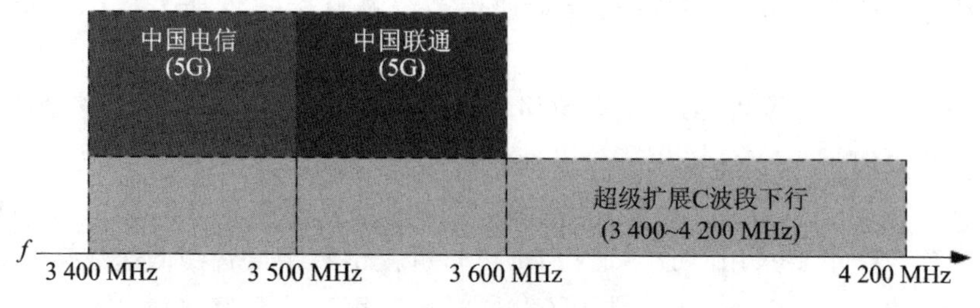

图 4.1.1　频段示意说明

4.2.2　5G NR 监测

5G NR 采用了全新技术体制，包括信号带宽、调制方式、频率等，对 5G NR 信号进行有效监测，既是履行无线电管理职责，又能为 5G 良好发展提供有力保障。

5G NR 监测，涉及 5G 信号的有效监测与 5G 辐射源的查找定位：

- 实现对 5G 信号完整全面的捕获、快速准确的解调识别；
- 具备实时频谱分析功能，POI 性能达到业内领先水平，可以通过数字荧光技术查找同频辐射源；
- 系统工作频段、5G 解调带宽、实时分析带宽等关键参数能满足目前国内 5G FR1 频率范围监测应用需求，通过拓展可满足未来监测应用要求，包括 FR2 频率、更宽信号带宽、载波聚合等；
- 配置全向天线用于 5G 信号的监测；配置手持定向天线，用于 5G 辐射源的查找；
- 具备天线多波束 RSRP 功率测量、同步信号资源块 cell ID、Beam ID、SINR、频率误差、Time offset 等测量、OTA(空口)EIRP、信道功率、占用带宽等测量、EVM 测量等功能；
- 能适应密集城区内监测与辐射源定位的应用需求，灵活使用、装带方便、操作简单，可通过内置电池工作 2 小时等。

5G NR 监测涉及以下场景：

- 日常针对 5G 信号的无线电监测；
- 5G NR 辐射源查找定位等。

4.3　5G NR 课题研究

1. 历史回顾

自 20 世纪 80 年代初诞生以来，移动通信大约每 10 年经历一次跨代技术革新，回顾移动通信的发展历程，每一代移动通信系统都有标志性能力指标和核心关键技术：

- 20 世纪 80 年代初，第一代模拟移动通信“1G”诞生，标志着蜂窝移动电话系统从 0 迈向了 1。1G 采用频分多址(FDMA)，只能提供模拟语音业务；
- 1991 年，GSM 商用，象征着第二代移动通信技术“2G”由“模拟”走向了“数字”。2G 主要采用时分多址(TDMA)，可提供数字语音和低速数据业务；
- 2001 年，WCDMA 商用，进入了“3G 时代”，第三代数字多媒体移动通信术以码分多址(CDMA)为技术特征，用户峰值速率达到 2Mbps 至数十 Mbps，可以支持多媒体数据业务；
- 2011 年，3GPP (第三代移动通信合作伙伴计划)发布了“4G”LTE-Advanced 术标准，第四代宽带数据移动互联网通信技术以正交频分多址(OFDMA)技术为核心，用户峰值速率可达 100 Mbps 至 1 Gbps，能够支持各种移动宽带数据业务；
- 2020 年，3GPP 宣布 R16 标准冻结，标志着第五代移动通信技术第一个演进版本标准完成，意味着基于 R16 标准可实现 5G 网络从“能用”到“好用”的阶段跨越，R16 标准从“运维降本增效”、“已有能力挖潜”以及“新能力拓展”三方面进一步增强了 5G 的实际落地能力，更好地为行业应用摂供服务。5G 突出特点比以前几代移动通信更加丰富，用户体验速率、设备连接密度、端到端时延、峰值速率和移动性等都将成为 5G 的关键性能指标。不过，与以往关注峰值速率的情况不同，5G 更加强调用户体验速率，它真正体现了用户实际可用数据速率，也是与用户感受最密切的性能指标，在 5G 主要场景下，5G 用户体验速率应能达到 Gbps 量级。

2. 演进因果

物质世界的动态变化和人类社会的发展变迁驱动着移动通信的持续演进。“摸索预研-确立标准-规模商用”，移动通信从 1G 迭代到 5G，以满足应用需求、应对运营挑战以及适应社会形势。

第五代移动通信网络发展的背景是，4G 全面商用后，依然面临现有移动通信不断涌现的挑战以及高数据速率、低连接时延、万物互联等未来可见的需求，迫切需求新一代系统来从容应对。

(1) 4G面临的挑战和需求

● **面临的挑战**

智能手机等移动终端的深度普及带来了OTT业务(Over The Top，是指互联网公司越过运营商，发展基于开放互联网的各种视频及数据等服务业务)的繁荣，但同时也对基础电信业造成重大冲击，运营商收入所依赖的移动话音、短信和彩信的业务量连续负增长，仅2014年，全球网络运营商语音和短信收入出现全面下降，减少额超过百亿美元，同比降幅超过20%。

一方面，一些OTT应用，包括即时通信工具、手机APP等，依靠其免费、便利性、受众广等特点，在4G时代开始加快抢占传统运营商的语音和短信市场，尤其是这些即时通信工具基于数据流量的VoIP通信可以支持视频通话功能，在关键的话音通信、视频通信等领域与运营商形成了正面竞争态势。

另一方面，OTT应用产生的数据量少、突发性强、在线时间长，却大量占用移动通信网络的信令资源，将运营商带入了移动数据流量增长却业务增收不明显的尴尬局面。

● **用户的需求**

伴随着移动通信技术的持续发展，智能终端不断创新，用户追求高速率、低时延以及无缝连接的极致体验愿望越来越迫切，要求获得光纤般的接入速率、媲美本地操作的远程低时延实时体验以及随时随地的快速接入宽带能力，增强现实(AR)和虚拟现实(VR)等早期科幻电影里出现的高大上场景也要加快飞入寻常百姓家。

移动通信也在不断与各个行业进行深度融合，新型移动业务也层出不穷，物联网、云操作、智能交通、远程医疗、远程控制等各种应用对移动通信的要求日益增加。以物联网为例，未来10年物联网的市场规模有望与通信市场平分秋色，物联网行业用户提出了支持丰富无线连接能力、海量设备连接、保障网络与信息安全、低功耗与低辐射以及提升性能价格比等诉求，另外，M2M终端(Machine to Machine，是指数据从一台终端传送到另一台终端，也就是机器与机器的对话)数量将大幅激增以及应用场景和终端能力呈现巨大的差异，这一系列因素，将为移动通信技术的发展带来新的机遇和挑战。

在移动互联网、物联网等业务的直接驱动下，5G需要满足人们物质生活、精神生活多方面多样化需求，不管是在密集城区，还是在空旷郊区，或者是在高速行驶的动车上，超高流量密度、超密连接设备、超高清视频等等都是常态化场景。

总体来说，包括改善效益等运营维度和流量密度、时延、连接数等技术产品维度不断涌现的新挑战、新需求、新场景，成为驱动新一代移动通信技术5G的内外因。

(2) 发展中的5G

在“4G”商用前后，各国研究机构就开始探索下一代移动通信场景，5G的研究部署工作也随之开启。“4G之后必然会有5G”，这已经成为全球的共识。

● **5G需要解决的问题**

新技术的出现是为了解决老技术难以解决的问题：

■ 随着云计算的广泛使用，应用终端与移动通信网络之间将出现大量的控制类信令交互，针对小数据包频发消耗信令资源的问题，4G技术体制就不是那么顺手，5G有必要对无线空口和核心网进行重构；

■ 超高清视频、3D呈现、虚拟现实等新型移动业务，需要很高的数据速率才能保证用户的应用体验。以8K视频为例，即便经过百倍压缩也需要网络提供1 Gbps量级的通道，这对4G的挑战太大、负担太重；

■ 物联网业务快速发展势必带来海量的设备连接数量，而新兴控制类业务不同于视听类业务10 ms～100 ms量级的时延要求，包括自动驾驶等业务对时延非常敏感，要求时延低至毫秒量级(1 ms)才能保证高可靠性等等。

这些4G技术无法有效解决或有力支撑的问题，需要新一代技术来进行解决。

● **5G呈现的面貌**

5G终将实现“万物触手及、信息随心至”的远景目标，届时，人类社会将跨入智能时代。

光纤接入般的上网速度、接近“零”时延的使用感受、突破时空限制的交互体验，构建以用户为中心的全方位信息生态圈并带来身临其境的信息饕餮盛宴；海量的在线连接设备，通过无缝融合的方式拉近万事万物的距离，便捷地实现人与万物的智能互联；深度融合到社会的各个领域，同时将为移动通信网络带来超百倍的能效提升和超百倍的比特成本降低…这就是5G。

5G网络将呈现以下特点：

■ **场景和业务多样化**。差异化的业务形态，包括高速和低速场景、多连接和少连接场景、大时延和小时延场景等；

■ **网络密集化、网络节点多样化(多制式/多空口)**。5G时代的移动通信网络将存在更大数量、更为丰富的节点，包括增量的5G节点、物联网节点，也包括存量的4G节点、3G节点、2G节点以及无线局域网节点等；

■ **组网形态多样化**。多样化的网络节点意味着多样化的组网拓扑形态，包括超密集网络(UDN)、大规模天线(Massive MIMO)、C-RAN、同构/异构网络、Mesh网络等。

5G的典型应用场景如下：

■ **全景高数据速率**。通过连续广域覆盖部署，实现用户在高速和低速状态下的业

务连续性和无缝的高速数据体验；通过局部热点区域建设，为用户提供1 Gbps 量级的用户体验速率，满足网络数十 Tbps/km^2 量级的流量密度需求；

■ **低功耗大连接**。此场景的主要目标是传感和数据采集，具有连接数量大分布广、功耗低、传输数据小等特点，如智慧城市、环境监测、智能农业等应用，需要网络具备海量连接能力、满足 100 万/km^2 连接数密度要求，同样需要终端具备超低功耗和超低成本特点；

■ **低时延高可靠**。此场景需要网络支持毫秒级的端到端时延和接近 100％的业务可靠性，如自动驾驶、工业控制等垂直行业的实际应用。

5G 网络所呈现的能力，包括百兆级的全景用户体验速率、数十 Gbps 的峰值速率、百万级/每平方公里的连接数密度、毫秒级的端到端时延、数十 Tbps/每平方公里的流量密度以及支持每小时 500 km 以上的移动性。另外，相比 4G，频谱效率提升 5～15 倍，能效和成本效率提升百倍以上。

3. 6G 展望

“4G 之后必然会有 5G，5G 之后也会有 6G”。

2019 年 11 月 3 日，科技部会同发展改革委、教育部、工业和信息化部、中科院、自然科学基金委在北京组织召开 6G 技术研发工作启动会，会议宣布成立国家 6G 技术研发推进工作组和总体专家组，其中，推进工作组由相关政府部门组成，职责是推动 6G 技术研发工作实施；总体专家组由来自高校、科研院所和企业共 37 位专家组成，主要负责提出 6G 技术研究布局建议与技术论证，为重大决策提供咨询与建议。6G 技术研发推进工作组和总体专家组的成立，标志着中国 6G 技术研发工作正式启动。

科技部王曦副部长在会议总结讲话中指出，目前全球 6G 技术研究仍处于探索起步阶段，技术路线尚不明确，关键指标和应用场景还未有统一的定义。在国家发展的关键时期，要高度重视、统筹布局、高效推进、开放创新。下一步，科技部将会同有关部门组织总体专家组系统开展 6G 技术研发方案的制订工作，开展 6G 技术预研，探索可能的技术方向。通过 6G 技术研发的系统布局，凝练和解决移动通信与信息安全领域面临的一系列基础理论、设计方法和核心技术问题，力争在基础研究、核心关键技术攻关、标准规范等诸多方面获得突破。为移动通信产业发展和建设创新型国家奠定坚实的科技基础。

各方面的公开资料显示，6G 网络将是一个地面无线与卫星通信融合的“空天地”一体化全连接世界，通过将卫星通信整合到 6G 系统，实现全球无缝覆盖，网络信号能够抵达任何一个偏远的乡村，让深处山区的病人能接受远程医疗、孩子能接受远程教育。此外，在全球卫星定位系统、电信卫星系统、地球图像卫星系统和 6G 地面网络的联动支持下，空天地全覆盖网络还能帮助人类预测天气、快速应对自然灾害等。

6G 通信技术不仅仅是简单的网络容量和传输速率的突破，它更是为了缩小数字鸿沟并进一步实现全球性的“万物终极互联”。

第5章 无线电管理工作概要介绍

5.1 无线电管理工作指导思想

无线电管理深入贯彻习近平总书记系列重要讲话精神，坚持以习近平新时代中国特色社会主义思想为指导，牢固树立“四个意识”，坚定“四个自信”，坚决做到“两个维护”，坚持新发展理念，坚持推动高质量发展，围绕建设网络强国，着力提升频谱资源使用效率和效益，加强无线电台(站)和无线电发射设备事中事后监管，维护良好空中电波秩序，保障重大活动无线电安全，强化技术设施建设和提高技术手段能力，维护我国频谱资源使用权益，服务经济社会发展和国防建设等。

5.2 无线电管理工作基本原则

5.2.1 坚持服务发展

服务经济社会发展和国防建设是无线电管理的主要目标。无线电管理工作要紧贴我国经济社会发展和国防建设实际，坚持需求导向，加强统筹协调，不断创新，最大限度开发、利用频谱资源。

5.2.2 坚持开拓创新

创新是无线电管理服务经济社会和国防建设的驱动力。坚持以改革创新的精神开展无线电管理工作，探索破解阻碍发展的管理模式问题、法治建设难点、队伍建设瓶颈和技术手段制约，在创新中促进管理，在管理中提高效率。

5.2.3　坚持统筹协调

加强统筹协调是现行无线电管理体制下做好工作的有效手段。加强无线电管理工作的统一领导，统筹协调军队及各部门各行业的需求，加强行业无线电管理指导，科学规划、合理配置国家无线电频谱和卫星轨道资源，充分发挥资源效能。

5.2.4　坚持依法管理

法治是做好无线电管理工作的重要保障。牢固树立无线电管理法治意识，严格贯彻《中华人民共和国无线电管理条例》、《中华人民共和国无线电管制规定》及相关法律法规，完善无线电管理执法工作机制，增强执法能力，营造尊法学法守法用法的社会氛围。

5.2.5　坚持适度超前

适度超前是无线电管理工作发展的客观要求。无线电技术发展迅猛，频谱管理要围绕国家政策走向和技术发展态势，站位全局，提前谋划，引领无线电技术和应用的发展。无线电管理技术设施建设要结合管理需要，适度超前，确保其技术先进性和未来适用性。

5.3　无线电管理工作驱动目标

通过具体目标驱动，使得频谱资源的配置更加科学，无线电管理的水平显著提升以及服务经济社会发展和国防建设的能力明显增强，具体如下：

- ✓ 频谱管理精细高效。构建精细高效的频谱资源管理体系，提高频谱使用效率。各部门、各行业和国家重大战略用频及卫星轨位需求得到合理供给。
- ✓ 台站管理科学规范。无线电台站管理模式优化工作取得明显成效，相关配套管理制度逐步完善，事中事后管理能力明显增强。
- ✓ 技术设施自动智能。整合各类技术设施，提升监测网络智能水平，主动捕获新增信号的比率与信号的调制识别率达到较高水平。加强数据深度挖掘，支撑行政管理决策。
- ✓ 安全保障体系完备。无线电安全保障制度健全、流程规范、体系完备。无线电安全保障技术设施安全可靠、风险可控，重点频段、重要业务、重大活动的无线电安全保障能力明显增强。

✓ 军民融合深度发展。军民深度融合,频谱资源共用,专业力量协作,基本形成融合机制完善、技术手段互补、标准规范通用的无线电管理军民融合体系。

5.4 无线电管理工作主要任务

5.4.1 创新频谱管理,提高资源利用效率

以频谱资源科学管理为目标,创新管理模式,提高利用效率,更好地为经济社会发展和国防建设服务。

1. 完善频谱资源管理机制

建立科学合理的频谱使用评估和频率回收机制,形成频谱资源的闭环管理体系。完善频率动态管理机制,推进频率利用由独享模式向共享模式转变。制定适合我国国情和市场环境、体现不同类别应用特征的频谱资源市场化策略和方案。综合运用行政审批和市场化配置等多种手段分类配置频谱资源。

2. 增强频谱资源支撑能力

针对重大国家战略和航空航天领域重大工程,做好相关战略、相关行业的频谱资源支撑工作。统筹军队、交通等部门和行业频率需求,制定我国频谱资源中长期规划。加强工业互联网、车联网、物联网的频谱需求研究及支撑能力。完善频率划分修订制度,做好《中华人民共和国无线电频率划分规定》修订。完善陆地移动通信频率规划,开展公众移动通信频率调整重耕,为IMT-2020(5G)提供重要支撑。根据技术发展和应用需要,适时对传统无线电业务的用频进行调整,支撑无线电产业可持续发展。

3. 推进频率使用技术创新

统筹协调无线电新技术试验用频,鼓励企业、科研院所开展与频率使用相关的基础性、前沿性研究,支持频率利用技术创新。通过政策引导、标准制定等途径,鼓励高频段开发应用,推动频率动态共享等技术的研发与使用。加快对讲机模转数进程,提高频率利用率。

4. 加强频率协调和国际合作

按照国际电联相关规则完善与周边国家及地区的无线电频率协调机制,推进边境地区无线电业务国际频率协调。开展与相关国家及国际组织间的卫星频率和轨

道资源国际协调工作。加大与相关国家的铁路通信协调力度,探索"一带一路"国家间高铁通信协调机制。加强国际交流与合作,积极参与无线电管理国际事务。

5. 做好卫星频率轨位申报

制定通信广播、遥感科学、导航定位等领域卫星频率和轨道资源使用规划。加强卫星轨位的统一管理,协调军民空间频率和轨位资源。加强卫星频率和轨位的国际申报、协调、登记和维护工作,服务我国卫星事业健康发展。

5.4.2　细化台站管理,加强事中事后监管

按照国家深化行政体制改革、转变政府职能的要求,坚持简政放权、放管结合、优化服务、协同推进,进一步完善台站属地化管理,强化台站数据应用,提升台站管理信息化水平,加强事中事后监管。

1. 优化台站管理模式

改进台站审批程序,优化公众移动通信基站设台程序。探索用户自查、现场核查和年度检查相结合的台站管理模式,放管结合,加强事中事后监管。利用大数据和信息化手段监管台站,进一步提升台站信息完整率和准确率。创新重大活动期间无线电台站监管模式,运用新技术加强对大功率无线电发射台站的日常监管。进一步规范业余无线电台站的管理。

2. 规范台站属地管理

进一步完善台站审批权限下放的配套政策和实施办法,规范台站属地化管理。优化设台程序,提高审批效率,方便设台用户。加强地市台站管理的业务指导,提升管理人员业务水平,提高管理工作效率。

3. 推进台站管理信息化

借助云计算、大数据、地理信息(GIS)等技术和应用,加快推进台站管理信息化。推进下一代台站管理系统及台站数据中心的建设,提升台站管理智能化水平。制定台站数据优质化标准,建立台站数据评价体系和台站数据管理长效机制。深入挖掘台站数据的应用价值,推广台站数据的多层次应用,为无线电管理决策提供有力支撑。

4. 加强台站国际登记

加强与相关国家的沟通与合作,加大重点地区无线电台站国际申报登记工作力度,建立无线电台站国际登记制度,为我国重要无线电通信业务的正常运行和未来

发展提供支持。

5. 做好无线设备认证

不断完善无线电发射设备认证制度,研究制定相应的管理规则和实施细则。推进认证机构建设,逐步建立符合认证制度要求的无线电发射设备监管体系。以微功率短距离设备为切入点,开展无线电发射设备认证制度试点工作。

5.4.3 强化技术手段,提升设施智能水平

强化无线电监测、信息化和设备检测等技术手段,提升智能水平,为维护空中电波秩序提供技术保障。

1. 完善短波和卫星监测网

完善短波监测网。扩大国家短波监测网的监测覆盖范围,提高对重点海域及周边地区的监测能力。提升小信号监测定位能力,提高对复杂信号快速处理和非法短波信号的智能监管水平。加强短波电离层探测技术研究,探测短波电离层高度、电子浓度等参数,增强短波定位和短波应急通信的支撑能力。

完善卫星监测网。拓展国家卫星监测网的监测范围和工作频段,增强对卫星信号的实时监测能力和多路上行信号的定位能力。完善非静止轨道卫星的监测能力,形成非静止轨道卫星监测网。进一步掌握我国上空卫星资源情况,为卫星频率和轨道资源申报及卫星干扰源快速定位提供必要的技术支撑。

2. 加强 VHF/UHF 监测网建设

按照属地化建设和管理原则,各地根据发展现状,采用固定、移动相结合的方式扩大监测覆盖,使得县级及以上城市配有 VHF/UHF 监测设施,并具备固定、移动和可搬移相结合的全覆盖能力。因地制宜加强城市普通环境和机场、火车站、港口等特殊环境的监测覆盖,并根据实际情况,加强对已建监测设施的升级改造工作,具备多技术体制组合测向能力。根据工作需要,配置空中和水上监测手段,具备全方位监测能力。

3. 强化应急机动能力拓展

加强机动监测力量建设,有效拓展监测覆盖范围,提升监测能力。强化地域广袤地区的移动监测力量建设,适应日常监管、应急处置、重大活动等无线电管理工作需要。建立并逐步完善应急机动力量,合理配置人员,加强应急机动力量演训。完善应急机动工作流程,强化快速响应能力。

4. 提升监测网络智能水平

开展智能监测网相关标准规范的研究制定。基于标准规范，推进智能化监测网建设，提升不明无线电信号的主动发现能力。继续完善各级无线电管理指挥中心、一体化平台建设，积极推进信息系统升级。加大无线电管理应用软件的开发和建设投入，基于各种监测手段和应用软件，增强监测数据的挖掘与分析能力，提升监测数据的应用价值。探索监测数据台站化和台站数据频谱化研究，促进监测数据与台站数据的深度融合。推进电磁环境定期发布能力建设，整体提升无线电管理科学化、智能化水平。加强信息系统网络安全，确保设施安全可靠、风险可控。

5. 完善设备检测整体能力

国家和地方分工协作，在标准制定、体系架构和任务实施等方面，分层次加强无线电发射设备检测能力建设，构建完备的无线电发射设备检测体系。根据业务需要和职责分工，结合无线电发射设备管理的改革，配置相应等级、功能完善的检测仪器仪表，适应在用设备的监督检查、无线电发射设备事中事后管理、干扰源技术鉴定的需要。完善移动检测能力，加强检测系统的联网和数据共享。完善研制、生产、进口、销售、使用等环节的无线电设备检测能力，从源头上减少无线电干扰信号的产生。探索建设技术资源开放共享平台，为我国高校、企业及科研院所提供先进、便捷、专业的实验室环境服务。

5.4.4 加强安全保障，提升应急处置能力

贯彻国家安全战略，准确把握无线电安全的新形势、新特点，完善无线电安全保障机制，增强重点区域无线电安全技术手段配置，保障重点频段和重要业务安全运行。

1. 完善无线电安全保障机制

整合各类社会资源，完善无线电安全保障体系，全面提升突发事件的应急处置能力。加强重大突发公共事件的应急无线电管理工作，开展应对重大自然灾害的无线电管理应急保障能力研究。完善重大活动无线电安全保障工作流程，规范常态化的重大活动无线电安全保障。

密切关注社会热点，加大投入，依法治理“伪基站”、“黑广播”等人民群众反映强烈的问题，完善多部门联合打击治理工作长效机制。加强民航、铁路等重要行业的无线电监测，及时查处有害干扰，维护空中电波秩序。配合相关部门，充分发挥技术设施对国家重大考试中非法利用无线电设备作弊行为的防范和打击能力。

2. 强化无线电安全能力建设

按照安全可靠、智能高效的要求，启动边海地区无线电管理技术设施建设工程。经过二至三个五年规划，在边境地区、重要海域及沿海地区实现 VHF/UHF 无线电监测基本覆盖，系统具备无人值守的全自动化工作能力，有效维护边境、沿海地区电磁环境。

积极支持“一带一路”国家战略，从促进双边合作的实际出发，加强边境地区监测网络建设，扩大陆路边境口岸监测覆盖。完善边境频率、台站、监测等数据库，加强数据分析和挖掘，提升边境地区无线电管理技术设施信息化能力水平。加强无线电安全陆海统筹，具备重要海域内重点业务的无线电安全保障能力。加强沿海省份无线电管理机构与海上主要行业主管部门的合作，完善海上无线电安全保障联动机制和协调机制，推进技术设施资源共建共用。重点沿海省份无线电管理机构建立区域协同机制，提高海上无线电安全保障效率。

全国各级无线电管理机构根据工作需要及相关规定，合理配置无线电管理技术性阻断设备。探索开展无人机、卫星移动终端管控等研究。加强重点区域无线电技术设施建设和政策支持，强化应急处置能力。

5.4.5 深化协作共享，推进军民深度融合

贯彻军民深度融合发展战略，完善军地无线电管理协调机制，推进军民融合无线电管理技术设施建设，全面提升军地无线电协同管理能力。

1. 完善军民融合协调机制

依据军队新的领导指挥体制，修订完善军地联席会议制度，重新调整战区与省(区、市)军地无线电管理协调机制，配合做好重大任务的频谱管控工作。推动预备役电磁频谱管理力量发展，加强预编单位装备的冗余备份，结合重大演训活动，形成上下衔接、高效顺畅的频管动员工作机制，强化遂行联合管控和多样化任务能力。

2. 推进军民融合手段建设

结合电磁频谱管理实际和发展需求，继续推进军民融合无线电管理技术设施及标准规范建设，加快形成深度融合的发展态势，全面提升电磁频谱和空间频率/轨道资源综合管理能力。全方位、多角度发展电磁空间监管手段，提升感知和管理能力，扩大监测覆盖范围，提高干扰定位精度。推进无线电管理监测网络、调度体系互联建设。加强监测工作协作，依托双方现有基础设施建设无线电监测网络。

5.4.6　强化法治建设，完善法律法规体系

不断完善无线电管理法律法规体系，加强无线电管理执法能力建设，建立健全行政执法与刑事司法衔接机制。

1. 完善无线电管理法律法规体系

适时推进中华人民共和国无线电法立项工作。各地根据实际情况，配合地方法制部门，积极出台或完善地方无线电管理条例及其他规章。

2. 提高无线电管理依法行政能力

健全无线电管理行政执法联络员制度，开展相关业务培训，完善执法程序，规范行政许可、行政处罚、行政征收、行政强制、行政检查等行为。推进执法信息化建设，加强信息公开和信息共享，提高执法效率和规范化水平。建立健全行政执法与刑事司法衔接机制，完善无线电违法犯罪案件移送标准和程序，加强与公安机关等有关单位的协调配合，形成工作合力。

5.4.7　加强标准建设，深入开展基础研究

加强无线电管理标准规范建设，充分发挥标准规范对无线电管理工作的规范性引领作用。进一步强化无线电管理基础研究，支撑无线电管理事业发展。

1. 强化无线电管理标准建设

以建立相对完备科学的无线电管理标准规范体系为目标，重点开展无线电管理通用基础、无线电监测、设备检测、信息系统、管制系统等领域的无线电管理标准的制修订工作。引导和组织行业协会、科研机构和骨干企业等单位，参与相关标准规范的制定，推动国家标准和行业标准的制修订工作。拓展标准制定渠道，鼓励开展团体标准的制定。做好标准规范的宣贯，引导无线电管理标准规范的应用。探索建立无线电管理标准规范符合性测试机制，组织开展重要标准规范实施情况的检查。

2. 开展无线电管理基础研究

完善无线电管理基础研究工作机制，积极开展电波传播等无线电管理基础研究，探索电波传播规律。开展频谱资源管理、台站管理、无线电监测、电磁环境保护等相关政策和技术研究，推动无线电管理技术创新。聚焦国家重大战略需求，开展无线电管理服务国家战略实施的研究。开展无线电管理相关的经济理论研究，评估频谱资源作为生产要素的经济效益和社会效益。推动无线电管理基础研究多层次、

全方位和高水平的国际合作。

3. 加强无线电管理智库建设

相关智库要紧紧围绕无线电管理决策急需的重大课题,提出专业化、建设性的政策建议,着力提高综合研判和战略谋划能力。完善政府购买决策咨询服务制度,建立政府主导、社会参与的决策咨询服务供给体系,满足多层次、多方面的决策需求。充分运用智库研究成果,不断完善应用转化机制。

5.5 前进中的无线电管理工作

5.5.1 历史沿革

1962年,正值中华人民共和国建国13年。随着国家经济建设的发展,我国无线电业务种类,如通信、广播、导航、雷达、气象等逐步增多。由于当时缺乏对电台布局和无线电频率的统一管理,在无线电对敌斗争方面,民用收音机、业余无线电以及无线电器材管理等方面,没有形成一套有效的管理办法,势必造成空中电波秩序混乱。为了适应国内外政治军事斗争需要,加强全国范围内的无线电统一管理,显得十分重要而紧迫。

1962年7月3日,中国人民解放军总参谋长罗瑞卿大将向国务院、中共中央书记处、中央军委呈送报告。报告称:“目前我党、政、军、民无线电台(包括广播、电视)所用频率和建设布局尚无统一管理的机构,以致经常发生干扰,既不利于平时建设,更不利于战时指挥和保证通信联络的顺畅。另外,考虑到广播电台是导弹的最好导航目标,在战时必须防止敌人利用我广播电台导航,向我政治、军事中心和主要工业基地进行导弹袭击。为此,建议在中央、国务院直接领导下,成立中央无线电管理委员会。”

1962年7月18日,中共中央批准罗瑞卿同志的报告,发出《关于成立中央、各中央局无线电管理委员会的通知》,决定成立中央、各中央局无线电管理委员会。明确中央无委的主要职责是:统一管理无线电频率的划分和使用,审定固定无线电台的建设和布局,负责战时通信保密和防止敌人利用我广播电台导航所必需的无线电管制。

中央无委由11人组成,由副总参谋长杨成武任主任。

中央无线电管理委员会的成立,标志着无线电管理在中国已进入一个新的发展时期。在“国际电联”尚未恢复中华人民共和国合法席位的情况下,我国成立专门的无线电管理机构,体现了中央对无线电管理工作的高度重视,体现了无线电在经济建设、国防建设和社会发展中越来越重要的地位和作用。

5.5.2　发展历程

如图 5.5.1 所示，从工作开展情况来看，可将我国无线电管理事业发展大体上划分为三个历史阶段：

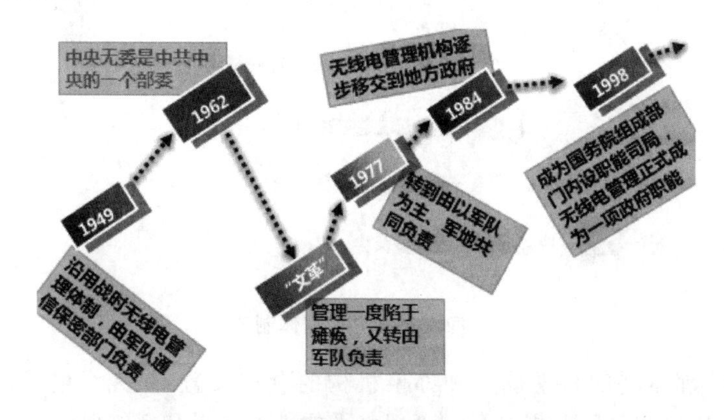

图 5.5.1　我国无线电管理事业发展概貌

第一阶段：起步与徘徊时期(1949—1984)：1962 年 7 月后，中央、各中央局和各省(区、市)相继成立无线电管理委员会，实行全国无线电统一管理的体制，并一度成为中共中央的一个部委，达到机构设置的辉煌。“文革”前，邮电部设立国家电信检查处负责政府系统的无线电管理工作。“文革”期间，无线电管理工作一度遭到破坏，也因周恩来总理重视，国家无线电管理机构得以恢复成立；“文革”后，党和国家领导人曾集体接见无线电管理会议代表，无线电管理工作恢复发展，并开始酝酿机构改革。

第二阶段：改革与发展时期(1984—1998)：1984 年后，民用无线电事业快速发展，改革不仅是经济领域的主题，也一度成为无线电管理机构的主题，国家和地方无线电管理机构发生重大变革，办事机构从军队转移到地方，并从三级管理体制变为两级管理体制，而后，国家无线电管理委员会作为协调议事机构被撤销，其职责由新成立的信息产业部履行，国家无线电管理机构成为国务院组成部门内设职能司局，无线电管理正式成为一项政府职能。

第三阶段：稳定与跨越时期(1998 以来)：随着各类无线电技术的广泛应用和无线电业务的快速发展，无线电管理适应经济社会发展和国防建设形势要求，不断加强手段建设、特别是技术手段建设，无线电管理科学化水平得到显著提升，在经济社会发展、国防建设、国家安全中发挥着越来越重要的作用。

5.5.3 体制变革

图 5.5.2 为国家无线电管理体制变革历程。

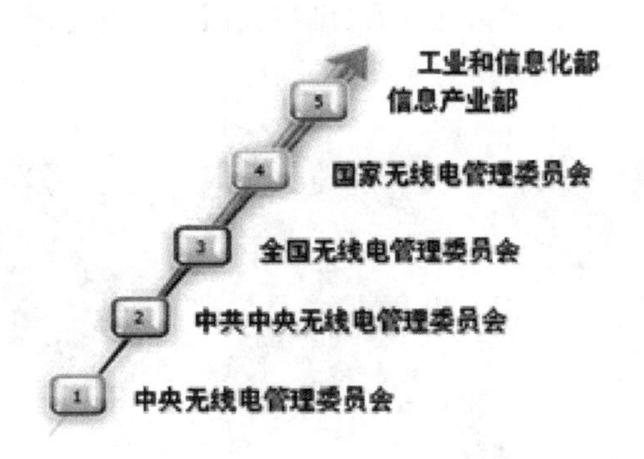

图 5.5.2 国家无线电管理体制变革历程

无线电管理体制的科学确定和办事机构的合理设置，是无线电管理工作的基础，是稳定队伍、加强管理、提高科学管理水平的基本前提和组织保障。

现阶段，中国无线电管理机构架构及职责如下：

1. 工业和信息化部无线电管理局(国家无线电办公室)

主要职责：编制无线电频谱规划；负责无线电频率的划分、分配与指配；依法监督管理无线电台(站)；负责卫星轨道位置协调和管理；协调处理军地间无线电管理相关事宜；负责无线电监测、检测、干扰查处，协调处理电磁干扰事宜，维护空中电波秩序；依法组织实施无线电管制；负责涉外无线电管理工作。

2. 国家无线电监测中心/国家无线电频谱管理中心

国家无线电监测中心(国家无线电频谱管理中心)是国家无线电管理技术机构，为工业和信息化部直属事业单位。主要承担无线电监测和无线电频谱管理工作。国家无线电监测中心/国家无线电频谱管理中心下设 14 个处室、9 个国家级监测站及 2 个下属单位。

主要职责：

✓ 贯彻执行国家无线电管理方针政策和有关法律法规，研究提出无线电频谱、全国无线电监测网、全国无线电管理信息系统的规划意见，承担无线电管理政策研究、科学研究及新技术开发工作；

✓ 负责全国无线电短波、卫星监测和北京及周边地区超短波监测工作；

✓ 负责无线电频率划分、分配、指配以及卫星轨道位置协调和管理的技术工作；

✓ 负责无线电台(站)审批、监督管理的技术工作；

✓ 负责国家重要时期、重大活动、重大事件无线电安全的技术保障工作；
✓ 负责对无线电发射设备和非无线电设备的无线电波辐射的技术审查工作；
✓ 负责全国无线电管理信息系统建设、运行、管理的技术工作；
✓ 负责对各省(区、市)无线电管理工作进行技术指导；
✓ 承担涉外无线电管理的技术支撑工作；
✓ 承办工业和信息化部交办的其他事项。

3. 中国人民解放军无线电管理机构

中国人民解放军无线电管理机构负责军事系统的无线电管理工作。

主要职责：

✓ 参与拟订并贯彻执行国家无线电管理的方针、政策、法规和规章，拟订军事系统的无线电管理办法；
✓ 审批军事系统无线电台(站)的设置，核发电台执照；
✓ 负责军事系统无线电频率的规划、分配和管理；
✓ 核准研制、生产、销售军用无线电设备和军事系统购置、进口无线电设备的有关无线电管理的技术指标；
✓ 组织军事无线电管理方面的科研工作，拟制军用无线电管理技术标准；
✓ 实施军事系统无线电监督和检查；
✓ 参与组织协调处理军地无线电管理方面的事宜。

4. 省、自治区、直辖市和设区市无线电管理机构

省、自治区、直辖市和设区的市无线电管理机构在上级无线电管理机构和同级人民政府领导下，负责辖区内除军事系统外的无线电管理工作。

主要职责：

✓ 贯彻执行国家无线电管理的方针、政策、法规和规章；
✓ 拟订地方无线电管理的具体规定；
✓ 协调处理本行政区域内无线电管理方面的事宜；
✓ 根据审批权限审查无线电台(站)的建设布局和台址，指配无线电台(站)的频率和呼号，核发电台执照；
✓ 负责本行政区域内无线电监测。

5. 国务院有关部门的无线电管理机构

国务院有关部门的无线电管理机构负责本系统的无线电管理工作。

主要职责：

✓ 贯彻执行国家无线电管理的方针、政策、法规和规章；
✓ 拟订本系统无线电管理的具体规定；

✓ 根据国务院规定的部门职权和国家无线电管理机构的委托，审批本系统无线电台（站）的建设布局和台址，指配本系统无线电台（站）的频率、呼号，核发电台执照；
✓ 国家无线电管理机构委托行使的其他职责。

5.6 组织建设工作概览

5.6.1 党建一体化平台建设

通过项目建设，党建一体化平台分队在目前我办现有无线电管理监测信息一体化平台功能的基础上，提出了党建一体化平台建设方案。通过与软件应用集成商合作，多方搜集相关资料，反复对模块的主要功能栏目及推送的内容进行论证，验证和评估应用效果，增加完善了有关功能模块，突出了党建与业务的融合，以创新的党建工作一体化模式丰富了“一体化”平台的内涵与灵魂，完成了一体化平台党建模块建设成果展示，打造完成富含党建内容的无线电管理“党建一体化”平台。

5.6.2 红色科普教育园地建设

通过项目建设，红色科普园地分队通过提出建设方案，多方搜集相关红色教育宣传资料、展板、灯箱和实物资料，开设了红色电波卫士历史、党的电波卫士人物事迹等专栏。通过实物、展板、数据和音视频资料加强了无线电科普教育园地的党性元素，树立了科普园地建设中科学技术知识的普及和党性教育普及两手抓两手硬的宣传方向，大幅度增加了无线电科普教育的党建知识宣传。相关建设成果以相关建设成果照片、图片、材料和建设成果文字报告的形式在我办科普园地内向来访科普园地的中小学生展示了党的无线电管理发展历史，取得了较好的宣传和教育示范效果。

5.7 技术能力建设概览

5.7.1 技术交流

省无线电重视将新技术、新产品及新应用与无线电管理工作相结合，定期邀请行业专家进行技术讲座、根据工作需要邀请知名厂家进行技术展望与产品展示等，通过一系列开放、共享的方式紧跟无线电技术发展趋势。

以 5G NR 技术为例，自 2019 年以来，省无线电监测站便多次邀请行业知名 5G 监测设备商进行了 5G 技术介绍、5G 信号设备应用展示等活动，为省无线电 5G NR 监测工作打下了良好的基础。

5.7.2　学习园地

重视学习是省无线电管理推动事业发展的一条成功经验，秉承“事业发展没有止境，学习就没有止境”的理念，全员坚持学习、学习、再学习。

在新形势下，省无线电紧跟无线电技术发展趋势，通过学习努力打造“高精专”人才队伍、加强全员专业能力和综合素质培养、加快知识更新以及持续提高队伍整体业务理论水平。同时，也非常重视学习形式的针对性、多样性与适应性：常态化的年度技术演练，通过集中演练形式来提升学习效率；建设无线电知识学考系统，通过网络在线形式来强化学习习惯；持续开展“每日一练”活动，通过手机 APP 来提升学习热情，打造的移动学习平台即便是“疫情”都没阻断队伍学习的步伐。一系列丰富多彩的学习活动，有效地提升了全员政务、业务和技术服务水平，使得学习融入省无线电管理的工作和生活当中。

5.8　技术演练

5.8.1　全国无线电监测技术演练

2019 年，按照《2019 年提升全国无线电监测能力专项行动工作方案》任务部署，举办了全国无线电监测技术演练。

本书摘要介绍了 2019 年全国无线电监测技术演练的组织思路。

● **理论知识考查范围**

◇ **无线通信基础知识类**

◇ 无线通信的历史：主要为无线通信领域的代表人物和里程碑贡献。

◇ 信号调制与解调：包含无线通信中典型的调制信号类型、主要调制参数，各信号的调制与解调的基本原理、相关参数计算方法等。

◇ 无线业务：典型无线通信基本原理、调制参数、信号特征、业务特点。

◇ 通信设备原理：包含典型的发射与接收天线、接收机、放大器的基本原理、主要参数及计算方法、应用场景等，以及系统整体链路增益、噪声温度等参数的计算。

◇ 电波传播:包括电波传播的典型传播模型及损耗计算方法,具备从发射到接收链路的典型链路增益、损耗、接收功率等参数的计算方法。

◇ 接收机/频谱仪基本原理:包括频谱仪的构成、典型参数设置的作用,以及实时频谱仪在信号分析中能够发挥的作用。

◇ 天线基本原理:包括短波、卫星、超短波频段常见的监测天线类型,以及天线的主要参数意义及参数之间的关系。

◇ **无线电监测基础知识**

◇ 无线电监测基本概念与方法:无线电监测的基本概念、范畴以及与无线电管理的关系;典型无线电信号监测的内容及与之对应的主要监测方法及特点;典型测向定位方法(TDOA、相关干涉仪、空间谱等)的原理、特点及适用范围。

◇ 信号分析基本概念:常见信号特征及分析方法,常见分析设备及典型功能。

◇ 无线电监测设备:典型监测设备(不同类型的监测天线、监测接收机、频谱仪、测向设备)的基本原理、特点、主要参数、通用的测试测量方法等。

◇ 无线电干扰及查处:涵盖短波和卫星的地面逼近查找、超短波频段的干扰查处相关知识,并熟知典型无线电干扰的特征、类别(互调、杂散、谐波等)、产生机理、主要特点、频率计算、排查方法等。

◇ **无线电监测热点问题**

◇ 伪基站、黑广播、考试作弊、短信嗅探等非法设台的主要技术特征(包含信号特征、台站特征、发射功率、覆盖范围)、监测定位方法、干扰查处方法及经验;无人机监测相关知识。

◇ 重大活动保障中的主要信号用频、干扰类型及查处方法。

◇ 超短波无线电监测管理一体化平台的基本概念、主要架构(相对简单)。

◇ 近几年在重大活动、伪基站、黑广播方面的相关培训材料,公开发表的文章、相关文件等。

◇ **政策法规相关**

新版条例有关无线电监测相关的论述;无线电管制规定;无线电干扰投诉及查处实施方面的规定;关于加强无线电监测工作的指导意见;无人机管控要求;频率评估;频率评估等相关文件;5G频率保护等文件。

◇ **参考书籍**

◇《频谱监测手册》2011版。

◇《无线电监测与通信侦察》,朱庆厚著。

◇《通信原理》(任意一版本即可,涉及基本概念相关章节)。

◇《频谱仪基本原理》任何品牌或厂家的典型手册。

◇《天线基本原理》《电波传波》(掌握基本知识)。

◇《中华人民共和国无线电管理条例》。

◇《中华人民共和国无线电管制规定》。

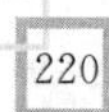

◇《无线电干扰投诉和查处工作暂行办法》、《无线电干扰投诉和查处工作实施细则》《无人机管理报告》《工业和信息化部关于加强无线电监测工作的指导意见》。

◇ 近几年在重大活动、伪基站、黑广播、频率评估、5G 频率保护等公开发表的相关文件或通知等。

◇ 近几年有关无线电监测的标准。

● **场地要求**

◇ **考试场地**

◇ 理论考试场地，能容纳 50 个桌椅配套座位的无隔断室内场所。

◇ 非法设台查找演练场地，半径为 500 m 的室外开阔场地。

◇ 信号分析考查场地，150 m^2 以上的室内场所。

◇ 干扰查找演练场地，半径为 5 km 的区域。3 处卫星干扰发射源放置场地，3 处短波干扰发射源放置场地；均应能够架设电源、信号源、功放、天线等设备。

◇ 监测数据回放定位演练场地，半径为 3 km 的区域。3 处信号发射源放置场地；均应能够架设电源、信号源、功放、天线等设备。

◇ 无人机信号测向演练场地，半径为 0.5 km 的区域。1 处无人机操控场地；4 处以上参赛队监测测向场地。

◇ **会议场地**

◇ 开(闭)幕式举办场地，配置主席台，并可供 60 人参会；演练期间可作为参赛队休息区，供演练工作人员和未参加演练的参赛队休整。

◇ 小型会议室，能够容纳 20 人的会议室，供领队会议和临时会议使用；演练期间可作为裁判员办公区，供裁判员进行判卷评分、成绩统计等工作。

● **演练设备要求**

◇ 非法设台查找演练设备，超短波频段发射源 10 套(尽量采用小型集成设备，可使用不同厂家、型号设备)；能够生成并发射非法设台查找演练科目设置的信号类型。

◇ 信号分析发射设备，发射源 3 套，包括信号发生器、功放、天线等设备；能够生成并发射信号分析考查科目设置的信号类型。

◇ 干扰查找演练设备，卫星发射源 2 套，短波频段发射源 2 套，均包括信号发生器、功放、天线等设备；能够生成并发射干扰查找演练科目设置的信号类型。

◇ 监测数据回放定位演练设备，信号发射源 3 套，包括信号发生器、功放、天线等设备；能够生成并发射监测数据回放定位演练科目设置的信号类型。

◇ 无人机信号测向演练设备，无人机 3 架。

◇ 综合设备，对讲机 20 套，供演练期间工作人员沟通使用；打印机 2 台，供打印演练相关材料。

● 参赛设备参考要求

◇ 信号分析，信号接收设备，包括接收机或频谱仪(频率范围包含 100 MHz～4.2 GHz)、接收天线(频率范围包含 100 MHz～4.2 GHz)、线缆、放大器等。

◇ 非法设台查找演练设备，带有信号分析、解调功能的便携式监测设备(频率范围包含超短波频段)、接收天线(频率范围包含超短波频段)、线缆等。

◇ 干扰查找演练设备，车载监测测向系统或便携式监测测向设备，频率范围包含卫星 C 频段(5.925～6.425 GHz)、Ku 频段(14～14.5 GHz)和短波频段(3～30 MHz)；接收天线、线缆、低噪放等。

◇ 监测数据回放定位演练设备，车载监测测向系统或便携式监测测向设备，频率范围为超短波频段(30～3 000 MHz)；接收天线、线缆等。

◇ 无人机信号测向演练设备，车载监测测向系统或便携式监测测向设备(包括专用无人机信号监测测向设备)。

● 信息记录

◇ **干扰申诉排查任务回执单**

◇ 干扰查处情况：记录干扰源干扰源频率、确认位置时间等信息。

◇ 裁判确认：记录干扰源频率确认、时间确认、总用时等信息。

◇ **监测数据记录表**

◇ 记录频率(MHz)、带宽(kHz)、信号源位置、起始发射时间、停止发射时间等信息。

5.8.2 青海省无线电监测技术演练

青海省无线电以常态化的年度集中技术演练来强化岗位练兵并进一步提升无线电管理工作“软实力”与“硬本领”，使得队伍无线电业务水平更加适应目前的形势和要求，如图 5.8.1 所示。

图 5.8.1 无线电监测技术演练开幕式

参考文献

[1] ITU 国际电信联盟. 无线电规则. 2008.

[2] 毕德显. 电磁场理论. 北京:电子工业出版社,1985.

[3] 梁昌洪. 计算微波. 西安:西安电子科技大学出版社,2012.

[4] 吴万春,梁昌洪. 微波网络及其应用. 北京:国防工业出版社,1980.

[5] 陈陆君,梁昌洪. 孤立子理论及其应用——光孤子理论及光孤子通信. 西安:西安电子科技大学出版社,1997.

[6] 史小卫,梁昌洪. 非线性孤立子理论. 中国电子学会微波学会. 1989 年全国微波会议论文集.

[7] 史小卫,梁昌洪. 一类一维逆散射问题的严格解. 中国电子学会. 1999 年全国微波毫米波会议论文集(上册).

[8] 梁昌洪,史小卫. 复杂多端口系统的广义谐振研究. 中国电子学会. 2001 年全国微波毫米波会议论文集.

[9] 张逸成. 试论电磁场数值计算的现状和进一步发展的重要性. 低压电器,1991(02).

[10] 邢锋. 电磁场数值计算与仿真分析. 北京:国防工业出版社,2014.

[11] 徐乐,李蕊,史伟强,等. 基于 NURBS 模型的超声速飞行器动态 RCS 研究. 中国电子学会 2013 年全国微波毫米波会议论文集.

[12] 王新怀,史小卫,陈小群,等. 一种抗干扰 GPS 智能天线系统的设计. 中国电子学会. 2009 年全国微波毫米波会议论文集(下册).

[13] 魏峰,翟阳文,陈蕾,等. 一种新颖的缺陷地微带线低通滤波器. 中国电子学会. 2009 年全国微波毫米波会议论文集.

[14] 许殿,史小卫. 改进人工神经网络算法及其在 E 面分支波导耦合器优化设计中的应用. 微波学报,2005(04).

[15] 李蕊,史小卫,顾新桃. 共形智能多波束天线. 中国电子学会. 2011 年全国微波毫米波会议论文集(下册).

[16] 李蕊,史小卫,徐乐,等. 一种高性能 GPS 抗干扰自适应波束形成算法. 系统仿真学报,2012(10).

[17] 张鹏飞,龚书喜,刘英,等. 相控阵天线系统散射分析. 电子与信息学报,2009(03).

[18] 徐云学,龚书喜. 基于 MATLAB 的电大尺寸目标 RCS 计算系统研究. 电波科

学学报,2007(02).

[19] 黄友火,刘其中.移动基站天线及波束赋形天线研究.西安电子科技大学博士论文,2011(03).

[20] 魏文元.宫德明.陈必森.天线原理.北京:国防工业出版社,1985.

[21] ITU 无线电通信局.频谱监测手册, 2011 年.

[22] 张宸.关于打击治理“伪基站”违法设台工作的思考与展望.中国无线电,2017(04).

[23] 张宸.黑广播违法设台打击治理对策 & 典型干扰排查案例集 & 青海省无线电检测技术能力建设及服务地方经济社会发展工作情况(2020 年 1 月 11 日).

[24] 张宸.青海:多一天保障多一份担当.中国无线电,2015(06).

[25] 国家无线电办公室.省级无线电监测设施建设规范和技术要求(试行).国无办[2019]3 号.

[26] 安立公司.安立频谱分析指南 & Mobile Interference HunterTMMX280007A User Guide. etc.

[27] 张洪顺,王磊.无线电监测与测向定位.西安:西安电子科技大学出版社,2011.

[28] 工信部无 2016379 号.数字信号调制参数测量与调制类型识别方法.

[29] 高勇.时频分析与盲信号处理.北京:国防工业出版社,2017.

[30] 杨发权,李赞,李红艳,等.基于蜂群算法和神经网络的通信调制识别方法.系统工程与电子技术,2013,35(10).

[31] 陈健,李建东,阔永红.无线电信号识别方法的研究.微电子学与计算机,2005,22(11).

[32] 刘明骞,李建英,李兵兵,等.认知无线电 Underlay 模式下 MQAM 信号的调制识别.西安交通大学学报.2018,52(2).

[33] 刘浩,邱天爽,刘涛,等.基于深度学习的未授权广播信号识别.中国无线电,2019(09).

[34] 李彦栓,罗明,李霞.基于高阶累积量的 OFDM 信号调制识别技术.电子信息对抗技术,2012(04).

[35] 刘爱霞,赵国庆.雷达信号包络特征的检测与分析.电子对抗技术,2002(03).

[36] 杨宏飞,何正日.时频分析在雷达信号识别中的应用.电子科技,2016,29(8).

[37] 牛犇,史林.生命探测雷达信号识别方法研究.西安电子科技大学论文,2007(06).

[38] 李玫.基于支持向量机的辐射源识别算法.信息技术,2010(08).

[39] 中华人民共和国国家互联网信息办公室/中共中央网络安全和信息化委员会办公室官方网站.首页.正文.习近平:建设网络强国要把人才资源汇聚起来.(http://www.cac.gov.cn/2014-02/28/c_126205858.htm).

[40] 光明网.推进 5G 新基建,“换道超车”赢先机.(http://epaper.gmw.cn/gmrb/html/2020-05/12/nw.D110000gmrb_20200512_2-02.htm).

[41] 国务院. 中国制造 2025.
[42] 中共中央办公厅,国务院办公厅. 国家信息化发展战略纲要.
[43] 工业和信息化部. 3000—5000 MHz 频段第五代移动通信基站与卫星地球站等无线电台(站)干扰协调管理办法.
[44] 3GPP. TS38.104 v16.3.0(2020-03).
[45] IMT-2020(5G)推进组. 5G 概念白皮书.
[46] IMT-2020(5G)推进组. 5G 愿景与需求白皮书.
[47] 小火车,好多鱼. 大话 5G. 北京:电子工业出版社,2016.
[48] 科技部官方网站. 科技部门户. 科技部工作. 我国正式启动第六代移动通信技术研发工作. (http://www.most.gov.cn/kjbgz/201911/t20191106_149813.htm)
[49] IMT-2020(5G 推进组)官方网站. 组织结构.
(http://www.imt2020.org.cn/zh/category/65588)
[50] 中华人民共和国国务院,中华人民共和国中央军事委员会. 中华人民共和国无线电管理条例(2016 年版).
[51] 工业和信息化部. 中华人民共和国无线电频率划分规定(2018 年版).
[52] 工业和信息化部. 国家无线电管理规划(2016—2020).
[53] 工业和信息化部无线电管理局(国家无线电办公室). 中国无线电管理年度报告(2019 年).
[54] 中国无线电管理官方网站. 机构职责. 中国无线电管理机构职责.
(http://www.srrc.org.cn/article2011.aspx).
[55] 中共青海省无管办党委. 维护无线电秩序安全 争当红色电波卫士党建工作汇报. 2019.
[56] 青海省无线电管理办公室官方网站. 政务动态. 国内信息. 2019 年全国无线电管理工作要点. (http://www.qhrm.gov.cn/qhww/gnxx/2289.jsp).
[57] 青海省无线电管理办公室官方网站. 政务动态. 省内信息. 青海省第十四届无线电监测技术演练掠影.
(http://www.qhrm.gov.cn/qhww/snxx/2866.jsp).
[58] 央视网. 青平:推进网络强国建设,习总书记这样说.
(http://news.cctv.com/2021/01/24/ARTIBF1pxd3zS76CVT3FKYAM210124.shtml).
[59] 提升全国无线电监测能力专项行动(暨全国无线电监测技术演练)工作组. 2019 年全国无线电监测技术演练预赛实施方案.